China Engineering Cost Consulting Industry Development Report

中国工程造价咨询行业发展报告

（2022版）

主编◎中国建设工程造价管理协会

中国建筑工业出版社

图书在版编目（CIP）数据

中国工程造价咨询行业发展报告：2022 版 = China Engineering Cost Consulting Industry Development Report / 中国建设工程造价管理协会主编 . — 北京：中国建筑工业出版社，2022.11
ISBN 978-7-112-28131-2

Ⅰ . ①中… Ⅱ . ①中… Ⅲ . ①工程造价—咨询业—研究报告—中国— 2022 Ⅳ . ① TU723.3

中国版本图书馆 CIP 数据核字（2022）第 206176 号

责任编辑：赵晓菲 朱晓瑜 张智芊
责任校对：孙 莹

中国工程造价咨询行业发展报告（2022 版）
China Engineering Cost Consulting Industry Development Report
主编 中国建设工程造价管理协会
*
中国建筑工业出版社出版、发行（北京海淀三里河路 9 号）
各地新华书店、建筑书店经销
北京雅盈中佳图文设计公司制版
北京市密东印刷有限公司印刷
*
开本：787 毫米 × 1092 毫米 1/16 印张：20¼ 字数：350 千字
2022 年 12 月第一版 2022 年 12 月第一次印刷
定价：109.00 元
ISBN 978-7-112-28131-2
（40208）

本书编委会

编委会主任：

杨丽坤

编委会副主任：

王中和　方　俊

编写人员：

李　萍　王诗悦　王玉珠　谢莎莎　莫成芹　郭佩文
葛倚兵　占丽雯　徐红玉　邓跃彦　曹梁文　王馨雪
王俊永　秦风华　李　军　谢雅雯　李　莉　徐　波
赵振宇　李春花　杨雪梅　施小芹　沈春霞　丁　燕
洪　梅　谢　磊　赖星华　张　倩　金志刚　张其涛
关　艳　许锡雁　温丽梅　王禄修　邓　飞　潘　敏
金长城　杨　洁　宁　军　白显文　王　涛　吕疆红
何　燕　刘春高　肖　倩　常　乐　直鹏程　周　慧
刘吉雨

主　审：

王　玮

审查人员：

林乐彬　谭　华　成　明　柯　洪　任　宏　沈维春
金铁英　李　媛　邹春明　刘　维　沈　萍　李静文
郭爱国　刘宇珍　梁祥玲　龚春杰　王玉波　徐逢治
王如三　陈　奎　王　磊　金玉山　邵重景　于振平
康增斌　恽其鋆　谭平均　叶巧昌　唐家球　林　海
宋欣逾　陶学明　马　懿　冯安怀　薛　勇　柳　晶
贾宪宁　赵　强　金　强　周小溪　付小军　潘昌栋
黄　骏　董士波　杨晓春

PREFACE 序

2021年是全面建设社会主义现代化国家新征程开启之年，我国构建新发展格局迈出新步伐，高质量发展取得新成效，实现了"十四五"良好开局。中央经济工作会议指出，改革开放政策要激活发展动力，抓好要素市场化配置综合改革试点。工程造价行业坚决贯彻落实党中央国务院决策部署，紧扣进入新发展阶段、贯彻新发展理念、构建新发展格局，坚持有效市场、有为政府的工作原则，围绕高质量发展的总体要求，出台系列相关政策，加快转变政府职能，充分发挥市场在资源配置中的决定性作用，取得工程造价市场化改革新进展。行业发展保持着良好势头，为保居民就业、保市场主体贡献了力量，在建筑业经济运行中发挥重要作用。

为贯彻落实《国务院关于深化"证照分离"改革进一步激发市场主体发展活力的通知》(国发〔2021〕7号)，持续深入推进"放管服"改革，2021年6月28日，住房和城乡建设部发布《关于取消工程造价咨询企业资质审批加强事中事后监管的通知》(建办标〔2021〕26号)，自2021年7月1日起，停止工程造价咨询企业资质审批，企业按照其营业执照经营范围开展业务。取消工程造价咨询企业资质是一项优化市场营商环境、激发市场主体发展活力的重大改革举措，也给行业带来了更加激烈复杂的市场竞争态势，大量工程造价咨询企业将自身业务与工程咨询全产业链业务进行整合，成为新型工程咨询企业，为业主提供全过程一站式咨询服务。

为落实工程造价市场化改革措施，完善工程造价市场化形成机制，2021年，住房和城乡建设部组织修订了《建筑工程施工发包与承包计价管理办法》(住房和城乡建设部令第16号)和《建设工程工程量清单计价规范》GB 50500—2013，并形成征求意见稿对外发布。修订工作聚焦建筑市场交易过程中的价格形成问题，根据市场主体对工程计价依据的实际需求，科学把握和正确处理政府与市场的关系，推动建立清单计量、市场询价、自主报价、竞争定价的造价形成机制，切实落实由市场确定工程交易价格。

当前，国家改革向信息化、数字化、智能化方向发展，数字经济转向深化应用、规范发展、普惠共享的新阶段，数字产业化成为新动能的核心部分，推动数字经济与实体经济融合发展是大势所趋。而我国城市发展已经进入了城市更新的重要时期，由过去大规模的增量建设，向存量的提质改造和增量的结构调整并重转变，行业发展面临着更多的机遇与挑战。工程造价咨询行业应主动适应市场变化，适应改革进程，在变局中开新局，在危机中孕育新机，找准发展的切入点、着力点，加强市场化数据要素的积累和应用，提高工程咨询服务水平，为实现工程建设项目综合价值最大化贡献力量，为助推工程造价行业高质量发展展现新作为。

为全面反映我国工程造价咨询行业发展情况，中国建设工程造价管理协会（全书简称“中价协”）在工程造价咨询行业统计调查数据的基础上，形成行业发展报告，以期能够为相关部门及行业内外从业人员及时了解工程造价行业发展趋势提供渠道。鉴于时间紧迫，加之恰逢行业资质取消变革，部分数据恐未详尽，不足之处，敬请读者指正。

住房和城乡建设部标准定额司

中国建设工程造价管理协会

CONTENTS 目录

第一部分　全国篇

第二部分　地方及专业工程篇

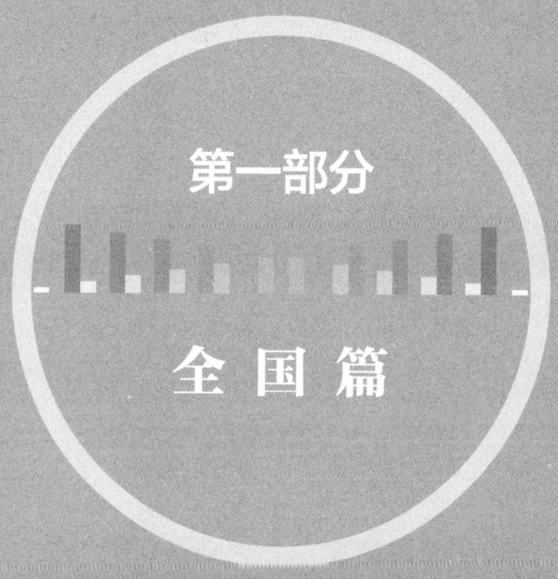

第一部分

全国篇

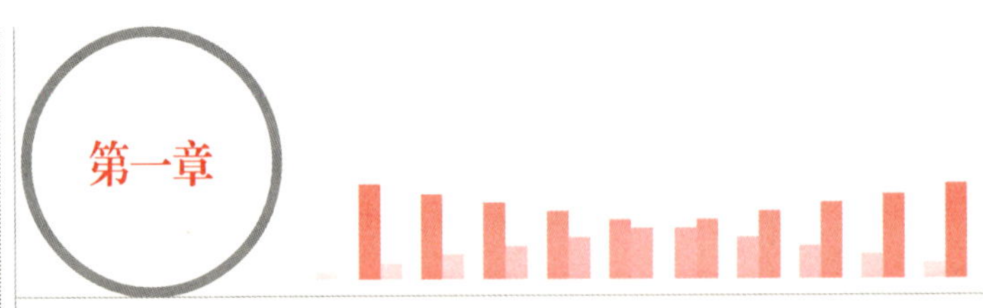

行业发展状况

2021 年是“十四五”规划开局之年，也是全面建设社会主义现代化国家新征程开启之年。这一年，疫情防控常态化，“放管服”改革深入推进，工程造价改革持续深化，工程建设组织模式变革深入推进，数字化转型全面开展，造价咨询行业面临着前所未有的机遇和挑战。

第一节　整体发展水平

一、固定资产投资总体情况

2021 年，全年全社会固定资产投资 552884 亿元，比上年增长 4.86%。其中，固定资产投资（不含农户）544547 亿元，增长 4.94%。

在固定资产投资（不含农户）中，第一产业投资 14275 亿元，占全年固定资产投资（不含农户）2.62%，增长 9.1%；第二产业投资 167395 亿元，占全年固定资产投资（不含农户）30.74%，增长 11.3%；第三产业投资 362877 亿元，占全年固定资产投资（不含农户）66.64%，增长 2.1%。民间固定资产投资 307659 亿元，增长 7.0%。2021 年固定资产投资（不含农户）的分布情况如图 1-1-1 所示。

二、建筑业发展情况

2021 年，全国有施工活动的建筑业企业共 128746 家；全国建筑业从业人数

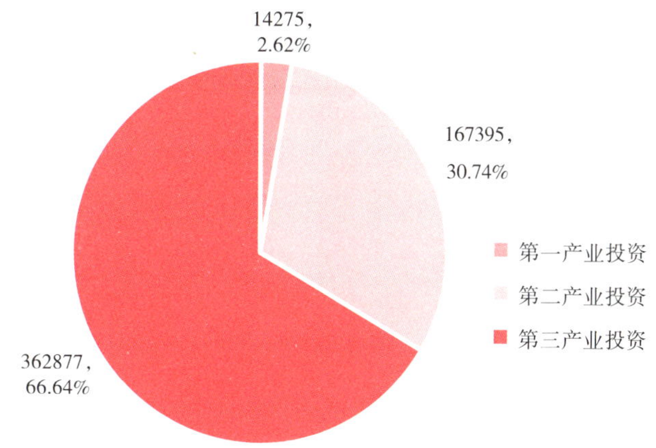

图 1-1-1 2021 年固定资产投资（不含农户）的分布情况（单位：亿元）
（数据来源：国家统计局 2021 年国民经济和社会发展统计公报）

5282.94 万人；全国建筑业总产值 293079.31 亿元；全国具有施工资质的总承包和专业承包建筑业企业利润总额 8554 亿元。全国建筑业发展情况具体分析如下：

1. 全国建筑业企业数量持续增加，但增速放缓

2021 年，全国建筑业企业共 128746 家，比上年增长 10.31%。2019~2021 年全国建筑业企业的数量变化情况如图 1-1-2 所示。

由图 1-1-2 可知，2019~2021 年全国建筑业企业数量分别为 103814 家、116716 家、128746 家，2019 年为近三年增速的最低点，2020 年增速大幅上升，达到三年增速最高点，2021 年又再次降低，说明近三年来建筑业企业数量增速先增后减。

2. 全国建筑业从业人数逐渐减少，减速变化明显

2021 年底，建筑业从业人数为 5282.94 万人，比上一年减少 83.98 万人，减幅 1.56%。2019~2021 年建筑业从业人员数量变化情况如图 1-1-3 所示。

由图 1-1-3 可知，2019~2021 年全国建筑业从业人数分别为 5427.37 万人、5366.92 万人、5282.94 万人。2019 年与上一年相比有所增加，增幅为 2.30%，2020 年到 2021 年逐年减少，2019 年从业人数为近三年最高点。说明三年来建筑业从业人数逐年减少，减速变化明显。

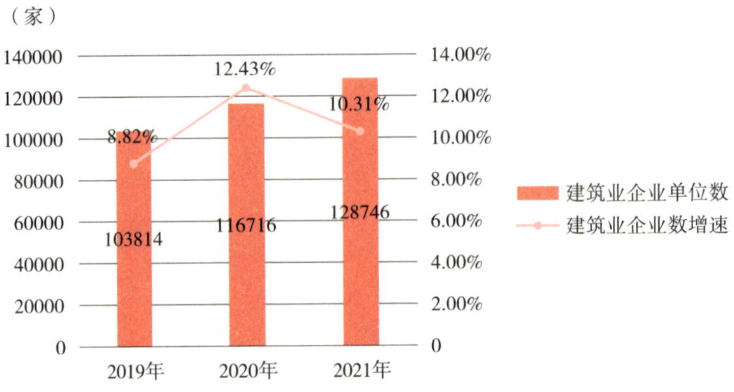

图 1-1-2 2019~2021 年全国建筑业企业数量变化情况

（数据来源：中国建筑业协会 2021 年建筑业发展统计分析）

图 1-1-3 2019~2021 年全国建筑业从业人员数量变化情况

（数据来源：中国建筑业协会 2021 年建筑业发展统计分析）

3. 建筑业经营规模扩大，总产值逐年增加

2021 年，全国建筑业总产值为 293079.31 亿元，比上年增长了 11.04%。2019~2021 年全国建筑业总产值的变化情况如图 1-1-4 所示。

由图 1-1-4 可知，2019~2021 年全国建筑业总产值逐年增加，2020 年总产值比上一年增加 15501.27 亿元，增速比上一年增加了 0.56 个百分点。2021 年总产值比上一年增加 29132.27 亿元，且增速比上一年增加了 4.80 个百分点，说明建筑业总产值逐年增加，增速变化明显。

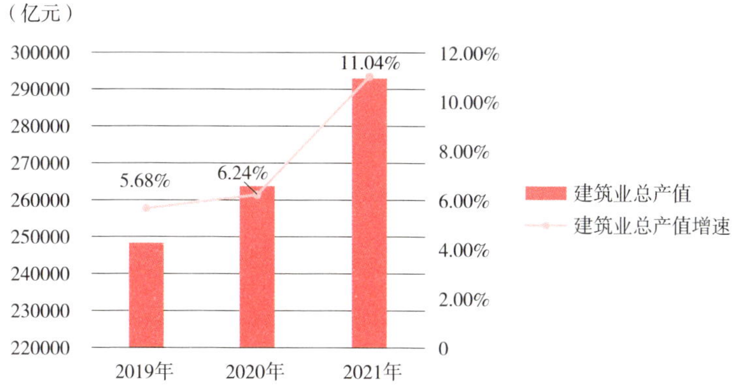

图 1-1-4　2019~2021 年全国建筑业总产值变化情况

（数据来源：中国建筑业协会 2021 年建筑业发展统计分析）

4. 建筑业利润逐年增加，增速呈先降后升的趋势

2021 年，全国建筑业企业利润总额为 8554 亿元，比上年增加 251 亿元，增速为 3.02%。2019~2021 年全国建筑业企业利润总额变化情况如图 1-1-5 所示。

由图 1-1-5 可知，2019~2021 年全国建筑业企业利润总额分别为 8279.55 亿元、8303 亿元、8554 亿元，分别比上一年增长 3.82%、0.28%、3.02%。2019 年为近三年增速的最高点，2020 年为近三年增速的最低点，2021 年增速再次上升，说明建筑业利润总额逐年增加，增速呈先降后升趋势。

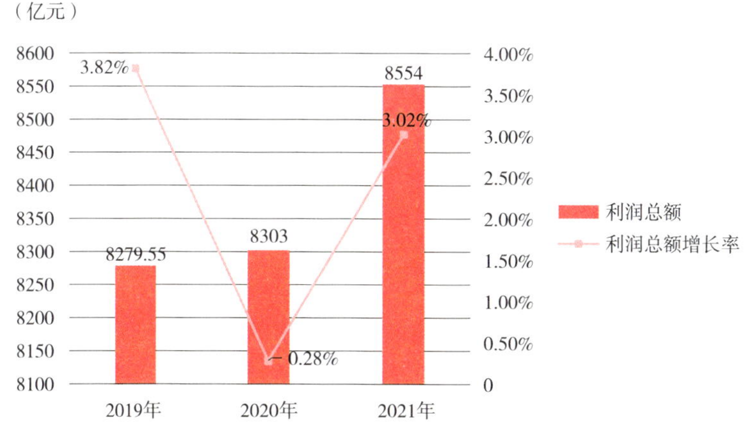

图 1-1-5　2019~2021 年全国建筑业企业利润总额变化情况

（数据来源：国家统计局年度数据）

三、工程造价咨询行业发展情况

2021 年，根据对各具有工程造价咨询资质企业数据进行统计，全国共有原工程造价咨询资质企业 11398 家，其中甲级工程造价资质企业 5421 家，乙级工程造价咨询资质企业 5977 家；企业共有从业人员 868367 人，含正式员工 803870 人，临时聘用人员 64497 人；营业收入 3056.68 亿元，其中：工程造价咨询业务收入 1143.02 亿元，占工程造价咨询企业全部营业收入的 37.4%；利润 297.56 亿元，上缴所得税 53.03 亿元。行业发展情况具体分析如下：

1. 企业数量比上一年有所增加，增速回落

2021 年，全国共有原工程造价咨询资质企业 11398 家，较上年增长 8.67%。其中，甲级工程造价资质企业 5421 家，较上年增长 4.65%；乙级工程造价资质企业 5977 家，较上年增长 12.58%；专营工程造价咨询企业 3167 家，较上年下降 3.09%；兼营工程造价咨询企业 8231 家，较上年增长 13.99%。2019~2021 年全国各类工程造价咨询企业数量变化情况如图 1–1–6 所示。

2019~2021 年，工程造价咨询企业数量增长速度经历了先大幅提升后大幅回落的过程，2021 年工程造价咨询企业数量与 2020 年相比仍有增加但增速变缓。

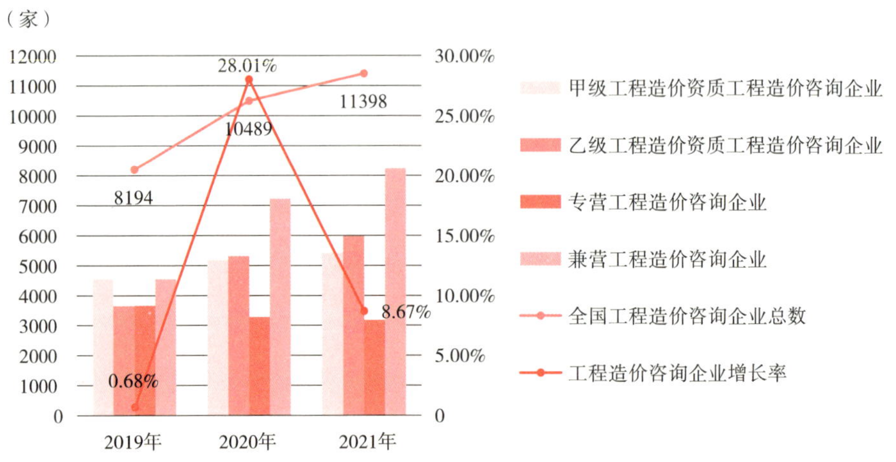

图 1–1–6　2019~2021 年全国各类工程造价咨询企业数量变化情况

（数据来源：2021 年工程造价咨询统计资料汇编）

其中，原有甲级资质和乙级资质工程造价咨询企业数量均持续增加，造价咨询企业总体实力不断提升。此外，专营工程造价咨询企业数量持续小幅下降，兼营工程造价咨询企业数量持续大幅增加，反映出工程造价咨询行业竞争日趋激烈，工程造价咨询业务不断向全过程、全产业链拓展。

2. 从业人员数量不断增加，增速大幅下降

2021 年，全国工程造价咨询企业从业人员 868367 人，较上年增长 9.84%。其中，正式员工 803870 人，占 92.57%；临时聘用人员 64497 人，占 7.43%。2019~2021 年全国工程造价咨询企业从业人员数量变化及聘用情况如图 1-1-7 所示。

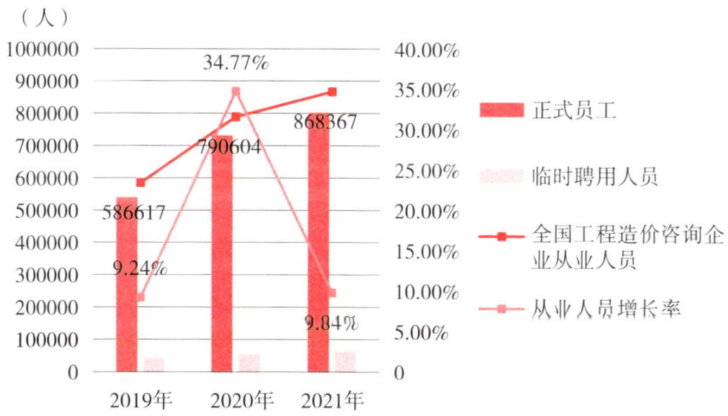

图 1-1-7　2019~2021 年全国工程造价咨询企业从业人员数量变化及聘用情况

（数据来源：2021 年工程造价咨询统计资料汇编）

从近三年数据来看，工程造价咨询企业从业人员数量、正式聘用员工数量、临时聘用人员数量均逐年增加，但 2021 年人员总数增速大幅下降，造价咨询行业吸纳人才数量虽不断扩大但增速变缓。

3. 营业收入规模扩大，增速先增后减

2021 年，工程造价咨询企业营业收入 3056.68 亿元，较上年增长 18.91%。其中，工程造价咨询业务收入 1143.02 亿元，较上年增长 14.00%，占全部营

业收入的 37.39%；招标代理业务收入 263.47 亿元，建设工程监理业务收入 788.46 亿元，项目管理业务收入 586.03 亿元，工程咨询业务收入 275.70 亿元，分别占全部营业收入的 8.62%、25.79%、19.17%、9.02%。2021 年工程造价咨询企业营业收入的分布情况、2019~2021 年全国工程造价咨询企业营业收入变化情况如图 1-1-8、图 1-1-9 所示。

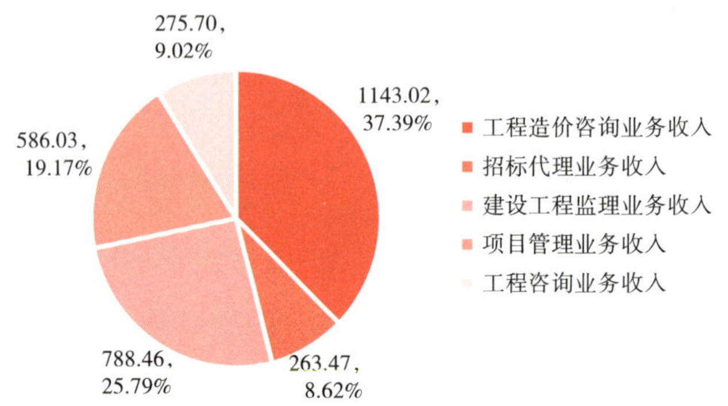

图 1-1-8　2021 年工程造价咨询企业营业收入的分布情况（单位：亿元）
（数据来源：2021 年工程造价咨询统计资料汇编）

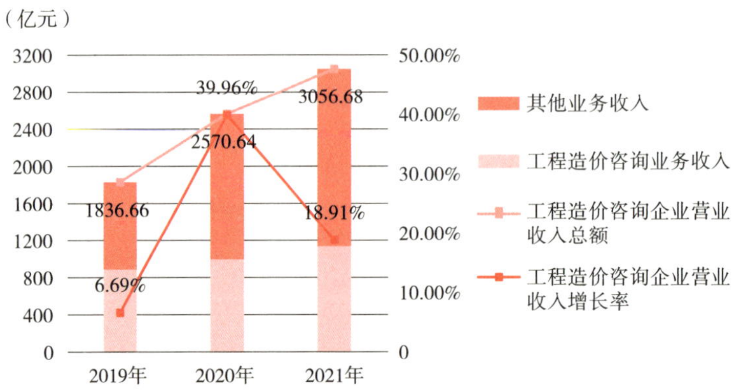

图 1-1-9　2019~2021 年全国工程造价咨询企业营业收入变化情况
（数据来源：2021 年工程造价咨询统计资料汇编）

2019~2021 年，工程造价咨询企业营业收入分别为 1836.66 亿元、2570.64 亿元、3056.68 亿元，较上年分别增长 6.69%、39.96%、18.91%，营业收入规模

扩大，但增速先增后减。其中工程造价咨询业务营业收入分别占全部营业收入的48.59%、39.01%、37.39%，占比逐年降低，其他业务收入占比连续三年超过50%，且逐年升高，表明工程造价咨询企业紧跟当前工程咨询行业新形势，更加注重多元化发展。

4. 利润总额逐年增加，增速先增后减

2021年，工程造价咨询企业利润总额297.56亿元，上缴所得税53.03亿元，利润总额较上年增长12.41%。2019~2021年全国工程造价咨询企业利润总额变化情况如图1-1-10所示。

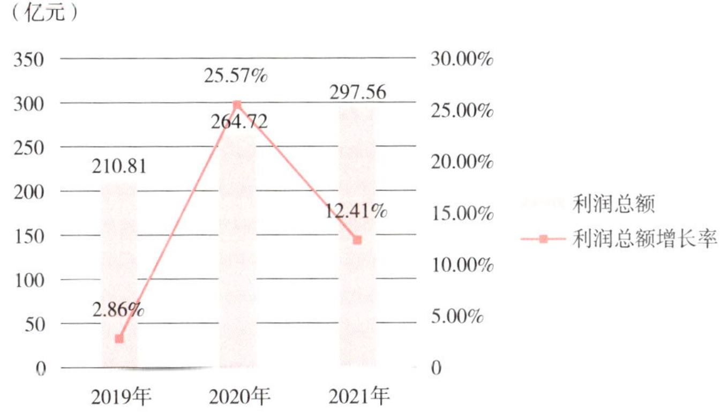

图1-1-10　2019~2021年全国工程造价咨询企业利润总额变化情况

（数据来源：2021年工程造价咨询统计资料汇编）

2019~2021年，工程造价咨询企业利润总额分别为210.81亿元、264.72亿元、297.56亿元，较上年分别增长2.86%、25.57%、12.41%，利润总额逐年增加，但增速先大幅增加后小幅下降。

由上述分析可知，2021年工程造价咨询企业数量、从业人员数量、营业收入和利润总额较上一年均有所增加，但增速下降明显。主要原因包括：

一是工程造价咨询企业资质改革等政策影响仍在持续，企业和人才数量虽暂缓井喷式增长，但行业仍需大量多元化企业和专业化人才，数量的持续增长仍是近几年的基本趋势。

二是新一轮科技革命和产业变革使得全球各行业呈现出智能化、数字化发展新态势，工程造价咨询行业面对新机遇，积极推进数字化转型，效果良好。

三是工程造价咨询行业在挑战中寻机遇，向着高质量方向稳步发展，利润逐年稳定增加，但2021年疫情反复，仍持续不断对各地经济造成影响，工程造价咨询行业也受到一定冲击，利润增速有所下降。

四、行业从业人员分布情况

2021年，工程造价咨询企业共有从业人员868367人，比上年增长9.84%。其中，注册造价工程师129734人，比上年增长16.03%，占全部工程造价咨询企业从业人员的14.94%。专业技术人员504620人，比上年增长6.51%，占全部工程造价咨询企业从业人员的58.11%。

2019~2021年，工程造价咨询企业从业人数、注册造价工程师人数、专业技术人员人数变化情况如图1-1-11所示。

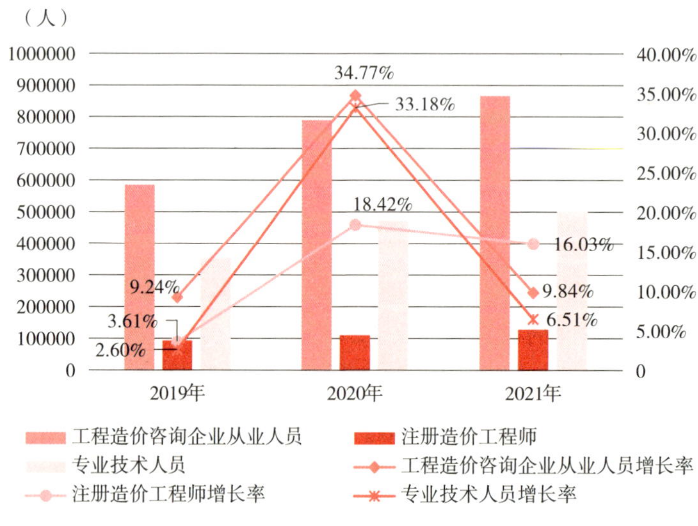

图1-1-11　2019~2021年工程造价咨询企业从业人员、注册造价工程师人数、专业技术人员人数变化情况

（数据来源：2021年工程造价咨询统计资料汇编）

由图 1-1-11 可知，2019~2021 年，全国工程造价咨询企业从业人员、注册造价工程师以及专业技术人员的数量均逐年增加，增长率先高后低。

工程造价咨询企业专业技术人员中，高级职称人员 131152 人，比上年增长 9.98%，占专业技术人员 25.99%；中级职称人员 246391 人，比上年增长 4.68%，占专业技术人员 48.83%；初级职称人员 127077 人，比上年增长 6.63%，占专业技术人员 25.18%。2019~2021 年全国工程造价咨询企业专业技术人员分布情况以及各类职称人数的变化情况如图 1-1-12 所示。

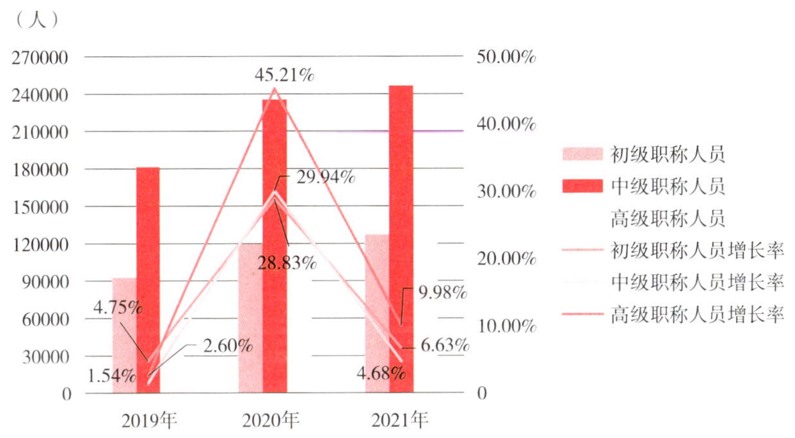

图 1-1-12　2019~2021 年全国工程造价咨询企业专业技术人员分布及各类职称人数变化情况

（数据来源：2021 年工程造价咨询统计资料汇编）

由图 1-1-12 可知，2019~2021 年工程造价咨询企业高级职称人员、中级职称人员、初级职称人员的数量逐年增加，但增长率先升高后降低，表明在 2020 年高级职称人员、中级职称人员、初级职称人员增长速度最快，2021 年增长速度放缓。

人才是工程造价行业发展的基础和关键，高素质人才队伍是行业的发展动力。在全过程工程咨询和工程造价市场化的导向下，工程造价管理必然要从原来的“粗放式”单一阶段管理向“精细化”全过程造价管理方向转变，这必然导致精细化工程造价管理人才的需求不断增大。应更加明确人才培养目标，完善人才培养模式，优化人才培养方案，为造价行业的发展提供源源不断的人才支撑。

第三节　行业自律和诚信体系建设

2021 年，持续推进和完善工程造价咨询行业自律和诚信体系建设，创新行业信用体系新模式，构建行业自律新框架，稳步推进各项工作。

一、完善信用评价工作

为进一步加强工程造价咨询行业信用体系建设，促进行业健康发展，坚持开展并完善信用评价工作。2021 年，开展四批共 1043 家造价咨询企业的信用评级认定，结果得到会员单位和社会公众认可。

造价咨询企业资质取消后，中价协发布了《关于适应新形势变革 推动工程造价咨询行业高质量发展的意见》，指出要完善信用评价体系，满足市场择优需求，搭建全国统一的信用信息管理平台，优化评价指标，突出反映企业经营业绩、技术力量、履约能力等综合实力，动态开展适应市场需求的评价工作，满足委托方择优选择工程造价咨询企业的需求；建立健全企业和从业人员信用档案，研究注册造价工程师个人信用与企业信用挂钩机制，公布企业信用风险分类结果，做好行业信用建设和管理相关工作。

二、搭建全国自律信息平台

2021 年 4 月 12 日，中价协发布了《中国建设工程造价管理协会 2021 年工作要点》，提出要完善自律管理机制，发布工程造价咨询行业自律管理办法和行业自律规则，研究搭建全国统一的自律信息共享平台，努力构建行业自律新框架。

2021 年 7 月 2 日，中价协发布了《关于适应新形势变革 推动工程造价咨询行业高质量发展的意见》，指出要建立健全行业经营自律规范、自律公约和职业道德准则，搭建全国自律信息平台，依规开展行业惩戒，规范经营和执业行为，并建立健全行业自律体系，形成协会与政府、市场、社会等各方联动的约束机制，引导企业有序竞争，净化市场环境。

三、加大诚信监管力度

2021 年 3 月 16 日，中价协组织召开了《工程造价咨询业高质量发展研究》课题审查会议。研究报告从加强诚信体系建设、推进造价管理信息化等方面进行深入研究，为推动工程造价咨询业高质量发展提供了思路。

2021 年 5 月 27 日，中价协组织召开了《工程造价咨询企业诚信监管模式研究》课题审查会议。该课题编制意义重大，对进一步落实国务院"放管服"改革和优化营商环境起到了一定的作用，为造价行业信用体系建设提供了政策依据和实践支撑，并在此基础上起草了《工程造价咨询行业信用监督管理办法》《工程造价咨询企业信用评价标准》两个文件。

2021 年 6 月 28 日，住房和城乡建设部办公厅发布了《关于取消工程造价咨询企业资质审批加强事中事后监管的通知》，提出各级住房和城乡建设主管部门要进一步完善工程造价咨询企业诚信长效机制，加强信用管理，及时将行政处罚、生效的司法判决等信息归集至全国工程造价咨询管理系统，充分运用信息化手段实行动态监管。依法实施失信惩戒，提高工程造价咨询企业诚信意识，努力营造诚实守信的市场环境，并提出健全政府主导、企业自治、行业自律、社会监督的协同监管格局。

2021 年 12 月 25 日，国家发展改革委发布了《"十四五"规划〈纲要〉解读文章》，指出要进一步增强事中事后监管的针对性有效性。实行政府权责清单制度，做到部门权责事项完整、准确、规范、公开，促进公正监管。推进部门联合"双随机、一公开"监管常态化。健全对新技术、新产业、新业态、新模式等的包容审慎监管制度。依托国家"互联网 + 监管"系统，推进监管信息跨部门、跨地区共享。

行业自律和诚信体系建设是工程造价咨询行业健康发展的前提。随着"双 60 取消"、证照分离改革、资质认定取消等政策的不断推进，工程造价咨询行业面临着巨大的冲击，企业数量不断增加、竞争愈发激烈等现象难以避免，势必影响造价咨询市场秩序和行业发展。近年来，行业持续开展了一系列行业自律与诚信体系建设工作，收到较好成效。未来将继续完善信用评价标准体系，积极打造满足市场需求的通用标准，针对违法违规现象实施严厉的惩戒措施，不断规范市场正常秩序，推动行业健康发展。

第四节　数字化建设

新的信息时代，工程造价数字化已具备良好发展环境，国家数字化发展战略为工程造价数字化建设提供了强劲动力，互联网、大数据、5G、人工智能等信息技术为工程造价行业数字化转型发展提供了保障。建立科学的工程造价数字化体系是实现工程造价数字化战略的重要前提，也是贯彻工程造价改革、培育工程造价行业新动能、推动建筑业高质量发展的重要途径。

一、数字化实践

2021 年 7 月 2 日，中价协发布了《全过程工程咨询典型案例——以投资控制为核心（2020 年版）》，本版典型案例的创新点之一是将新技术应用于全过程工程咨询。基于互联网、大数据、云计算、人工智能、GIS、BIM、AI 等技术的项目管理平台已经在全过程工程咨询中应用，使项目数字化资产交付成为可能。无人机技术将项目建设过程中各项工作无缝对接协调，实现了可视化，提高了项目实施的效率和精准度。

2021 年 10 月 28 日，为推动工程造价数字化转型发展，提高工程造价管理及服务水平，中价协组织出版了《工程造价信息化发展研究报告》和《典型工程造价指标 2021 年版（学校、医院、城市轨道交通工程）》。该书为政府及企业投资决策、造价指标类比、工程造价管理等方面提供了参考指引；梳理了数字化新技术在工程造价领域的示范应用案例，提出了工程造价数字化建设发展规划、工程造价数字化标准体系建设规划和工程造价数字化服务体系建设规划，同时提出了工程造价数字化协同发展机制、信息使用及共享机制的建立途径，为工程造价数字化建设的相关研究和顶层设计提供了参考。

二、数字化新标准

2021 年 8 月 17 日，中价协在北京召开了《工程造价信息化标准体系研究》课题审查视频会议。通过调研梳理工程造价信息化标准在工程造价领域的应用情况，各方主体对工程造价信息化标准的需求情况等，提出对工程造价信息化标准体系总体规划、标准落地措施的相关建议，为工程造价信息化标准建设工作提供理论支撑。

2021 年 10 月 21 日，中共中央办公厅、国务院办公厅印发的《关于推动城乡建设绿色发展的意见》中指出，要推动城市智慧化建设，建立完善智慧城市建设标准和政策法规，加快推进信息技术与城市建设技术、业务、数据融合；开展城市信息模型平台建设，推动建筑信息模型深化应用，推进工程建设项目智能化管理，促进城市建设及运营模式变革；搭建城市运行管理服务平台，加强对市政基础设施、城市环境、城市交通、城市防灾的智慧化管理，推动城市地下空间信息化、智能化管控，提升城市安全风险监测预警水平；完善工程建设项目审批管理系统，逐步实现智能化全程网上办理，推进与投资项目在线审批监管平台等互联互通；搭建智慧物业管理服务平台，加强社区智慧化建设管理，为群众提供便捷服务。

三、数字化研讨与交流

2021 年 12 月 21 日，在对十三届全国人大四次会议第 2590 号建议的答复中，住房和城乡建设部表示，将会同相关部门深入贯彻落实习近平总书记“把握数字化、网络化、智能化融合发展的契机，以信息化、智能化为杠杆培育新动能”重要指示精神，大力提升建筑业和工程管理数字化与智能化发展水平。一是夯实数字“监管”基础。加快完善数字“监管”标准体系，探索建立应用标准规范，推动形成一批具有关键自主知识产权的建筑业数字技术企业；二是加快智能建造与新型建筑工业化协同发展；三是提升工程项目管理数字化水平；四是提升政府质量监管效能；五是加快推进建设工程档案数字化建设。

第五节　履行社会责任

2021 年，行业坚持稳中求进工作总基调，在疫情防控常态化下，工程造价咨询行业主动适应发展，积极履行社会责任，工程造价纠纷调解工作采用线上模式有序开展，团体标准的制修订逐步推进。

一、调解工程造价纠纷

根据《中华人民共和国国民经济和社会发展第十四个五年规划和2035年远景目标纲要》与《住房和城乡建设部等部门关于加快新型建筑工业化发展的若干意见》等文件精神，中价协将疫情防控与复工复产精神并举，积极组织工程造价纠纷调解工作，依法依规进行调解，维护行业健康发展。

2021年8月，中价协工程造价纠纷调解工作委员会受贵州某法院委托，对其审理的建设工程施工合同纠纷案件的相关争议事项进行技术评审，出具专家评审意见并对专家评审意见进行答疑，为法院审理案件提供专业技术支持，充分利用“造价+法律”相结合的纠纷解决方法，有助于法院查清案件事实，妥善化解争议矛盾，可以提高司法审判效率，具有非常积极的现实意义。

二、推动团体标准的制定与发展

2021年10月18~20日，中价协召开《建设工程总承包计价规范》《房屋工程总承包工程量计算规范》《市政工程总承包工程量计算规范》《城市轨道交通工程总承包工程量计算规范》共四项团体标准的编制启动会议。此次总承包计价及计算规范也是协会首批开展的团体标准编制项目，以期解决目前工程总承包相关的突出问题，从而更好为推行国内工程总承包提供技术服务和支撑。

2021年10月25~26日，中价协召开《建设工程造价咨询服务工时标准（房屋建筑工程）》《建设项目设计概算编审规范》两项团体标准启动会议。

2021年11月5日上午，中价协召开团体标准《全过程工程咨询规程》编制启动会议。在当前大力发展以市场需求为导向、满足委托方多样化需求的全过程工程咨询服务模式背景下，编制以高标准引领国内全过程工程咨询业务高质量发展的团体标准，将有力促进工程造价咨询行业的创新与提升。

团体标准是协会服务行业的重要基础性工作。制定有关团体标准，不仅对成员企业经营行为产生约束作用，约定企业违反标准时应该承担的责任，还能加强行业协会与会员企业以及其他市场主体的联系，更好地发挥行业协会的组织协调作用。行业团体标准在促进建筑领域技术革新、规范建筑市场秩序、引领造价咨询行业规范化发展中所发挥的积极作用不可替代，将有效引导造价咨询行业向健康、可持续、高质量发展方向迈进。

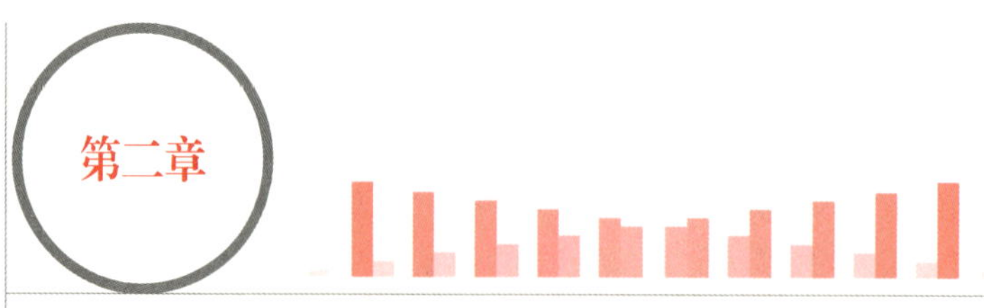

行业结构分析[①]

第一节　企业结构分析

一、发布“工程造价资质取消”新政，助推企业总量持续增长

2021 年 6 月 3 日，国务院发布《国务院关于深化“证照分离”改革进一步激发市场主体发展活力的通知》(国发〔2021〕7 号)，明确自 2021 年 7 月 1 日起，取消审批“工程造价咨询企业资质”。工程造价资质取消是落实党的十九大精神，贯彻国家“放管服”改革的具体措施。该举措强调降低行业准入门槛、加强市场竞争和优胜劣汰、推进简政放权、加强事中事后监管。资质取消意味着工程造价咨询行业将进入“拼人才、拼服务、拼实力、拼品牌”的新阶段，是工程咨询领域的一项重大改革，同时为造价咨询企业带来了重大机遇与挑战。

二、造价新政稳步推进，涌现兼营工程造价咨询企业

《国务院关于深化“证照分离”改革进一步激发市场主体发展活力的通知》(国发〔2021〕7 号)取消工程造价咨询企业甲级、乙级资质认定，工程造价咨询企业不再与证书强关联，而是项目责任和执业人强关联。弱化企业门槛，将国内造价行业发展为以事务所为主的形式，与国际并轨，进一步激发市场活力，强化市场竞争。

① 本章数据来源于 2021 年工程造价咨询统计资料汇编。

工程咨询行业作为智力型服务行业，其发展趋势必然随着经济社会整体的前进而转变。从粗放走向集约，从增量建设到存量改造，从信息化走向数字化，从传统基建走向新基建。2021 年，统计数据表明，目前兼营工程造价咨询企业数量依然占全部企业的大多数，多元化发展在行业仍然占据主要地位。专营工程造价咨询企业数量比上年减少 3.09%，兼营工程造价咨询企业数量比上年增加 13.99%。

2021 年末，专营工程造价咨询企业与兼营工程造价咨询企业占比汇总统计信息如图 1-2-1 所示。

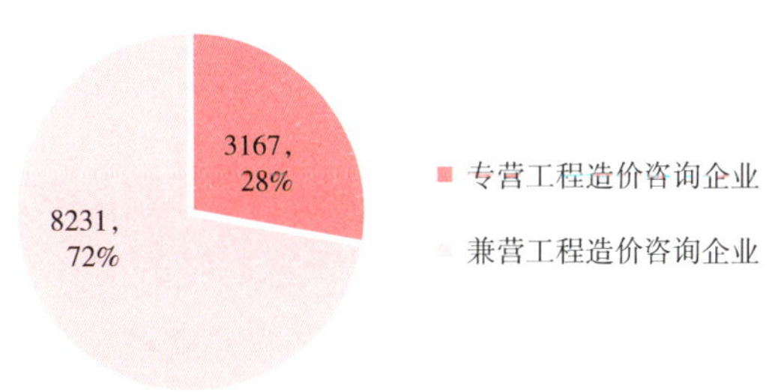

图 1-2-1　2021 年工程造价咨询企业按经营范围分类图

2019~2021 年，工程造价咨询企业中，专营工程造价咨询企业与兼营工程造价咨询企业数量如表 1-2-1 所示。

结合 2019~2021 年数据，专营工程造价咨询企业分别占全部工程造价咨询企业的 44.52%、31.16%、27.79%；兼营工程造价咨询企业所占比例分别为 55.48%、68.84%、72.21%。

2019~2021 年工程造价咨询企业按经营范围分类统计（单位：家）　**表 1-2-1**

序号	年份	工程造价咨询企业数量		
		合计	专营工程造价咨询企业	兼营工程造价咨询企业
1	2019	8194	3648	4546
2	2020	10489	3268	7221
3	2021	11398	3167	8231

通过上述数据可以看出，2019 年到 2021 年，工程造价咨询企业内专营工程造价咨询企业呈现下降态势，兼营工程造价咨询企业则呈现上升态势，且 2021

年行业内兼营工程造价咨询企业数量是专营工程造价咨询企业的2.6倍，可以看出工程造价咨询行业门槛较低，技术壁垒不强，工程造价咨询业务向上下产业链的招标代理、工程监理、项目管理、工程咨询等延伸的趋势日渐明显，反映出工程造价咨询业务向全过程、全产业链拓展的发展态势。

三、各地区工程造价咨询企业数量及有限责任公司数量稳健上升

2021年末，工程造价咨询企业按经营范围汇总统计信息如表1-2-2所示，拥有工程造价咨询企业数量较高的3个省分别是江苏、山东和浙江，分别为1049家、871家、810家，远超其他省（区、市）。

2019~2021年工程造价咨询企业按资质分类统计如表1-2-3所示，在行业规模方面，2021年工程造价咨询企业数量呈上升态势的省（区、市）有23个，浙江、湖南、山东、江苏、四川、北京、河南在企业数量领先的前提下依旧保持扩张态势；河北、安徽、广东虽然企业数量一直保持前列，但2021年企业数量略有下滑；陕西、重庆、山西、上海、贵州企业数量处于全部省（区、市）的中上游，且规模稳定，仅出现小幅波动；西藏、宁夏、青海、广西、吉林虽然目前企业规模不大，但企业数量逐年持续增长。

2021年工程造价咨询企业按经营范围汇总统计数据如图1-2-2所示。

2021年工程造价咨询企业按企业登记注册类型汇总统计数据如图1-2-3所示。

2021年工程造价咨询企业按经营范围汇总统计信息（单位：家） 表1-2-2

序号	企业归口管理的地区或行业	工程造价咨询企业数量	专营工程造价咨询企业数量	兼营工程造价咨询企业数量
合计		11398	3167	8231
1	北京	403	114	289
2	天津	114	16	98
3	河北	461	186	275
4	山西	403	168	235
5	内蒙古	340	147	193
6	辽宁	379	131	248
7	吉林	198	50	148

续表

序号	企业归口管理的地区或行业	工程造价咨询企业数量	专营工程造价咨询企业数量	兼营工程造价咨询企业数量
8	黑龙江	224	124	100
9	上海	228	52	176
10	江苏	1049	133	916
11	浙江	810	95	715
12	安徽	766	208	558
13	福建	327	37	290
14	江西	291	95	196
15	山东	871	252	619
16	河南	455	162	293
17	湖北	402	153	249
18	湖南	428	123	305
19	广东	568	129	439
20	广西	190	45	145
21	海南	69	36	33
22	重庆	240	115	125
23	四川	545	162	383
24	贵州	220	80	140
25	云南	161	76	85
26	西藏	24	6	18
27	陕西	274	43	231
28	甘肃	215	43	172
29	青海	93	26	67
30	宁夏	143	27	116
31	新疆	283	88	195
32	新疆兵团	9	2	7
33	行业归口	215	43	172

2019~2021 年工程造价咨询企业按资质分类统计（单位：家）　　表 1-2-3

序号	企业归口管理的地区或行业	2019 年		2020 年				2021 年			
		合计	多种资质	合计	增长（%）	多种资质	增长（%）	合计	增长（%）	多种资质	增长（%）
合计		8194	4546	10489	28.01	7221	58.84	11398	8.67	8231	13.99
1	北京	342	168	385	12.57	260	54.76	403	4.68	289	11.15
2	天津	76	35	143	88.16	116	231.43	114	−20.28	98	−15.52
3	河北	388	214	464	19.59	268	25.23	461	−0.65	275	2.61

续表

序号	企业归口管理的地区或行业	2019年		2020年				2021年			
		合计	多种资质	合计	增长（%）	多种资质	增长（%）	合计	增长（%）	多种资质	增长（%）
4	山西	234	86	393	67.95	200	132.56	403	2.54	235	17.50
5	内蒙古	292	137	294	0.68	149	8.76	340	15.65	193	29.53
6	辽宁	246	35	335	36.18	200	471.43	379	13.13	248	24.00
7	吉林	166	119	176	6.02	124	4.20	198	12.50	148	19.35
8	黑龙江	205	81	255	24.39	115	41.98	224	−12.16	100	−13.04
9	上海	167	108	226	35.33	170	57.41	228	0.88	176	3.53
10	江苏	721	473	921	27.74	780	64.90	1049	13.90	916	17.44
11	浙江	417	295	661	58.51	578	95.93	810	22.54	715	23.70
12	安徽	453	215	781	72.41	569	164.65	766	−1.92	558	−1.93
13	福建	184	138	257	39.67	218	57.97	327	27.24	290	33.03
14	江西	193	58	210	8.81	140	141.38	291	38.57	196	40.00
15	山东	645	454	764	18.45	525	15.64	871	14.01	619	17.90
16	河南	294	142	444	51.02	265	86.62	455	2.48	293	10.57
17	湖北	354	47	365	3.11	219	365.96	402	10.14	249	13.70
18	湖南	280	183	352	25.71	234	27.87	428	21.59	305	30.34
19	广东	420	289	652	55.24	492	70.24	568	−12.88	439	−10.77
20	广西	148	102	168	13.51	129	26.47	190	13.10	145	12.40
21	海南	64	38	74	15.63	37	−2.63	69	−6.76	33	−10.81
22	重庆	229	113	232	1.31	112	−0.88	240	3.45	125	11.61
23	四川	443	292	499	12.64	333	14.04	545	9.22	383	15.02
24	贵州	104	77	243	133.65	143	85.71	220	−9.47	140	−2.10
25	云南	165	94	164	−0.61	66	−29.79	161	−1.83	85	28.79
26	西藏	1	1	1	0.00	1	0.00	24	2300.00	18	1700.00
27	陕西	253	169	256	1.19	217	28.40	274	7.03	231	6.45
28	甘肃	191	59	168	−12.04	134	127.12	215	27.98	172	28.36
29	青海	54	40	67	24.07	47	17.50	93	38.81	67	42.55
30	宁夏	77	38	93	20.78	74	94.74	143	53.76	116	56.76
31	新疆	166	57	214	28.92	122	114.04	283	32.24	195	59.84
32	新疆兵团	—	189	9	—	8	−95.77	9	0.00	7	−12.50
33	行业归口	222	168	223	0.45	176	4.76	215	−3.59	172	−2.27

注：由于新疆兵团2020年新列入统计对象，故缺少2019年数据。

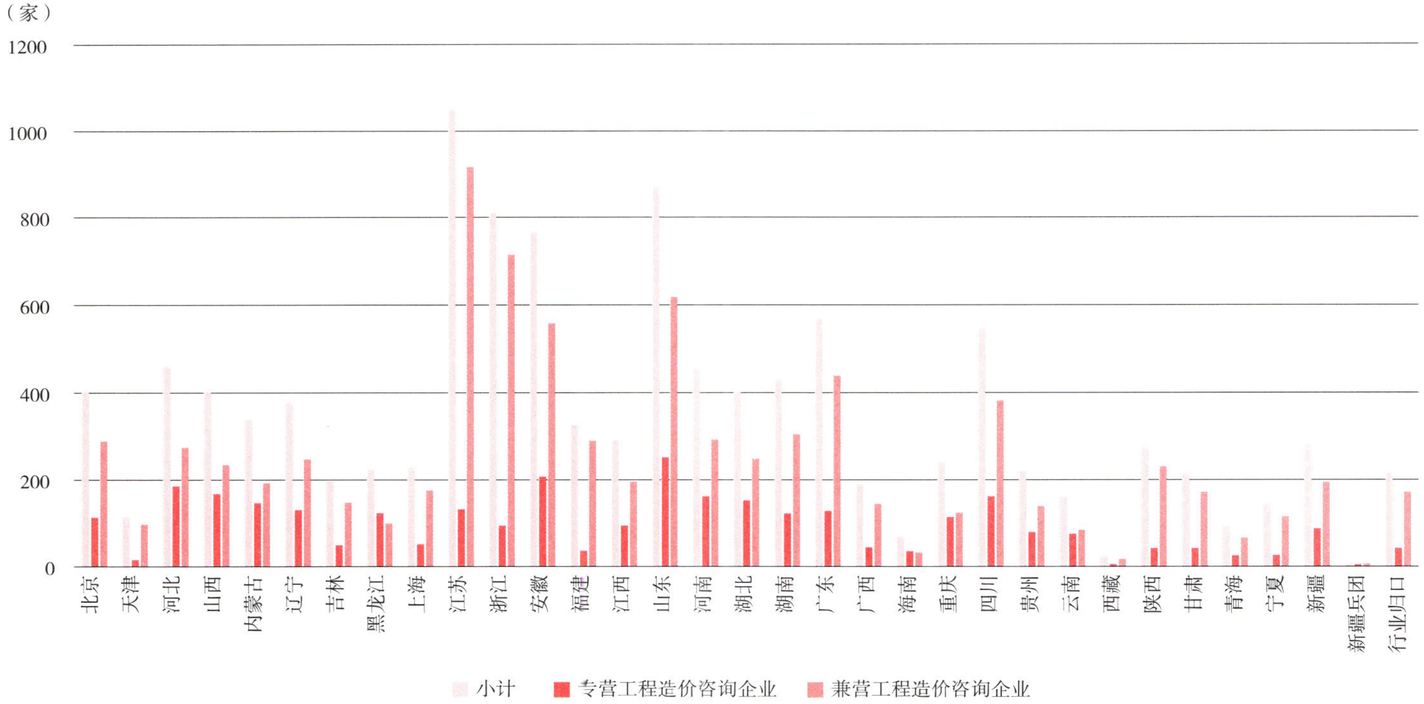

■ 小计　■ 专营工程造价咨询企业　■ 兼营工程造价咨询企业

图 1-2-2　2021 年工程造价咨询企业按经营范围汇总统计数据

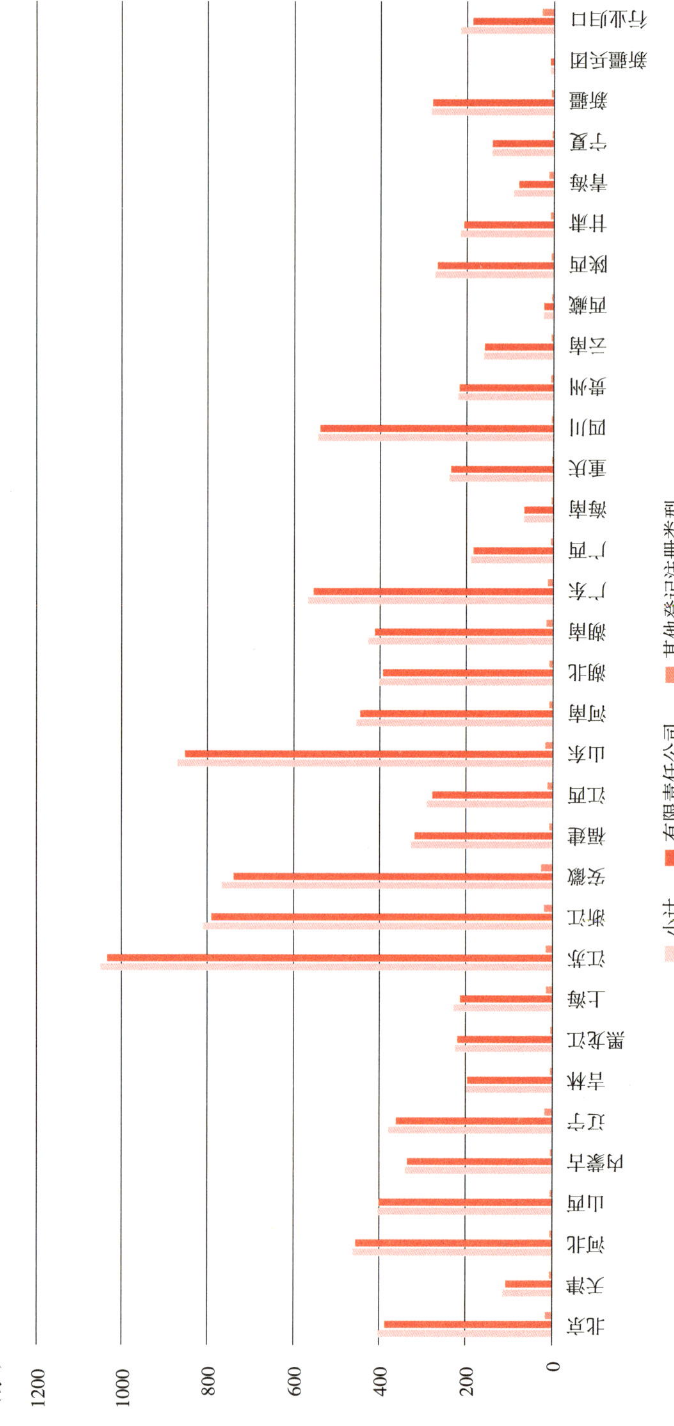

图 1-2-3　2021 年工程造价咨询企业按企业登记注册类型汇总统计数据

2021 年工程造价咨询企业按企业登记注册类型汇总统计信息如表 1–2–4 所示，工程造价咨询行业有限责任公司数量较高的 3 个省分别是江苏、山东和浙江，分别为 1033 家、853 家、790 家，且工程造价咨询企业总量远超其他省（区、市）。

2019~2021 年工程造价咨询企业按企业登记注册类型汇总统计信息如表 1–2–5 所示，在有限责任公司发展方面，数量呈上升态势的省（区、市）有 23 个，西藏、宁夏、青海、江西、新疆、甘肃、福建、浙江、湖南增速迅猛；湖北、四川、陕西、北京、重庆、山西、河南、上海、河北、云南、安徽、海南、贵州仅出现小幅波动；天津呈现下滑趋势。

2021 年工程造价咨询企业按企业登记注册类型汇总统计信息（单位：家）　表 1–2–4

序号	企业归口管理的地区或行业	企业数量	国有独资公司或国有控股公司	有限责任公司	合伙企业	合资经营或合作经营企业
合计		11398	231	11093	62	12
1	北京	403	13	387	1	2
2	天津	114	6	107	0	1
3	河北	461	2	455	4	0
4	山西	403	2	401	0	0
5	内蒙古	340	2	335	3	0
6	辽宁	379	18	361	0	0
7	吉林	198	2	196	0	0
8	黑龙江	224	3	219	2	0
9	上海	228	14	213	1	0
10	江苏	1049	14	1033	2	0
11	浙江	810	11	790	9	0
12	安徽	766	17	739	9	1
13	福建	327	6	319	2	0
14	江西	291	8	278	3	2
15	山东	871	14	853	3	1
16	河南	455	6	446	3	0
17	湖北	402	8	393	1	0

续表

序号	企业归口管理的地区或行业	企业数量	国有独资公司或国有控股公司	有限责任公司	合伙企业	合资经营或合作经营企业
18	湖南	428	9	412	6	1
19	广东	568	10	555	3	0
20	广西	190	6	184	0	0
21	海南	69	1	68	0	0
22	重庆	240	4	236	0	0
23	四川	545	4	540	1	0
24	贵州	220	0	217	2	1
25	云南	161	2	159	0	0
26	西藏	24	0	23	0	1
27	陕西	274	4	268	1	1
28	甘肃	215	6	207	2	0
29	青海	93	7	81	4	1
30	宁夏	143	1	142	0	0
31	新疆	283	3	280	0	0
32	新疆兵团	9	0	9	0	0
33	行业归口	215	28	187	0	0

2019~2021 年工程造价咨询企业按企业登记注册类型汇总统计信息（单位：家）

表 1-2-5

序号	企业归口管理的地区或行业	2019 年		2020 年				2021 年			
		合计	有限责任公司	合计	增长（%）	有限责任公司	增长（%）	合计	增长（%）	有限责任公司	增长（%）
合计		8194	8016	10489	28.01	10208	27.35	11398	8.67	11093	8.67
1	北京	342	335	385	12.57	369	10.15	403	4.68	387	4.88
2	天津	76	74	143	88.16	135	82.43	114	−20.28	107	−20.74
3	河北	388	383	464	19.59	456	19.06	461	−0.65	455	−0.22
4	山西	234	234	393	67.95	390	66.67	403	2.54	401	2.82
5	内蒙古	292	290	294	0.68	290	0.00	340	15.65	335	15.52
6	辽宁	246	243	335	36.18	321	32.10	379	13.13	361	12.46
7	吉林	166	165	176	6.02	176	6.67	198	12.50	196	11.36

续表

序号	企业归口管理的地区或行业	2019 年		2020 年				2021 年			
		合计	有限责任公司	合计	增长（%）	有限责任公司	增长（%）	合计	增长（%）	有限责任公司	增长（%）
8	黑龙江	205	202	255	24.39	247	22.28	224	–12.16	219	–11.34
9	上海	167	161	226	35.33	209	29.81	228	0.88	213	1.91
10	江苏	721	712	921	27.74	908	27.53	1049	13.90	1033	13.77
11	浙江	417	407	661	58.51	642	57.74	810	22.54	790	23.05
12	安徽	453	433	781	72.41	766	76.91	766	–1.92	739	–3.52
13	福建	184	181	257	39.67	253	39.78	327	27.24	319	26.09
14	江西	193	188	210	8.81	202	7.45	291	38.57	278	37.62
15	山东	645	639	764	18.45	752	17.68	871	14.01	853	13.43
16	河南	294	291	444	51.02	435	49.48	455	2.48	446	2.53
17	湖北	354	350	365	3.11	360	2.86	402	10.14	393	9.17
18	湖南	280	267	352	25.71	336	25.84	428	21.59	412	22.62
19	广东	420	413	652	55.24	632	53.03	568	–12.88	555	–12.18
20	广西	148	147	168	13.51	166	12.93	190	13.10	184	10.84
21	海南	64	63	74	15.63	73	15.87	69	–6.76	68	–6.85
22	重庆	229	226	232	1.31	229	1.33	240	3.45	236	3.06
23	四川	443	441	499	12.64	495	12.24	545	9.22	540	9.09
24	贵州	104	101	243	133.65	238	135.64	220	–9.47	217	–8.82
25	云南	165	163	164	–0.61	162	–0.61	161	–1.83	159	–1.85
26	西藏	1	1	1	0.00	1	0.00	24	2300.00	23	2200.00
27	陕西	253	248	256	1.19	249	0.40	274	7.03	268	7.63
28	甘肃	191	184	168	–12.04	159	–13.59	215	27.98	207	30.19
29	青海	54	46	67	24.07	58	26.09	93	38.81	81	39.66
30	宁夏	77	76	93	20.78	92	21.05	143	53.76	142	54.35
31	新疆	166	164	214	28.92	208	26.83	283	32.24	280	34.62
32	新疆兵团	—	—	9	—	9	—	9	0.00	9	0.00
33	行业归口	222	188	223	0.45	190	1.06	215	–3.59	187	–1.58

注：由于新疆兵团 2020 年新列入统计对象，故缺少 2019 年数据。

第二节　从业人员结构分析

一、简化造价工程师管理流程，从业人员数量迅速增长

2021年10月29日，为深入推进“放管服”改革，贯彻落实《国务院关于深化“证照分离”改革进一步激发市场主体发展活力的通知》(国发〔2021〕7号)，住房和城乡建设部对《工程造价咨询企业管理办法》和《注册造价工程师管理办法》进行合并修订，形成《工程造价咨询业管理办法》(征求意见稿)发布，面向大众征求意见。该办法主要修订了五大方面：一是删除关于工程造价咨询企业资质的有关条款；二是增加信用信息管理内容；三是明确了注册造价工程师属地化管理；四是完善相关责任条款；五是精简造价工程师注册流程等具体规定。

2021年11月8日，为加强水利工程造价管理，规范造价执业行为，保证工程质量、安全、进度和投资效益，维护公共利益和水利建设市场秩序，水利部印发《注册造价工程师(水利工程)管理办法》自2021年11月8日起施行。

2021年，上报的从业人员共有868367人，比上年增长9.84%。其中，正式聘用员工803870人，占92.57%，比上年增长9.60%；临时聘用人员64497人，占7.43%，比上年增长12.82%。2021年，从业人员数量随着工程造价咨询企业数量保持同步增长，是行业发展的表征。

2019~2021年末，工程造价咨询企业从业人员分别为586617人、790604人、868367人，分别比上年增长9.24%、34.77%、9.84%。其中，正式聘用员工分别为541841人、733436人、803870人，分别占年末从业人员总数的92.37%、92.77%、92.57%；临时聘用人员分别为44776人、57168人、64497人，分别占年末从业人员总数的7.63%、7.23%、7.43%。

工程造价咨询企业从业人员情况如表1-2-6所示。

2019~2021年，工程造价咨询企业从业人员聘用情况数量统计变化如图1-2-4所示。

从上述图表可见，近三年工程造价咨询企业从业人员总数逐年增加，企业从业人员数量由586617人增长到868367人，人员规模扩张趋势明显，其中正式聘

工程造价咨询企业从业人员情况（单位：人） 表 1-2-6

序号	年份	年末从业人员		
		合计	正式聘用人员	临时聘用人员
1	2019	586617	541841	44776
2	2020	790604	733436	57168
3	2021	868367	803870	64497

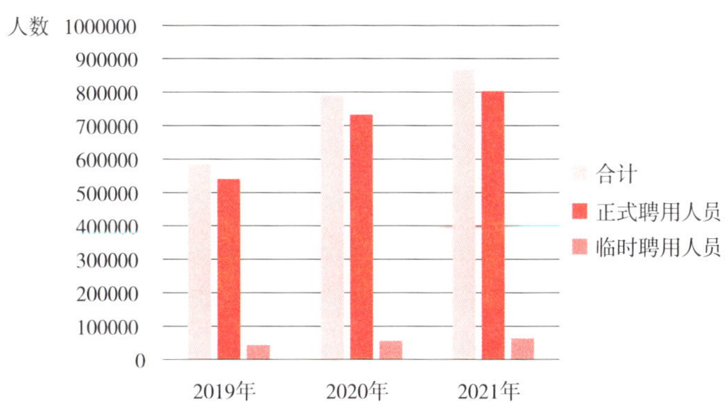

图 1-2-4 2019~2021 年工程造价咨询企业从业人员聘用情况数量统计变化

用员工数量持续增加，且占年末从业人员总数比例保持 90% 以上，说明工程造价咨询企业重视对企业员工的保障，该行业的从业人员结构稳定，有利于保证企业业务开展的专业性。

二、精简造价工程师注册流程，注册造价工程师数量快速攀升

2021 年末，工程造价咨询企业共有注册造价工程师 129734 人，比上年增长 16.03%，占全部造价咨询企业从业人员 15%。其中，一级注册造价工程师 108305 人，增加 6.89%，占比 83.48%；二级注册造价工程师 21429 人，增长 104.32%，占比 16.52%。其他专业注册执业人员 131727 人，增长 19.09%，占全部造价咨询企业从业人员的 15%，其分布如图 1-2-5 所示。

2019~2021 年末，工程造价咨询企业中，拥有注册造价工程师分别为 94417 人、111808 人、129734 人，占年末从业人员总数的 16.10%、14.14%、14.94%，分别比上年增长 3.61%、18.42%、16.03%。

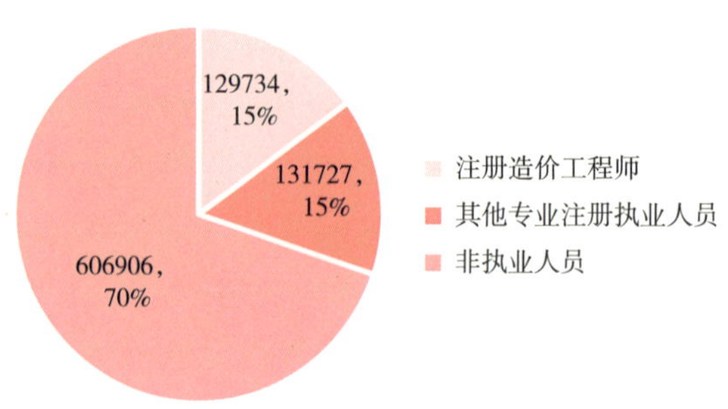

图 1-2-5　专业执业（从业）人员分布饼状图

注册（登记）执业（从业）人员情况如表 1-2-7 所示。

注册（登记）执业（从业）人员情况（单位：人）　　　　表 1-2-7

序号	年份	注册（登记）执业（从业）人员情况		
		一级注册造价工程师	二级注册造价工程师	年末其他专业注册执业人员
1	2019	89767	4650	77543
2	2020	101320	10488	110607
3	2021	108305	21429	131727

其中，2019~2021 年工程造价咨询企业从业人员注册情况数量统计变化如图 1-2-6 所示。

通过以上图表可以看出，注册造价工程师占从业人员的比例较小，与企业的规模扩张趋势相逆，说明注册造价工程师的发展在一定程度上滞后于工程造价咨

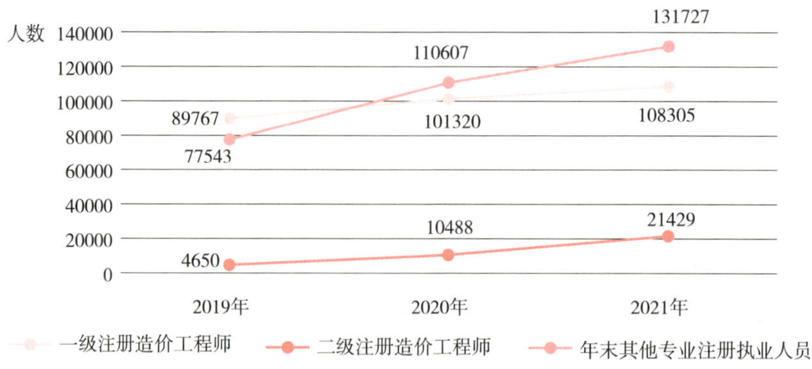

图 1-2-6　2019~2021 年工程造价咨询企业从业人员注册情况数量统计变化

询行业的发展，存在较大的市场缺口。注册造价工程师是工程造价咨询企业的核心技术人才，将在一定程度上促进工程造价咨询企业的高质量发展。

三、行业人才队伍科学化发展，技术人才结构改善

2021 年末，工程造价咨询企业共有专业技术人员 504620 人，比上年增长 6.51%，占全体从业人员 58.11%。其中，高级职称人员 131152 人，中级职称人员 246391 人，初级职称人员 127077 人，各级别职称人员占专业技术人员比例分别为 25.99%、48.83%、25.18%，其分布如图 1-2-7 所示。

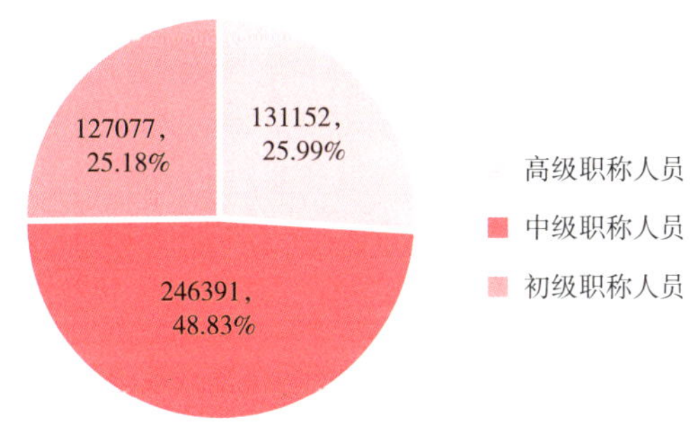

图 1-2-7　技术职称人员分布饼状图

2019~2021 年末，工程造价咨询企业专业技术人员分别为 355768 人、473799 人、504620 人，占年末从业人员总数的 60.65%、59.93%、58.11%，分别比上年增长 2.60%、33.18%、6.51%。其中，高级职称人员分别为 82123 人、119253 人、131152 人，占全部专业技术人员的比例分别为 23.08%、25.17%、25.99%，分别比上年增长 2.60%、45.21%、9.98%。专业技术人员职称情况如表 1-2-8 所示。

专业技术人员职称情况（单位：人）　　表 1-2-8

序号	年份	年末专业技术人员			
		合计	高级职称人员	中级职称人员	初级职称人员
1	2019	355768	82123	181137	92508
2	2020	473799	119253	235366	119180
3	2021	504620	131152	246391	127077

其中，2019~2021 年工程造价咨询企业专业技术人员数量统计变化如图 1-2-8 所示。

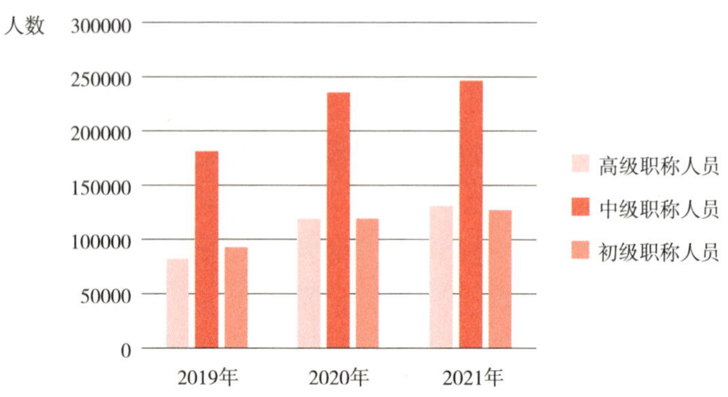

图 1-2-8 2019~2021 年工程造价咨询企业专业技术人员数量统计变化

以上统计数据表明，工程造价咨询行业总体从业人员和专业技术人员的规模均逐年上升，但专业技术人员占总体从业人员的比例却连年下降，高级职称人员呈现波动上升趋势，说明在工程造价咨询行业发展的大背景下，专业技术人员的培养滞后，专业技术人员的结构稳定，加快行业人才结构升级是当前重要课题。

四、各地区行业人员分布情况

由于地理环境、区域发展战略以及行业发展水平等原因，各省市工程造价咨询企业从业人员分布不均衡。浙江、江苏、广东从业人员总数排前三位，高达 239617 人，其中正式聘用员工高达 229963 人、临时聘用人员高达 9654 人；就专业技术人员总数而言，浙江、江苏、广东位列前三位，高达 134849 人，其中高级职称人员高达 30881 人、中级职称人员高达 64611 人、初级职称人员高达 39357 人。就期末注册（登记）执业（从业）人员数量而言，江苏、浙江、四川总数排前三位，高达 82607 人，其中注册造价工程师高达 35627 人、年末其他专业注册执业人员高达 46980 人。2021 年工程造价咨询企业从业人员分类统计数量如表 1-2-9 所示。

2019~2021 年工程造价咨询年末从业人员情况变化统计如表 1-2-10 所示，在正式聘用人员方面，西藏、宁夏、甘肃、江西、青海、新疆、福建、内蒙古、海

2021 年工程造价咨询企业从业人员分类统计（单位：人）　表 1-2-9

序号	企业归口管理的地区或行业	年末从业人员			年末专业技术人员				年末注册（登记）执业（从业）人员				
										注册造价工程师			期末其他专业注册执业人员
		合计	正式聘用人员	临时工作人员	合计	高级职称人员	中级职称人员	初级职称人员	合计	合计	一级注册造价工程师	二级注册造价工程师	
合计		868367	803870	64497	504620	131152	246391	127077	261461	129734	108305	21429	131727
1	北京	49629	46926	2703	22499	5860	12084	4555	14877	10244	9025	1219	4633
2	天津	6906	6416	490	4378	1205	1971	1202	1963	1147	1057	90	816
3	河北	22550	20474	2076	13533	3125	7787	2621	6917	3716	3669	47	3201
4	山西	14793	12940	1853	8891	1585	5302	2004	4724	2603	2535	68	2121
5	内蒙古	10182	9121	1061	6572	1864	3651	1057	3766	2506	2116	390	1260
6	辽宁	14209	12655	1554	8426	2642	4429	1355	3818	2499	2499	0	1319
7	吉林	8931	7814	1117	5938	1775	2778	1385	2459	1291	1244	47	1168
8	黑龙江	6861	5552	1309	4006	1417	1882	707	1911	1253	1253	0	658
9	上海	15579	14370	1209	8789	1870	4467	2452	5411	4444	4161	283	967
10	江苏	71587	68279	3308	46200	11053	22555	12592	32024	13616	11641	1975	18408
11	浙江	97571	93442	4129	56139	12814	25627	17698	30387	13753	8353	5400	16634
12	安徽	37165	32333	4832	21296	4975	10578	5743	12386	6907	4223	2684	5479
13	福建	29199	26539	2660	16227	3042	8015	5170	7079	2691	2612	79	4388
14	江西	14917	13518	1399	7402	1990	3509	1903	3991	2541	1860	681	1450
15	山东	50974	46745	4229	30611	5703	14656	10252	16088	8362	8362	0	7726
16	河南	41254	36984	4270	24552	5225	10956	8371	10851	4104	4064	40	6747
17	湖北	17563	16612	951	9787	2048	5712	2027	5471	3834	3310	524	1637

续表

序号	企业归口管理的地区或行业	年末从业人员			年末专业技术人员				年末注册（登记）执业（从业）人员				
										注册造价工程师			期末其他专业注册执业人员
		合计	正式聘用人员	临时工作人员	合计	高级职称人员	中级职称人员	初级职称人员	合计	合计	一级注册造价工程师	二级注册造价工程师	
18	湖南	31676	27820	3856	16523	3642	10336	2545	7294	3871	3436	435	3423
19	广东	70459	68242	2217	32510	7014	16429	9067	15739	7180	5937	1243	8559
20	广西	14407	13916	491	8766	2406	4436	1924	5053	2668	1538	1130	2385
21	海南	2416	2242	174	1284	291	665	328	639	490	460	30	149
22	重庆	14186	13586	600	7668	2087	3550	2031	4998	2960	2278	682	2038
23	四川	54061	51015	3046	27105	6844	14801	5460	20196	8258	6531	1727	11938
24	贵州	9228	8627	601	5100	1380	2551	1169	2955	1866	1426	440	1089
25	云南	9067	8400	667	5241	1658	2355	1228	3031	1999	1734	265	1032
26	西藏	574	442	132	130	34	75	21	137	96	82	14	41
27	陕西	19609	17465	2144	11309	2317	5752	3240	5916	3669	2912	757	2247
28	甘肃	15842	13569	2273	10132	3027	4730	2375	4754	1783	1276	507	2971
29	青海	2088	1896	192	1316	321	586	409	663	437	437	0	226
30	宁夏	4438	4077	361	2864	629	1492	743	1351	859	859	0	492
31	新疆	6276	6003	273	3610	951	2268	391	2205	1717	1695	22	488
32	新疆兵团	623	592	31	538	143	282	113	215	82	77	5	133
33	行业归口	103547	95258	8289	75278	30215	30124	14939	22192	6288	5643	645	15904

2019~2021 年工程造价咨询年末从业人员变化情况（单位：人） 表 1-2-10

序号	企业归口管理的地区或行业	2019 年			2020 年						2021 年					
		合计	正式聘用人员	临时工作人员	合计	增长（%）	正式聘用人员	增长（%）	临时工作人员	增长（%）	合计	增长（%）	正式聘用人员	增长（%）	临时工作人员	增长（%）
	合计	586617	541841	44776	790604	34.77	733436	35.36	57168	27.68	868367	9.84	803870	9.60	64497	12.82
1	北京	39890	38208	1682	48052	20.46	45665	19.52	2387	41.91	49629	3.28	46926	2.76	2703	13.24
2	天津	6501	5297	1204	9309	43.19	8425	59.05	884	-26.58	6906	-25.81	6416	-23.85	490	-44.57
3	河北	17802	16095	1707	21788	22.39	19721	22.53	2067	21.09	22550	3.50	20474	3.82	2076	0.44
4	山西	7438	6413	1025	15384	106.83	11893	85.45	3491	240.59	14793	-3.84	12940	8.80	1853	-46.92
5	内蒙古	6846	6216	630	8047	17.54	7146	14.96	901	43.02	10182	26.53	9121	27.64	1061	17.76
6	辽宁	6976	6577	399	10732	53.84	9975	51.66	757	89.72	14209	32.40	12655	26.87	1554	105.28
7	吉林	6804	6231	573	7963	17.03	7193	15.44	770	34.38	8931	12.16	7814	8.63	1117	45.06
8	黑龙江	5447	4621	826	9021	65.61	7651	65.57	1370	65.86	6861	-23.94	5552	-27.43	1309	-4.45
9	上海	12397	11573	824	14596	17.74	13664	18.07	932	13.11	15579	6.73	14370	5.17	1209	29.72
10	江苏	30878	29506	1372	55990	81.33	53587	81.61	2403	75.15	71587	27.86	68279	27.42	3308	37.66
11	浙江	36690	35208	1482	81214	121.35	78356	122.55	2858	92.85	97571	20.14	93442	19.25	4129	44.47
12	安徽	21025	18791	2234	37518	78.44	32522	73.07	4996	123.63	37165	-0.94	32333	-0.58	4832	-3.28
13	福建	18591	17789	802	21596	16.16	20407	14.72	1189	48.25	29199	35.21	26539	30.05	2660	123.72
14	江西	7721	7177	544	9657	25.07	8664	20.72	993	82.54	14917	54.47	13518	56.02	1399	40.89
15	山东	38218	35243	2975	45084	17.97	41271	17.10	3813	28.17	50974	13.06	46745	13.26	4229	10.91
16	河南	21175	19487	1688	37943	79.19	33875	73.83	4068	141.00	41254	8.73	36984	9.18	4270	4.97
17	湖北	13381	12498	883	14929	11.57	14193	13.56	736	-16.65	17563	17.64	16612	17.04	951	29.21
18	湖南	13089	11767	1322	23532	79.78	21204	80.20	2328	76.10	31676	34.61	27820	31.20	3856	65.64

续表

序号	企业归口管理的地区或行业	2019 年			2020 年						2021 年					
		合计	正式聘用人员	临时工作人员	合计	增长（%）	正式聘用人员	增长（%）	临时工作人员	增长（%）	合计	增长（%）	正式聘用人员	增长（%）	临时工作人员	增长（%）
19	广东	50813	43222	7591	76750	51.04	72860	68.57	3890	−48.76	70459	−8.20	68242	−6.34	2217	−43.01
20	广西	10156	9846	310	12861	26.63	12359	25.52	502	61.94	14407	12.02	13916	12.60	491	−2.19
21	海南	2131	2006	125	2198	3.14	2012	0.30	186	48.80	2416	9.92	2242	11.43	174	−6.45
22	重庆	12200	11573	627	12740	4.43	12152	5.00	588	−6.22	14186	11.35	13586	11.80	600	2.04
23	四川	46868	43449	3419	48954	4.45	46410	6.81	2544	−25.59	54061	10.43	51015	9.92	3046	19.73
24	贵州	8201	7557	644	11708	42.76	10535	39.41	1173	82.14	9228	−21.18	8627	−18.11	601	−48.76
25	云南	8202	7341	861	8779	7.03	7961	8.45	818	−4.99	9067	3.28	8400	5.51	667	−18.46
26	西藏	50	47	3	53	6.00	46	−2.13	7	133.33	574	983.02	442	860.87	132	1785.71
27	陕西	17367	15142	2225	19159	10.32	17113	13.02	2046	−8.04	19609	2.35	17465	2.06	2144	4.79
28	甘肃	10315	8997	1318	10090	−2.18	9163	1.85	927	−29.67	15842	57.01	13569	48.08	2273	145.20
29	青海	1146	1064	82	1391	21.38	1271	19.45	120	46.34	2088	50.11	1896	49.17	192	60.00
30	宁夏	2640	2477	163	2729	3.37	2543	2.66	186	14.11	4438	62.62	4077	60.32	361	94.09
31	新疆	5524	5236	288	5334	−3.44	5051	−3.53	283	−1.74	6276	17.66	6003	18.85	273	−3.53
32	新疆兵团	—	—	—	556	—	554	—	2	—	623	12.05	592	6.86	31	1450.00
33	行业归口	100135	95187	4948	104947	4.81	97994	2.95	6953	40.52	103547	−1.33	95258	−2.79	8289	19.21

注：由于新疆兵团 2020 年新列入统计对象，故缺少 2019 年数据。

南增速迅猛，重庆、湖北、四川、云南、山东、吉林增速出现小幅波动，湖南、江苏、贵州、河南、安徽、广东、山西、天津、黑龙江、浙江增速回落。

2019~2021 年工程造价咨询年末专业技术人员情况统计如表 1-2-11 所示，在高级职称人员数量方面，西藏、宁夏、重庆、甘肃、青海、湖北、内蒙古、吉林、福建增速迅猛，陕西、山东、云南、江西、海南、四川、新疆增速出现小幅波动，江苏、北京、辽宁、湖南、安徽、贵州、黑龙江、河南、浙江、广东、天津、山西增速回落。

2019~2021 年工程造价咨询年末专业技术人员情况（单位：人）　　**表 1-2-11**

序号	企业归口管理的地区或行业	2019 年				2020 年							
		合计	高级职称人员	中级职称人员	初级职称人员	合计	增长（%）	高级职称人员	增长（%）	中级职称人员	增长（%）	初级职称人员	增长（%）
合计		355768	82123	181137	92508	473799	33.18	119253	45.21	235366	29.94	119180	28.83
1	北京	19365	4633	9916	4816	23223	19.92	6280	35.55	12007	21.09	4936	2.49
2	天津	4329	997	1931	1401	6420	48.30	2212	121.87	2761	42.98	1447	3.28
3	河北	10523	1884	6513	2126	12807	21.70	2719	44.32	7609	16.83	2479	16.60
4	山西	4706	643	3371	692	9310	97.83	1917	198.13	5755	70.72	1638	136.71
5	内蒙古	5011	1148	3120	743	5229	4.35	1348	17.42	3090	−0.96	791	6.46
6	辽宁	4758	999	2853	906	6970	46.49	1927	92.89	3861	35.33	1182	30,46
7	吉林	4896	1387	2323	1186	5197	6.15	1438	3.68	2472	6.41	1287	8.52
8	黑龙江	3375	967	1888	520	5591	65.66	1870	93.38	2783	47.40	938	80.38
9	上海	7167	1313	3587	2267	8677	21.07	1773	35.03	4325	20.57	2579	13.76
10	江苏	20922	4789	10868	5265	35803	71.13	8254	72.35	18235	67.79	9314	76.90
11	浙江	21358	3672	10464	7222	48673	127.89	9724	164.81	22561	115.61	16388	126.92
12	安徽	13357	2731	7097	3529	21385	60.10	4746	73.78	10596	49.30	6043	71.24
13	福建	11000	1569	5619	3812	12643	14.94	2077	32.38	6374	13.44	4192	9.97
14	江西	4860	790	2788	1282	5282	8.68	1253	58.61	2765	−0.82	1264	−1.40
15	山东	24200	3626	12343	8231	27844	15.06	4481	23.58	13960	13.10	9403	14.24
16	河南	12955	1861	6888	4206	23110	78.39	4443	138.74	11178	62.28	7489	78.06
17	湖北	7732	1366	5039	1327	8162	5.56	1488	8.93	5306	5.30	1368	3.09
18	湖南	7734	1166	5298	1270	13045	68.67	2499	114.32	8123	53.32	2423	90.79
19	广东	24616	4202	11863	8551	38621	56.89	9124	117.13	19268	62.42	10229	19.62
20	广西	5734	1235	3141	1358	7383	28.76	1856	50.28	3778	20.28	1749	28.79

续表

序号	企业归口管理的地区或行业	2019年				2020年							
		合计	高级职称人员	中级职称人员	初级职称人员	合计	增长（%）	高级职称人员	增长（%）	中级职称人员	增长（%）	初级职称人员	增长（%）
21	海南	1185	219	684	282	1226	3.46	257	17.35	678	–0.88	291	3.19
22	重庆	6914	1366	3790	1758	6459	–6.58	1334	–2.34	3359	–11.37	1766	0.46
23	四川	27222	5899	15324	5999	28045	3.02	6588	11.68	15656	2.17	5801	–3.30
24	贵州	5149	1287	2557	1305	6840	32.84	1882	46.23	3452	35.00	1506	15.40
25	云南	5061	1033	2441	1587	5288	4.49	1294	25.27	2444	0.12	1550	–2.33
26	西藏	13	5	1	7	6	–53.85	3	–40.00	2	100.00	1	–85.71
27	陕西	10349	1955	5541	2853	10863	4.97	2055	5.12	5759	3.93	3049	6.87
28	甘肃	7029	1265	3588	2176	7290	3.71	1649	30.36	3530	–1.62	2111	–2.99
29	青海	806	185	369	252	927	15.01	207	11.89	450	21.95	270	7.14
30	宁夏	1838	335	1006	497	1841	0.16	337	0.60	927	–7.85	577	16.10
31	新疆	3023	733	1826	464	2990	–1.09	869	18.55	1829	0.16	292	–37.07
32	新疆兵团	—	—	—	—	444	—	71	—	208	—	165	—
33	行业归口	68581	26863	27100	14618	76205	11.12	31278	16.44	30265	11.68	14662	0.30

序号	企业归口管理的地区或行业	2021年							
		合计	增长（%）	高级职称人员	增长（%）	中级职称人员	增长（%）	初级职称人员	增长（%）
合计		504620	6.51	131152	9.98	246391	4.68	127077	6.63
1	北京	22499	–3.12	5860	–6.69	12084	0.64	4555	–7.72
2	天津	4378	–31.81	1205	–45.52	1971	–28.61	1202	–16.93
3	河北	13533	5.67	3125	14.93	7787	2.34	2621	5.73
4	山西	8891	–4.50	1585	–17.32	5302	–7.87	2004	22.34
5	内蒙古	6572	25.68	1864	38.28	3651	18.16	1057	33.63
6	辽宁	8426	20.89	2642	37.10	4429	14.71	1355	14.64
7	吉林	5938	14.26	1775	23.44	2778	12.38	1385	7.61
8	黑龙江	4006	–28.35	1417	–24.22	1882	–32.38	707	–24.63
9	上海	8789	1.29	1870	5.47	4467	3.28	2452	–4.92
10	江苏	46200	29.04	11053	33.91	22555	23.69	12592	35.19
11	浙江	56139	15.34	12814	31.78	25627	13.59	17698	7.99

续表

序号	企业归口管理的地区或行业	2021 年							
		合计	增长（%）	高级职称人员	增长（%）	中级职称人员	增长（%）	初级职称人员	增长（%）
12	安徽	21296	-0.42	4975	4.83	10578	-0.17	5743	-4.96
13	福建	16227	28.35	3042	46.46	8015	25.75	5170	23.33
14	江西	7402	40.14	1990	58.82	3509	26.91	1903	50.55
15	山东	30611	9.94	5703	27.27	14656	4.99	10252	9.03
16	河南	24552	6.24	5225	17.60	10956	-1.99	8371	11.78
17	湖北	9787	19.91	2048	37.63	5712	7.65	2027	48.17
18	湖南	16523	26.66	3642	45.74	10336	27.24	2545	5.04
19	广东	32510	-15.82	7014	-23.13	16429	-14.73	9067	-11.36
20	广西	8766	18.73	2406	29.63	4436	17.42	1924	10.01
21	海南	1284	4.73	291	13.23	665	-1.92	328	12.71
22	重庆	7668	18.72	2087	56.45	3550	5.69	2031	15.01
23	四川	27105	-3.35	6844	3.89	14801	-5.46	5460	-5.88
24	贵州	5100	-25.44	1380	-26.67	2551	-26.10	1169	-22.38
25	云南	5241	-0.89	1658	28.13	2355	-3.64	1228	-20.77
26	西藏	130	2066.67	34	1033.33	75	3650.00	21	2000.00
27	陕西	11309	4.11	2317	12.75	5752	-0.12	3240	6.26
28	甘肃	10132	38.98	3027	83.57	4730	33.99	2375	12.51
29	青海	1316	41.96	321	55.07	586	30.22	409	51.48
30	宁夏	2864	55.57	629	86.65	1492	60.95	743	28.77
31	新疆	3610	20.74	951	9.44	2268	24.00	391	33.90
32	新疆兵团	538	21.17	143	101.41	282	35.58	113	-31.52
33	行业归口	75278	-1.22	30215	-3.40	30124	-0.47	14939	1.89

注：由于新疆兵团 2020 年新列入统计对象，故缺少 2019 年数据。

2019~2021 年工程造价咨询期末注册（登记）执业（从业）人员情况统计如表 1-2-12 所示，在注册造价工程师数量方面，西藏、甘肃、宁夏、内蒙古、湖北、四川、重庆、云南、江苏、新疆、江西增速迅猛，浙江、山东、湖南、辽宁、青海、上海、陕西、广西、河北增速出现小幅波动，山西、安徽、天津、贵州增速回落。

2019~2021 年工程造价咨询期末注册（登记）执业（从业）人员情况（单位：人）　　表 1-2-12

序号	企业归口管理的地区或行业	2019 年				2020 年						2021 年					
		合计	全部注册造价工程师		其他专业注册执业人员	一级注册造价工程师	增长（%）	二级注册造价工程师	增长（%）	其他专业注册执业人员	增长（%）	一级注册造价工程师	增长（%）	二级注册造价工程师	增长（%）	其他专业注册执业人员	增长（%）
			一级注册造价工程师	二级注册造价工程师													
合计		171960	89767	4650	77543	101320	12.87	10488	125.55	110607	42.64	108305	6.89	21429	104.32	131727	19.09
1	北京	9949	6942	0	3007	8303	19.61	663	—	4898	62.89	9025	8.70	1219	83.86	4633	-5.41
2	天津	1297	864	0	433	1132	31.02	120	—	1019	135.33	1057	-6.63	90	-25.00	816	-19.92
3	河北	5147	3385	0	1762	3680	8.71	37	—	2350	33.37	3669	-0.30	47	27.03	3201	36.21
4	山西	2968	2103	0	865	2602	23.73	104	—	1996	130.75	2535	-2.57	68	-34.62	2121	6.26
5	内蒙古	3059	2391	0	668	2039	-14.72	91	—	712	6.59	2116	3.78	390	328.57	1260	76.97
6	辽宁	2611	2168	0	443	2307	6.41	0	—	930	109.93	2499	8.32	0	—	1319	41.83
7	吉林	1852	1113	0	739	1165	4.67	111	—	842	13.94	1244	6.78	47	-57.66	1168	38.72
8	黑龙江	1679	1267	0	412	1460	15.23	0	—	869	110.92	1253	-14.18	0	—	658	-24.28
9	上海	4219	3393	0	826	3956	16.59	33	—	791	-4.24	4161	5.18	283	757.58	967	22.25
10	江苏	12555	8886	0	3669	10507	18.24	0	—	11705	219.02	11641	10.79	1975	—	18408	57.27
11	浙江	13301	5670	3118	4513	7077	24.81	3542	13.60	12578	178.71	8353	18.03	5400	52.46	16634	32.25
12	安徽	11830	3893	0	7937	4155	6.73	2153	—	4843	-38.98	4223	1.64	2684	24.66	5479	13.13
13	福建	4238	1784	0	2454	2328	30.49	125	—	2951	20.25	2612	12.20	79	-36.80	4388	48.70
14	江西	2555	1654	0	901	1618	-2.18	351	—	1079	19.76	1860	14.96	681	94.02	1450	34.38
15	山东	12090	7067	0	5023	7424	5.05	0	—	6014	19.73	8362	12.63	0	—	7726	28.47
16	河南	5075	3241	0	1834	3957	22.09	62	—	5700	210.80	4064	2.70	40	-35.48	6747	18.37
17	湖北	4350	3294	0	1056	3140	-4.68	0	—	1414	33.90	3310	5.41	524	—	1637	15.77

续表

序号	企业归口管理的地区或行业	2019年				2020年						2021年					
		合计	全部注册造价工程师		其他专业注册执业人员	一级注册造价工程师	增长（%）	二级注册造价工程师	增长（%）	其他专业注册执业人员	增长（%）	一级注册造价工程师	增长（%）	二级注册造价工程师	增长（%）	其他专业注册执业人员	增长（%）
			一级注册造价工程师	二级注册造价工程师													
18	湖南	4950	2899	0	2051	3169	9.31	116	—	2922	42.47	3436	8.43	435	275.00	3423	17.15
19	广东	8968	4628	0	4340	6005	29.75	272	—	9624	121.75	5937	-1.13	1243	356.99	8559	-11.07
20	广西	3551	1478	51	2022	1440	-2.57	635	1145.10	2271	12.31	1538	6.81	1130	77.95	2385	5.02
21	海南	592	454	0	138	491	8.15	45	—	206	49.28	460	-6.31	30	-33.33	149	-27.67
22	重庆	5375	2170	980	2225	2269	4.56	466	-52.45	2049	-7.91	2278	0.40	682	46.35	2038	-0.54
23	四川	15922	5368	0	10554	6026	12.26	79	—	12034	14.02	6531	8.38	1727	2086.08	11938	-0.80
24	贵州	1663	896	0	767	1502	67.63	110	—	1208	57.50	1426	-5.06	440	300.00	1089	-9.85
25	云南	2671	1559	0	1112	1605	2.95	56	—	838	-24.64	1734	8.04	265	373.21	1032	23.15
26	西藏	18	10	0	8	10	0.00	0	—	5	-37.50	82	720.00	14	—	41	720.00
27	陕西	4985	2459	501	2025	2687	9.27	712	42.12	1792	-11.51	2912	8.37	757	6.32	2247	25.39
28	甘肃	2970	1284	0	1686	1107	-13.79	77	—	2026	20.17	1276	15.27	507	558.44	2971	46.64
29	青海	437	329	0	108	378	14.89	0	—	139	28.70	437	15.61	0	—	226	62.59
30	宁夏	1005	725	0	280	686	-5.38	0	—	221	-21.07	859	25.22	0	—	492	122.62
31	新疆	1976	1531	0	445	1535	0.26	4	—	459	3.15	1695	10.42	22	450.00	488	6.32
32	新疆兵团	0	—	—	—	55	—	0	—	188	—	77	40.00	5	—	133	-29.26
33	行业归口	18102	4862	0	13240	5505	13.23	524	—	13934	5.24	5643	2.51	645	23.09	15904	14.14

注：由于新疆兵团2020年新列入统计对象，故缺少2019年数据。

从整体上看，浙江、江苏工程造价咨询行业人员数量领先且结构合理，西藏、宁夏、甘肃、内蒙古等在市场需求和政策扶持的背景下，呈现井喷式发展。

其中，企业归口管理的地区或行业注册造价工程师数量统计变化如图 1-2-9 所示。

企业归口管理的地区或行业一级注册造价工程师数量统计变化如图 1-2-10 所示。

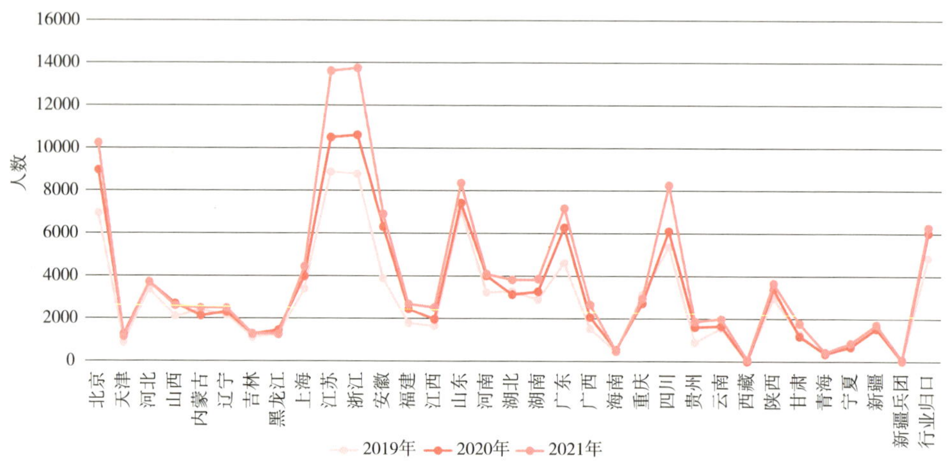

图 1-2-9　企业归口管理的地区或行业注册造价工程师数量统计变化

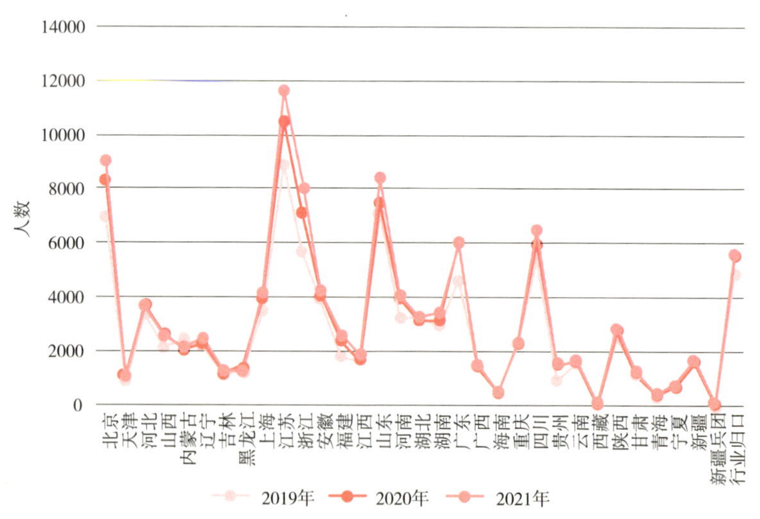

图 1-2-10　企业归口管理的地区或行业一级注册造价工程师数量统计变化

第三章 行业收入统计分析①

第一节 营业收入统计分析

一、工程造价咨询行业营业收入大幅增长

2019~2021 年全国工程造价咨询行业整体营业收入汇总情况如表 1-3-1 所示，根据相关数据绘制得到近三年整体营业收入基本情况如图 1-3-1 所示。工程造价咨询行业整体营业收入包含工程造价咨询业务收入和其他业务收入，其他业务可细分为招标代理业务、项目管理业务、工程咨询业务、建设工程监理业务（图 1-3-1）。

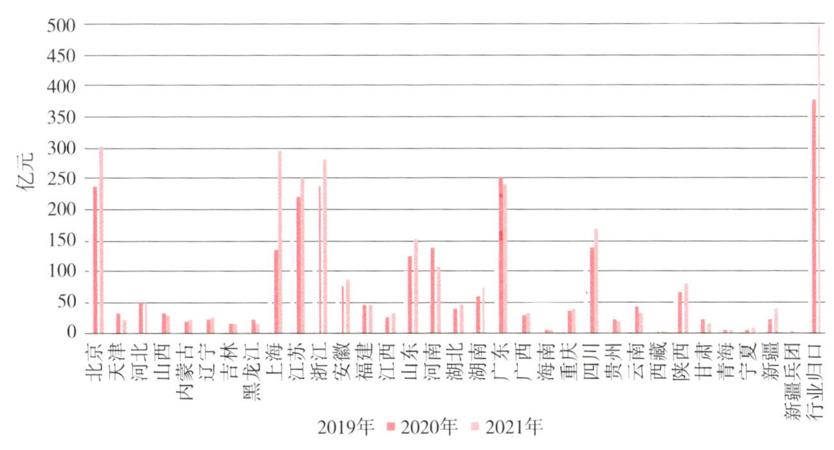

图 1-3-1 2019~2021 年全国工程造价咨询行业整体营业收入汇总情况

① 本章数据来源于 2021 年工程造价咨询统计资料汇编。

2019~2021 年全国工程造价咨询行业整体营业收入汇总情况（单位：亿元） 表 1-3-1

企业归口管理的地区或行业	2019 年			2020 年						2021 年					
	工程造价咨询业务收入	其他业务收入	整体营业收入	工程造价咨询业务收入	增长（%）	其他业务收入	增长（%）	整体营业收入	增长（%）	工程造价咨询业务收入	增长（%）	其他业务收入	增长（%）	整体营业收入	增长（%）
合计	892.47	944.19	1836.66	1002.69	12.35	1567.95	66.06	2570.64	39.96	1143.02	14.00	1913.66	22.05	3056.68	18.91
北京	126.76	35.94	162.7	144.6	14.07	91.82	155.48	236.42	45.31	166.52	15.16	134.42	46.40	300.94	27.29
天津	11.15	8.4	19.55	11.21	0.54	21.69	158.21	32.9	68.29	11.8	5.26	11.74	-45.87	23.54	-28.45
河北	20.34	19.67	40.01	21.31	4.77	30.08	52.92	51.39	28.44	21.28	-0.14	29.79	-0.96	51.07	-0.62
山西	12.17	6.28	18.45	14.9	22.43	18.09	188.06	32.99	78.81	15.86	6.44	14.78	-18.30	30.64	-7.12
内蒙古	13.18	4.75	17.93	12.37	-6.15	7.81	64.42	20.18	12.55	12.64	2.18	9.46	21.13	22.1	9.51
辽宁	12.88	3.01	15.89	14.41	11.88	7.39	145.51	21.8	37.19	17.06	18.39	10.16	37.48	27.22	24.86
吉林	7.79	6.35	14.14	7.75	-0.51	7.87	23.94	15.62	10.47	8.38	8.13	8.84	12.33	17.22	10.24
黑龙江	8.01	3.06	11.07	9.8	22.35	11.92	289.54	21.72	96.21	10.09	2.96	6.02	-49.50	16.11	-25.83
上海	54.57	38.78	93.35	59.25	8.58	77.5	99.85	136.75	46.49	64.67	9.15	231.27	198.41	295.94	116.41
江苏	82.12	90.05	172.17	89.22	8.65	129.92	44.28	219.14	27.28	100.41	12.54	152.06	17.04	252.47	15.21
浙江	74.04	55.19	129.23	87.15	17.71	150.57	172.82	237.72	83.95	105.64	21.22	174.43	15.85	280.07	17.82
安徽	24.58	29	53.58	27.09	10.21	50.21	73.14	77.3	44.27	32.09	18.46	53.97	7.49	86.06	11.33
福建	13.38	17.41	30.79	14.64	9.42	33.4	91.84	48.04	56.02	16.93	15.64	30.66	-8.20	47.59	-0.94
江西	11.6	7.64	19.24	12.93	11.47	14.21	85.99	27.14	41.06	15.41	19.18	18.73	31.81	34.14	25.79
山东	53.33	47.79	101.12	62.5	17.19	62.9	31.62	125.4	24.01	76.69	22.70	73.94	17.55	150.63	20.12
河南	23.1	24.16	47.26	25.54	10.56	111.53	361.63	137.07	190.03	29.86	16.91	79.19	-29.00	109.05	-20.44
湖北	28.79	9.49	38.28	27.15	-5.70	10.75	13.28	37.9	-0.99	30.7	13.08	17.25	60.47	47.95	26.52

续表

企业归口管理的地区或行业	2019年			2020年						2021年					
	工程造价咨询业务收入	其他业务收入	整体营业收入	工程造价咨询业务收入	增长（%）	其他业务收入	增长（%）	整体营业收入	增长（%）	工程造价咨询业务收入	增长（%）	其他业务收入	增长（%）	整体营业收入	增长（%）
湖南	23.94	15.97	39.91	27.16	13.45	32.45	103.19	59.61	49.36	27.62	1.69	46.64	43.73	74.26	24.58
广东	65.08	63.83	128.91	81.88	25.81	170.01	166.35	251.89	95.40	98.19	19.92	141.08	−17.02	239.27	−5.01
广西	9.59	15.9	25.49	10.47	9.18	19.75	24.21	30.22	18.56	11.44	9.26	22.05	11.65	33.49	10.82
海南	3.47	1.44	4.91	4.53	30.55	1.07	−25.69	5.6	14.05	4.5	−0.66	1.47	37.38	5.97	6.61
重庆	23	11.83	34.83	24.6	6.96	11.34	−4.14	35.94	3.19	25.97	5.57	14.33	26.37	40.3	12.13
四川	62.47	61.16	123.63	69.03	10.50	70.76	15.70	139.79	13.07	76.44	10.73	92.38	30.55	168.82	20.77
贵州	9.04	9.06	18.1	10.4	15.04	13.6	50.11	24	32.60	9.64	−7.31	9.94	−26.91	19.58	−18.42
云南	21.57	4.55	26.12	22.83	5.84	20.56	351.87	43.39	66.12	23.95	4.91	9.29	−54.82	33.24	−23.39
西藏	0.07	0.05	0.12	0.08	14.29	0.04	−20.00	0.12	0.00	0.62	675.00	0.65	1525.00	1.27	958.33
陕西	25.85	27.58	53.43	34.75	34.43	33.11	20.05	67.86	27.01	42.89	23.42	37.22	12.41	80.11	18.05
甘肃	6.17	10.68	16.85	6.4	3.73	14.51	35.86	20.91	24.09	7.27	13.59	10.03	−30.88	17.3	−17.26
青海	2.05	3.6	5.65	2.02	−1.46	4.08	13.33	6.1	7.96	2.09	3.47	3.15	−22.79	5.24	−14.10
宁夏	3.99	1.66	5.65	4.15	4.01	1.79	7.83	5.94	5.13	4.47	7.71	5.71	218.99	10.18	71.38
新疆	9.54	3.57	13.11	11.07	16.04	10.8	202.52	21.87	66.82	14.2	28.27	24.05	122.69	38.25	74.90
新疆兵团	—	—	—	0.13	—	0.86	—	0.99	—	0.58	346.15	0.80	−6.98	1.38	39.39
行业归口	48.85	306.34	355.19	51.37	5.16	325.56	6.27	376.93	6.12	57.12	11.19	438.16	34.59	495.28	31.40

注：由于新疆兵团2020年新列入统计对象，故缺少2019年数据。

通过统计结果及图示信息可知：

1. 工程造价咨询行业营业收入增长迅速

2021年工程造价咨询行业营业收入稳中有升，全国工程造价咨询行业整体营业收入为3056.68亿元，较2020年增长486.04亿元，同比上升18.91个百分点，整体发展势头良好。

2. 北京、上海、浙江行业收入位居三甲，地域性差异显著

2021年整体营业收入排名前三的分别是北京300.94亿元、上海295.94亿元、浙江280.07亿元。

工程造价咨询行业在各地区间发展不均衡。在华北地区，北京整体营业收入为300.94亿元，明显高于天津、内蒙古等其他省份；在华东地区，浙江、江苏、上海、山东工程造价咨询企业整体营业收入均突破150.63亿元，是江西、福建的三倍多；在华南地区，广东省实现239.27亿元的营业收入，远超广西、海南两省；在西南地区，四川省整体营业收入独占鳌头，高达168.82亿元，显著高于云南、重庆、贵州、西藏。2021年全社会固定资产投资与工程造价咨询行业整体营业收入对比情况也正体现了地区发展的不均衡，具体如表1–3–2所示。

2021年全社会固定资产投资与工程造价咨询企业营业收入对比情况（单位：亿元）表1–3–2

企业归口管理的地区或行业	全社会固定资产投资	工程造价咨询企业营业收入	营业收入占比
北京	8435.91	300.94	3.57%
天津	13085.76	23.54	0.18%
河北	39595.71	51.07	0.13%
山西	8529.27	30.64	0.36%
内蒙古	11925.84	22.10	0.19%
辽宁	7070.37	27.22	0.38%
吉林	13566.51	17.22	0.13%
黑龙江	12372.45	16.11	0.13%
上海	9553.31	295.94	3.10%
江苏	62361.89	252.47	0.40%
浙江	42862.79	280.07	0.65%
安徽	40969.35	86.06	0.21%

续表

企业归口管理的地区或行业	全社会固定资产投资	工程造价咨询企业营业收入	营业收入占比
福建	32901.73	47.59	0.14%
江西	32122.33	34.14	0.11%
山东	56793.61	150.63	0.27%
河南	55849.49	109.05	0.20%
湖北	38254.08	47.95	0.13%
湖南	44091.01	74.26	0.17%
广东	52524.95	239.27	0.46%
广西	27884.89	33.49	0.12%
海南	3900.90	5.97	0.15%
重庆	21744.55	40.30	0.19%
四川	37422.80	168.82	0.45%
贵州	18128.64	19.58	0.11%
云南	25056.76	33.24	0.13%
西藏	1851.91	1.27	0.07%
陕西	29211.06	80.11	0.27%
甘肃	6988.86	17.30	0.25%
青海	3743.25	5.24	0.14%
宁夏	2947.47	10.18	0.35%
新疆	2947.47	38.25	1.30%
新疆兵团	1484.63	1.38	0.09%

注：北京、天津、山西、辽宁、吉林、黑龙江、安徽、江西、山东、河南、湖北、湖南、广西、海南、贵州、云南、新疆、新疆兵团全社会固定资产投资不含农户投资。

统计分析表明，2021 年表中 31 个省（自治区、直辖市）和新疆生产建设兵团中，全社会固定资产投资排名前三的省是江苏、山东、河南，分别为 62361.89 亿元、56793.61 亿元、55849.49 亿元；工程造价咨询行业整体营业收入占当年全社会固定资产投资的比例排前两位的为北京、上海，分别为 3.57%、3.10%。

二、全国平均每家企业营业收入保持平稳态势

2019~2021 年平均每家工程造价咨询企业整体营业收入的变化情况如表 1-3-3 和图 1-3-2 所示。

2019~2021 年平均每家工程造价咨询企业整体营业收入变化情况　表 1-3-3

企业归口管理的地区或行业	平均每家营业收入（万元 / 家）					
	2019 年	2020 年	增长率（%）	2021 年	增长率（%）	平均增长（%）
合计	2241.47	2450.80	9.34	2681.77	9.42	9.38
北京	4757.31	6140.78	29.08	7467.49	21.60	25.34
天津	2572.37	2300.70	−10.56	2064.91	−10.25	−10.40
河北	1031.19	1107.54	7.40	1107.81	0.02	3.71
山西	788.46	839.44	6.47	760.30	−9.43	−1.48
内蒙古	614.04	686.39	11.78	650.00	−5.30	3.24
辽宁	645.93	650.75	0.74	718.21	10.37	5.55
吉林	851.81	887.50	4.19	869.70	−2.01	1.09
黑龙江	540.00	851.76	57.73	719.20	−15.56	21.08
上海	5589.82	6050.88	8.25	12979.82	114.51	61.38
江苏	2387.93	2379.37	−0.36	2406.77	1.15	0.40
浙江	3099.04	3596.37	16.05	3457.65	−3.86	6.10
安徽	1182.78	989.76	−16.32	1123.50	13.51	−1.40
福建	1673.37	1869.26	11.71	1455.35	−22.14	−5.22
江西	996.89	1292.38	29.64	1173.20	−9.22	10.21
山东	1567.75	1641.36	4.70	1729.39	5.36	5.03
河南	1607.48	3087.16	92.05	2396.70	−22.37	34.84
湖北	1081.36	1038.36	−3.98	1192.79	14.87	5.45
湖南	1425.36	1693.47	18.81	1735.05	2.46	10.63
广东	3069.29	3863.34	25.87	4212.50	9.04	17.45
广西	1722.30	1798.81	4.44	1762.63	−2.01	1.21
海南	767.19	756.76	−1.36	865.22	14.33	6.49
重庆	1520.96	1549.14	1.85	1679.17	8.39	5.12
四川	2790.74	2801.40	0.38	3097.61	10.57	5.48
贵州	1740.38	987.65	−43.25	890.00	−9.89	−26.57
云南	1583.03	2645.73	67.13	2064.60	−21.96	22.58
西藏	1200.00	1200.00	0.00	529.17	−55.90	−27.95
陕西	2111.86	2650.78	25.52	2923.72	10.30	17.91
甘肃	882.20	1244.64	41.08	804.65	−35.35	2.86
青海	1046.30	910.45	−12.98	563.44	−38.11	−25.55

续表

企业归口管理的地区或行业	平均每家营业收入（万元/家）					
	2019 年	2020 年	增长率（%）	2021 年	增长率（%）	平均增长（%）
宁夏	733.77	638.71	−12.95	711.89	11.46	−0.75
新疆	789.76	1021.96	29.40	1351.59	32.25	30.83
新疆兵团	—	1100.00	—	1533.33	39.39	—
行业归口	15999.55	16902.69	5.64	23036.28	36.29	20.96

注：由于新疆兵团 2020 年新列入统计对象，故缺少 2019 年数据。

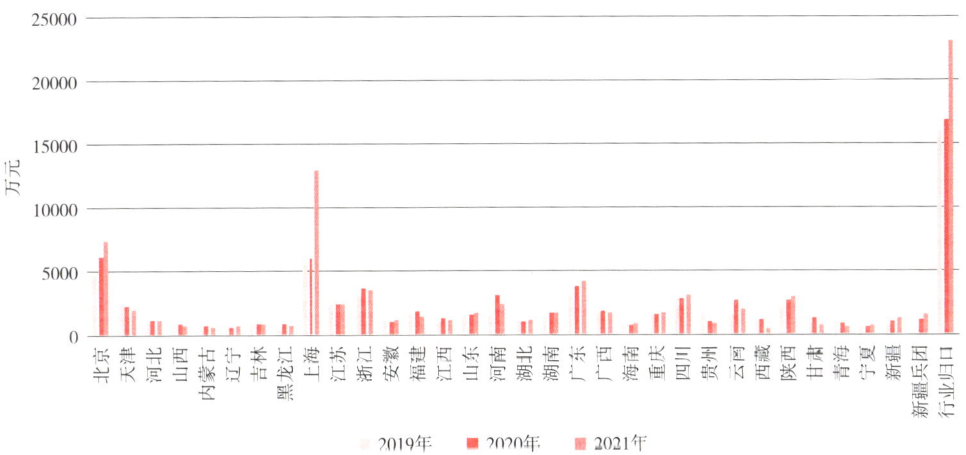

图 1-3-2　2019~2021 年平均每家工程造价咨询企业平均营业收入

通过统计结果及图示信息可知：

1. 全国平均每家企业整体营业收入稳定增长

从全国总体变化趋势而言，2019~2021 年平均每家企业整体营业收入连续稳定增长，2020 年增速为 9.34%，2021 年增速为 9.42%。

2. 上海平均每家企业营业收入领先，沪、豫、云出现较大程度波动

2021 年，上海平均每家企业整体营业收入超过北京位居榜首，主要原因是 2021 年统计数据中，上海企业的项目管理业务大幅增长。由图 1-3-2 可看出 2019~2021 年，全国大部分地区平均每家企业营业收入变化总体在小范围内上下波动，而上海、河南、云南则出现较大程度波动。上海增长率由 2020 年的 8.25% 上升至 2021 年的 114.51%，涨幅为 106.26%；河南则从 2020 年 92.05% 的增长率下降至 2021 年 –22.37%，降幅为 114.42%；而云南增长率则由 2020 年的 67.13% 跌至 2021 年的 –21.96%，下浮 89.09%。

三、全国人均营业收入呈下降态势

2019~2021 年，平均每位工程造价咨询服务从业人员的整体营业收入变化情况如表 1–3–4 及图 1–3–3 所示。

2019~2021 年从业人员人均营业收入变化情况　　表 1–3–4

企业归口管理的地区或行业	人均营业收入（万元 / 人）					
	2019 年	2020 年	增长率（%）	2021 年	增长率（%）	平均增长（%）
合计	31.31	32.51	3.85	35.20	8.27	6.06
北京	40.79	49.20	20.63	60.64	23.25	21.94
天津	30.07	35.34	17.52	34.09	–3.54	6.99
河北	22.48	23.59	4.94	22.65	–3.98	0.48
山西	24.81	21.44	–13.55	20.71	–3.40	–8.48
内蒙古	26.19	25.08	–4.25	21.70	–13.48	–8.86
辽宁	22.78	20.31	–10.82	19.16	–5.66	–8.24
吉林	20.78	19.62	–5.61	19.28	–1.73	–3.67
黑龙江	20.32	24.08	18.47	23.48	–2.49	7.99
上海	75.30	93.69	24.42	189.96	102.75	63.59
江苏	55.76	39.14	–29.81	35.27	–9.89	–19.85
浙江	35.22	29.27	–16.90	28.70	–1.95	–9.42
安徽	25.48	20.60	–19.15	23.16	12.43	–3.36
福建	16.56	22.24	34.31	16.30	–26.71	3.80
江西	24.92	28.10	12.78	22.89	–18.54	–2.88
山东	26.46	27.81	5.12	29.55	6.26	5.69
河南	22.32	36.13	61.86	26.43	–26.85	17.51
湖北	28.61	25.39	–11.26	27.30	7.52	–1.87
湖南	30.49	25.33	–16.92	23.44	–7.46	–12.19

续表

企业归口管理的地区或行业	人均营业收入（万元/人）					
	2019 年	2020 年	增长率（%）	2021 年	增长率（%）	平均增长（%）
广东	25.37	32.82	29.37	33.96	3.47	16.42
广西	25.10	23.50	–6.38	23.25	–1.06	–3.72
海南	23.04	25.48	10.58	24.71	–3.02	3.78
重庆	28.55	28.21	–1.19	28.41	0.71	–0.24
四川	26.38	28.56	8.25	31.23	9.35	8.80
贵州	22.07	20.50	–7.12	21.22	3.51	–1.80
云南	31.85	49.42	55.20	36.66	–25.82	14.69
西藏	24.00	22.64	–5.66	22.13	–2.25	–3.96
陕西	30.77	35.42	15.13	40.85	15.33	15.23
甘肃	16.34	20.72	26.86	10.92	–47.30	–10.22
青海	49.30	43.85	–11.05	25.10	–42.76	–26.90
宁夏	21.40	21.77	1.70	22.94	5.37	3.54
新疆	23.73	41.00	72.76	60.95	48.66	60.71
新疆兵团	—	17.81	—	22.15	24.37	—
行业归口	35.47	35.92	1.25	47.83	33.16	17.20

注：由于新疆兵团 2020 年新列入统计对象，故缺少 2019 年数据。

从以上统计结果及图示信息可知：

1. 行业人均营业收入持续增长

从全国整体情况看，2019~2021 年，工程造价咨询行业从业人员人均营业收入分别为 31.31 万元/人、32.51 万元/人、35.20 万元/人，表现较为平稳。在增长率方面，人均营业收入增长率则由 2020 年的 3.85% 增加至 2021 年的 8.27%，变化了 4.42 个百分点。常态化疫情防控形势下，协调解决人员返岗、原料、物流、交通等企业生产经营中遇到的一系列问题等，使得行业人均营业收入并未受到太大影响，增长趋势平稳。

2. 各地区人均收入变化情况各异，上海、新疆人均营业收入大幅增加

华北地区的天津变化幅度较大，增长率下浮了 21.06 个百分点；东北地区

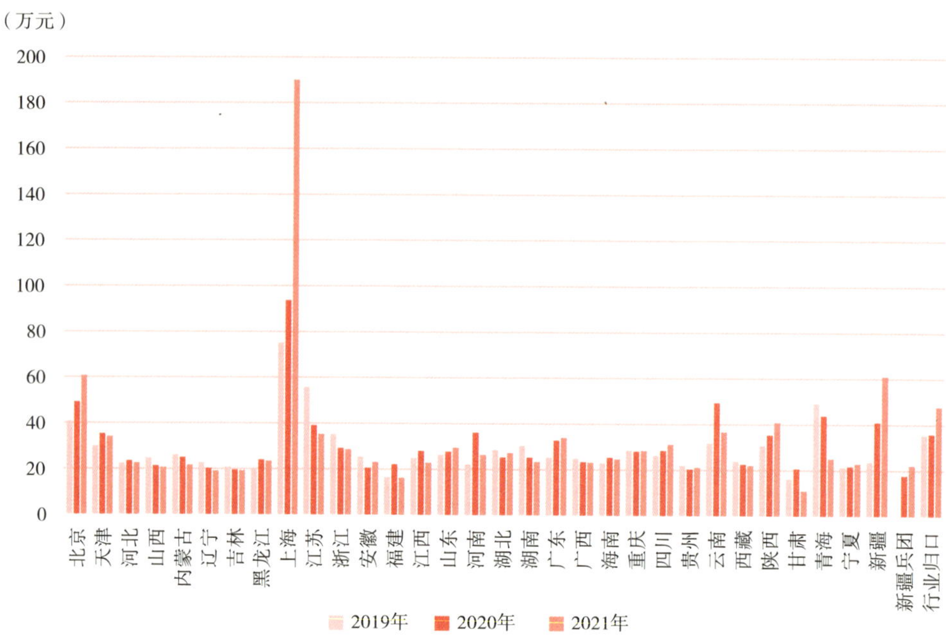

图 1-3-3　2019~2021 年从业人员人均营业收入

的黑龙江人均营业收入变化幅度较大，增长率由 2020 年的 18.47% 降低到 2021 年 -2.49%；华东地区上海、福建两省人均营业收入变化幅度较大且相反，上海人均营业收入增长率增加 78.33 个百分点，而福建人均营业收入增长率较 2020 年降低了 61.02 个百分点；华中地区河南人均营业收入大幅下降，增长率由 2020 年的 61.86% 降低至 2021 年的 -26.85%，降低了 88.71 个百分点；华南地区各省人均营业收入增长情况各异；西南地区的云南省降低幅度较大，云南省人均营业收入增长率降低了 81.02 个百分点；西北地区甘肃省变化幅度最大，甘肃省人均营业收入增长率由 2020 年的 26.86% 跌落至 2021 年的 -47.30%，下降了 74.16 个百分点。

四、工程造价咨询业务收入增速加快

2021 年工程造价咨询行业整体营业收入按业务类别分类的基本情况如表 1-3-5 和图 1-3-4 所示。

2021 年营业收入按业务类别划分汇总表（单位：亿元）　　表 1-3-5

企业归口管理的地区或行业	营业收入	工程造价咨询业务收入		其他业务收入									
				合计		招标代理业务		建设工程监理业务		项目管理业务		工程咨询业务	
		收入	占比（%）	收入	占比（%）	收入	占比（%）	收入	占比（%）	收入	占比（%）	收入	占比（%）
合计	3056.68	1143.02	37.39	1913.66	62.61	263.47	8.62	788.46	25.79	586.03	19.17	275.70	9.02
北京	300.94	166.52	55.33	134.42	44.67	41.54	13.80	42.94	14.27	19.79	6.58	30.15	10.02
天津	23.54	11.8	50.13	11.74	49.87	4.76	20.22	2.15	9.13	1.48	6.29	3.35	14.23
河北	51.07	21.28	41.67	29.79	58.33	5.51	10.79	19.37	37.93	1.06	2.08	3.85	7.54
山西	30.64	15.86	51.76	14.78	48.24	6.08	19.84	7.25	23.66	0.37	1.21	1.08	3.52
内蒙古	22.1	12.64	57.19	9.46	42.81	3.33	15.07	4.73	21.40	0.25	1.13	1.15	5.20
辽宁	27.22	17.06	62.67	10.16	37.33	3.67	13.48	4.7	17.27	0.45	1.65	1.34	4.92
吉林	17.22	8.38	48.66	8.84	51.34	2.25	13.07	4.97	28.86	0.39	2.26	1.23	7.14
黑龙江	16.11	10.09	62.63	6.02	37.37	1.56	9.68	3.61	22.41	0.23	1.43	0.62	3.85
上海	295.94	64.67	21.85	231.27	78.15	23.09	7.80	38.11	12.88	162.55	54.93	7.52	2.54
江苏	252.47	100.41	39.77	152.06	60.23	28.35	11.23	89.37	35.40	14.68	5.81	19.66	7.79
浙江	280.07	105.64	37.72	174.43	62.28	22.05	7.87	106.16	37.90	28.86	10.30	17.36	6.20
安徽	86.06	32.09	37.29	53.97	62.71	13.63	15.84	31.29	36.36	1.39	1.62	7.66	8.90
福建	47.59	16.93	35.57	30.66	64.43	4.03	8.47	20.18	42.40	2.93	6.16	3.52	7.40
江西	34.14	15.41	45.14	18.73	54.86	3.90	11.42	10.79	31.61	1.82	5.33	2.22	6.50
山东	150.63	76.69	50.91	73.94	49.09	16.46	10.93	45.26	30.05	6.6	4.38	5.62	3.73
河南	109.05	29.86	27.38	79.19	72.62	9.73	8.92	43.49	39.88	20.86	19.13	5.11	4.69
湖北	47.95	30.7	64.03	17.25	35.97	6.91	14.41	7.95	16.58	0.86	1.79	1.53	3.19
湖南	74.26	27.62	37.19	46.64	62.81	5.38	7.24	19.13	25.76	16.74	22.54	5.39	7.26
广东	239.27	98.19	41.04	141.08	58.96	17.39	7.27	93.1	38.91	12.82	5.36	17.77	7.43
广西	33.49	11.44	34.16	22.05	65.84	5.41	16.15	11.54	34.46	1.35	4.03	3.75	11.20
海南	5.97	4.5	75.38	1.47	24.62	0.15	2.51	0.89	14.91	0.06	1.01	0.37	6.20
重庆	40.30	25.97	64.44	14.33	35.56	2.54	6.30	8.37	20.77	1.95	4.84	1.47	3.65

续表

企业归口管理的地区或行业	营业收入	工程造价咨询业务收入		其他业务收入											
				合计		招标代理业务		建设工程监理业务		项目管理业务		工程咨询业务	
		收入	占比（%）	收入	占比（%）	收入	占比（%）	收入	占比（%）	收入	占比（%）	收入	占比（%）
四川	168.82	76.44	45.28	92.38	54.72	6.02	3.57	68.89	40.81	12.94	7.66	4.53	2.68
贵州	19.58	9.64	49.23	9.94	50.77	2.93	14.96	5.6	28.60	0.42	2.15	0.99	5.06
云南	33.24	23.95	72.05	9.29	27.95	1.61	4.84	1.8	5.42	4.82	14.50	1.06	3.19
西藏	1.27	0.62	48.82	0.65	51.18	0.21	16.54	0.26	20.47	0.18	14.17	0.00	0.00
陕西	80.11	42.89	53.54	37.22	46.46	12.94	16.15	21.21	26.48	1.27	1.59	1.8	2.25
甘肃	17.3	7.27	42.02	10.03	57.98	1.65	9.54	6.51	37.63	0.2	1.16	1.67	9.65
青海	5.24	2.09	39.89	3.15	60.11	0.56	10.69	1.60	30.53	0.24	4.58	0.75	14.31
宁夏	10.18	4.47	43.91	5.71	56.09	1.22	11.98	2.50	24.56	1.98	19.45	0.01	0.10
新疆	38.25	14.2	37.12	24.05	62.88	5.86	15.32	7.38	19.29	4.01	10.48	6.80	17.78
新疆兵团	1.38	0.58	42.03	0.8	57.97	0.10	7.25	0.52	37.68	0.07	5.07	0.11	7.97
行业归口	495.28	57.12	11.53	438.16	88.47	2.65	0.54	56.84	11.48	262.41	52.98	116.26	23.47

从以上统计结果及图示信息可知：

1. 工程造价咨询业务收入占比约四成

2021年全国工程造价咨询企业整体营业收入为3056.68亿元。其中：工程造价咨询业务收入1143.02亿元，占营业收入比例接近四成，为37.39%；其他业务收入1913.66亿元，其中，招标代理业务收入263.47亿元，占整体营业收入比例为8.62%；建设工程监理业务788.46亿元，占比25.80%；项目管理业务收入586.03亿元，占比19.17%；工程咨询业务收入275.70亿元，占比9.02%。

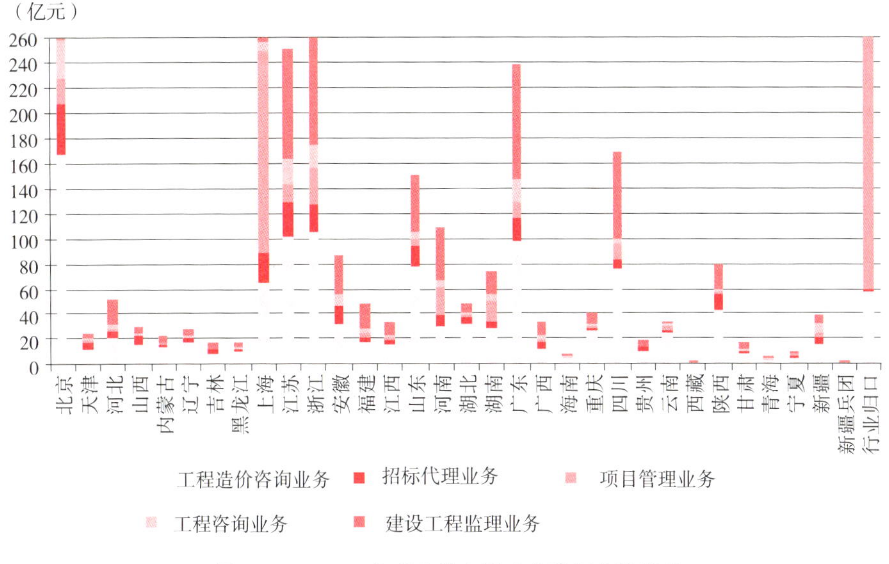

图 1-3-4　2021 年营业收入按业务类别分类情况

2. 北京、浙江、江苏三省市工程造价咨询业务收入位居三甲

2021 年，北京、浙江、江苏三省市工程造价咨询业务收入位居三甲，分别为 166.52 亿元、105.64 亿元、100.41 亿元。

2021 年，全国超过六成省份的其他业务收入占比高于工程造价咨询业务收入占比。两种业务类型占比差距最大的是上海，上海其他业务收入占比 78.15%，而工程造价咨询业务收入占比仅为 21.85%，其他业务收入占比约为工程造价咨询业务收入的 4 倍。原因主要是 2021 年统计数据中，上海企业的项目管理业务大幅增长。

2019~2021 年工程造价咨询行业营业收入按业务类别分类的总体变化情况如表 1-3-6 和图 1-3-5 所示。

从以上统计结果及图示信息可知，工程造价咨询业务收入占比有所下降。从变化趋势角度分析，2019~2021 年工程造价咨询业务收入平稳增长；2021 年其他业务收入降速明显，增长率由 2020 年 66.06% 降低至 2021 年 22.05%。其中，招标代理业务收入 2020 年增长 55.49%，2021 年陡降，2021 年增长率为 -7.84%；建设工程监理业务收入 2020 年增长 64.45%，2021 年持续增长，但增幅减小，增

2019~2021 年营业收入按业务类别分类的总体变化（单位：亿元）

表 1-3-6

企业归口管理的地区或行业	2019 年					2020 年									
	工程造价咨询业务	招标代理业务	项目管理业务	工程咨询业务	建设工程监理业务	工程造价咨询业务	增长（%）	招标代理业务	增长（%）	项目管理业务	增长（%）	工程咨询业务	增长（%）	建设工程监理业务	增长（%）
合计	892.47	183.85	207.03	130.02	423.29	1002.69	12.35	285.87	55.49	384.69	85.81	201.29	54.81	696.10	64.45
北京	126.76	14.93	8.09	6.89	6.03	144.6	14.07	45.92	207.57	12.89	59.33	16.93	145.72	16.08	166.67
天津	11.15	4.22	1.28	0.81	2.09	11.21	0.54	4.86	15.17	3.43	167.97	5.40	566.67	8	282.78
河北	20.34	5.18	0.57	0.79	13.13	21.31	4.77	5.59	7.92	0.66	15.79	3.09	291.14	20.74	57.96
山西	12.17	3.48	0.76	0.43	1.61	14.9	22.43	5.51	58.33	0.85	11.84	1.35	213.95	10.38	544.72
内蒙古	13.18	2.73	0.08	0.22	1.72	12.37	–6.15	2.92	6.96	0.48	500.00	1.05	377.27	3.36	95.35
辽宁	12.88	2.49	0.05	0.34	0.13	14.41	11.88	3.38	35.74	0.20	300.00	0.81	138.24	3	2207.69
吉林	7.79	1.84	0.22	0.52	3.77	7.75	–0.51	2.05	11.41	0.38	72.73	0.84	61.54	4.60	22.02
黑龙江	8.01	1.42	0.02	0.14	1.48	9.80	22.35	2.53	78.17	3.55	17650.00	0.61	335.71	5.23	253.38
上海	54.57	15.09	4.06	3.35	16.28	59.25	8.58	24.68	63.55	6.69	64.78	11.11	231.64	35.02	115.11
江苏	82.12	19.05	4.02	5.67	61.31	89.22	8.65	26.98	41.63	6.33	57.46	19.28	240.04	77.33	26.13
浙江	74.04	15.4	6.82	2.26	30.71	87.15	17.71	18.81	22.14	36.73	438.56	8.4	271.68	86.63	182.09
安徽	24.58	9.11	1.02	0.81	18.06	27.09	10.21	12.86	41.16	1.98	94.12	4.46	450.62	30.91	71.15
福建	13.38	3.30	0.50	0.87	12.74	14.64	9.42	3.53	6.97	10.67	2034.00	2.56	194.25	16.64	30.61
江西	11.60	2.81	0.21	1.07	3.55	12.93	11.47	3.31	17.79	1.28	509.52	1.46	36.45	8.16	129.86
山东	53.33	13.84	2.92	2.33	28.7	62.5	17.19	15.64	13.01	4.29	46.92	5.81	149.36	37.16	29.48
河南	23.1	7.99	0.37	1.81	13.99	25.54	10.56	25.33	217.02	43.23	11583.78	4.59	153.59	38.38	174.34

续表

企业归口管理的地区或行业	2019年					2020年									
	工程造价咨询业务	招标代理业务	项目管理业务	工程咨询业务	建设工程监理业务	工程造价咨询业务	增长（%）	招标代理业务	增长（%）	项目管理业务	增长（%）	工程咨询业务	增长（%）	建设工程监理业务	增长（%）
湖北	28.79	4.72	0.42	0.8	3.55	27.15	-5.70	5.23	10.81	0.32	-23.81	1.10	37.50	4.10	15.49
湖南	23.94	4.67	1.91	1.11	8.28	27.16	13.45	10.6	126.98	1.85	-3.14	5.87	428.83	14.13	70.65
广东	65.08	14.68	3.17	8.72	37.26	81.88	25.81	24.79	68.87	13.29	319.24	25.15	188.42	106.78	186.58
广西	9.59	3.96	0.07	0.98	10.89	10.47	9.18	4.98	25.76	0.86	1128.57	2.48	153.06	11.43	4.96
海南	3.47	0.19	0.09	0.35	0.81	4.53	30.55	0.2	5.26	0.11	22.22	0.35	0.00	0.41	-49.38
重庆	23	1.92	0.99	1.15	7.77	24.60	6.96	1.93	0.52	1.85	86.87	1.47	27.83	6.09	-21.62
四川	62.47	7.61	6.91	2.07	44.57	69.03	10.50	7.99	4.99	6.01	-13.02	4.78	130.92	51.98	16.63
贵州	9.04	2.69	0.30	0.35	5.72	10.40	15.04	3.3	22.68	1.10	266.67	3.18	808.57	6.02	5.24
云南	21.57	1.44	0.21	0.24	2.66	22.83	5.84	2.01	39.58	15.49	7276.19	0.62	158.33	2.44	-8.27
西藏	0.07	0.05	0	0	0	0.08	14.29	0.04	-20.00	0	—	0	—	0	—
陕西	25.85	11.03	0.71	1.07	14.77	34.75	34.43	12.81	16.14	0.58	-18.31	1.72	60.75	18	21.87
甘肃	6.17	1.87	0.06	0.39	8.36	6.40	3.73	1.61	-13.90	0.78	1200.00	0.81	107.69	11.31	35.29
青海	2.05	0.62	0.16	1.31	1.51	2.02	-1.46	0.60	-3.23	0.16	0.00	1.54	17.56	1.78	17.88
宁夏	3.99	0.92	0.07	0.05	0.62	4.15	4.01	1.04	13.04	0.07	0.00	0.02	-60.00	0.66	6.45
新疆	9.54	2.20	0.11	0.25	1.01	11.07	16.04	2.53	15.00	3.43	3018.18	0.66	164.00	4.18	313.86
新疆兵团	—	—	—	—	—	0.13	—	0.09	—	0.04	—	0	—	0.73	—
行业归口	48.85	2.40	160.86	82.87	60.21	51.37	5.16	2.22	-7.50	205.11	27.51	63.79	-23.02	54.44	-9.58

续表

企业归口管理的地区或行业	2021 年									
	工程造价咨询业务	增长（%）	招标代理业务	增长（%）	项目管理业务	增长（%）	工程咨询业务	增长（%）	建设工程监理业务	增长（%）
合计	1143.02	14.00	263.47	-7.84	586.03	52.34	275.7	36.97	788.46	13.27
北京	166.52	15.16	41.54	-9.54	19.79	53.53	30.15	78.09	42.94	167.04
天津	11.80	5.26	4.76	-2.06	1.48	-56.85	3.35	-37.96	2.15	-73.13
河北	21.28	-0.14	5.51	-1.43	1.06	60.61	3.85	24.60	19.37	-6.61
山西	15.86	6.44	6.08	10.34	0.37	-56.47	1.08	-20.00	7.25	-30.15
内蒙古	12.64	2.18	3.33	14.04	0.25	-47.92	1.15	9.52	4.73	40.77
辽宁	17.06	18.39	3.67	8.58	0.45	125.00	1.34	65.43	4.70	56.67
吉林	8.38	8.13	2.25	9.76	0.39	2.63	1.23	46.43	4.97	8.04
黑龙江	10.09	2.96	1.56	-38.34	0.23	-93.52	0.62	1.64	3.61	-30.98
上海	64.67	9.15	23.09	-6.44	162.55	2329.75	7.52	-32.31	38.11	8.82
江苏	100.41	12.54	28.35	5.08	14.68	131.91	19.66	1.97	89.37	15.57
浙江	105.64	21.22	22.05	17.22	28.86	-21.43	17.36	106.67	106.16	22.54
安徽	32.09	18.46	13.63	5.99	1.39	-29.80	7.66	71.75	31.29	1.23
福建	16.93	15.64	4.03	14.16	2.93	-72.54	3.52	37.50	20.18	21.27
江西	15.41	19.18	3.9	17.82	1.82	42.19	2.22	52.05	10.79	32.23
山东	76.69	22.70	16.46	5.24	6.6	53.85	5.62	-3.27	45.26	21.80
河南	29.86	16.91	9.73	-61.59	20.86	-51.75	5.11	11.33	43.49	13.31
湖北	30.70	13.08	6.91	32.12	0.86	168.75	1.53	39.09	7.95	93.90

续表

企业归口管理的地区或行业	2021 年									
	工程造价咨询业务	增长(%)	招标代理业务	增长(%)	项目管理业务	增长(%)	工程咨询业务	增长(%)	建设工程监理业务	增长(%)
湖南	27.62	1.69	5.38	-49.25	16.74	804.86	5.39	-8.18	19.13	35.39
广东	98.19	19.92	17.39	-29.85	12.82	-3.54	17.77	-29.34	93.10	-12.81
广西	11.44	9.26	5.41	8.63	1.35	56.98	3.75	51.21	11.54	0.96
海南	4.50	-0.66	0.15	-25.00	0.06	-45.45	0.37	5.71	0.89	117.07
重庆	25.97	5.57	2.54	31.61	1.95	5.41	1.47	0.00	8.37	37.44
四川	76.44	10.73	6.02	-24.66	12.94	115.31	4.53	-5.23	68.89	32.53
贵州	9.64	-7.31	2.93	-11.21	0.42	-61.82	0.99	-68.87	5.60	-6.98
云南	23.95	4.91	1.61	-19.90	4.82	-68.88	1.06	70.97	1.80	-26.23
西藏	0.62	675.00	0.21	425.00	0.18	—	0	—	0.26	—
陕西	42.89	23.42	12.94	1.01	1.27	118.97	1.8	4.65	21.21	17.83
甘肃	7.27	13.59	1.65	2.48	0.20	-74.36	1.67	106.17	6.51	-42.44
青海	2.09	3.47	0.56	-6.57	0.24	50.00	0.75	-51.30	1.6	-10.11
宁夏	4.47	7.71	1.22	17.31	1.98	2728.57	0.01	-50.00	2.5	278.79
新疆	14.20	28.27	5.86	131.62	4.01	16.91	6.80	930.30	7.38	76.56
新疆兵团	0.58	346.15	0.10	11.[illegible]1	0.07	75.00	0.11	—	0.52	-28.77
行业归口	57.12	11.19	2.65	19.[illegible]7	262.41	27.94	116.26	82.25	56.84	4.41

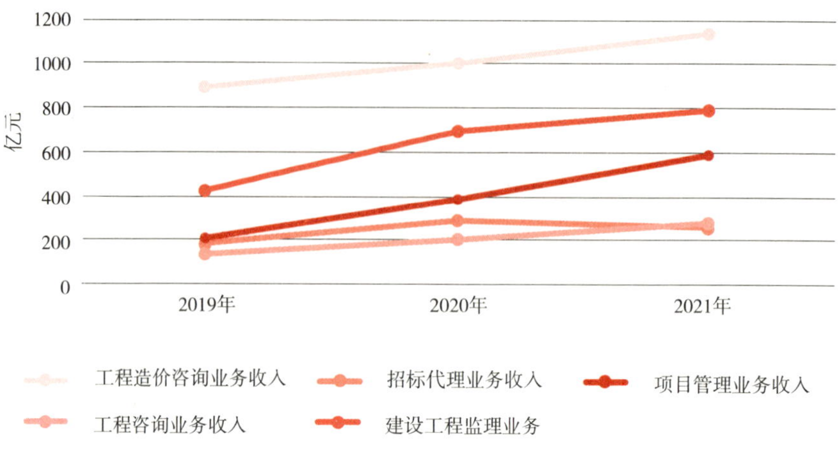

图 1-3-5　2019~2021 年按业务类别分类的营业收入变化

长率为 13.27%；项目管理业务收入 2020 年增长率为 85.81%，2021 年呈下降态势，增长率为 52.34%；工程咨询业务收入 2020 年增长 54.81%，2021 持续增长，增长率为 36.97%。

第二节　工程造价咨询业务收入统计分析

一、房屋建筑工程专业咨询收入占据核心地位

工程造价咨询业务收入按专业可划分为房屋建筑工程、市政工程、公路工程、铁路工程、城市轨道交通工程、航空工程、航天工程、火电工程、水电工程、核工业工程、新能源工程、水利工程、水运工程、矿山工程、冶金工程、石油天然气工程、石化工程、化工医药工程、农业工程、林业工程、电子通信工程、广播影视电视工程及其他。按工程建设阶段可划分为前期决策阶段咨询、实施阶段咨询、竣工决算阶段咨询、全过程工程造价咨询、工程造价经济纠纷的鉴定和仲裁咨询及其他。

2021 年，工程造价咨询业务收入按专业分类的基本情况如表 1-3-7 所示。

2021 年按专业分类的工程造价咨询业务收入汇总表（单位：亿元）　表 1-3-7

企业归口管理的地区或行业	工程造价咨询业务收入合计	房屋建筑工程	市政工程	公路工程	铁路工程	城市轨道交通工程	航空工程	航天工程	火电工程	水电工程	核工业工程	新能源工程
		专业 1	专业 2	专业 3	专业 4	专业 5	专业 6	专业 7	专业 8	专业 9	专业 10	专业 11
合计	1143.02	677.53	197.92	56.12	8.95	19.73	2.79	0.33	26.21	17.4	1.68	8.77
北京	166.52	100.28	24.23	5.78	0.99	5.18	0.99	0.16	4.77	1.79	0.87	2.2
天津	11.80	7.56	2.71	0.40	0.03	0.27	0.02	0	0.12	0.01	0	0.05
河北	21.28	12.6	4.39	1.18	0.07	0.02	0	0	0.24	0.17	0.12	0.08
山西	15.86	8.61	2.25	0.89	0.08	0.01	0	0	0.23	0.08	0	0.19
内蒙古	12.64	7.49	2.16	0.71	0.05	0.03	0.02	0.01	0.21	0.25	0	0.1
辽宁	17.06	10.08	2.71	0.77	0.03	0.92	0.06	0	0.28	0.22	0.01	0.09
吉林	8.38	4.89	1.91	0.36	0.02	0.08	0.03	0	0.11	0.11	0	0
黑龙江	10.09	6.27	1.84	0.55	0.01	0.12	0.01	0	0.42	0.11	0	0.01
上海	64.67	47.68	8.58	1.05	0.24	1.02	0.16	0.01	0.92	0.9	0	0.25
江苏	100.41	63.56	16.85	3.94	1.09	1.66	0.1	0	3.32	2.14	0	0.32
浙江	105.64	70.45	18.07	5.53	0.21	2.47	0.03	0	0.63	1.1	0.01	0.41
安徽	32.09	20.15	6.25	1.86	0.22	0.26	0.02	0	0.08	0.5	0	0.07
福建	16.93	10.59	3.59	1.01	0.01	0.06	0.01	0	0.18	0.29	0	0.11
江西	15.41	9.29	2.92	0.7	0.04	0.05	0.01	0	0.68	0.46	0	0.13
山东	76.69	49.19	13.41	3.17	0.25	1	0.04	0.02	1.21	0.31	0.03	0.32
河南	29.86	18.91	5.94	1.41	0.07	0.1	0.01	0.02	0.45	0.49	0.01	0.11
湖北	30.70	18.70	6.84	1.44	0.12	0.15	0.03	0	0.04	0.56	0	0.06
湖南	27.62	15.66	5.65	1.91	0.07	0.40	0.05	0	0.71	0.69	0	0.09
广东	98.19	60.76	19.04	4.5	0.32	1.81	0.05	0	3.56	1	0.02	0.32
广西	11.44	6.46	2.13	0.53	0.06	0.02	0	0	0.19	0.43	0.01	0.04
海南	4.50	2.49	1.1	0.26	0.02	0	0	0	0	0.03	0	0
重庆	25.97	13.62	6.69	1.74	0.09	0.66	0.02	0	0.13	0.38	0	0.02
四川	76.44	42.78	17.76	5.06	0.27	1.11	0.59	0.01	0.1	0.94	0.04	0.14
贵州	9.64	5.42	1.76	0.83	0.02	0.02	0.02	0	0.45	0.11	0	0.04
云南	23.95	9.10	3.75	5.95	0.04	0.16	0.08	0	0.01	1.15	0	0.15
西藏	0.62	0.48	0.13	0	0	0	0	0	0	0	0	0
陕西	42.89	26.26	7.32	2.31	0.09	0.79	0.25	0.03	0.59	0.19	0	0.20
甘肃	7.27	5.03	1.14	0.26	0.06	0.01	0.02	0	0.03	0.02	0	0.01

续表

企业归口管理的地区或行业	工程造价咨询业务收入合计	房屋建筑工程	市政工程	公路工程	铁路工程	城市轨道交通工程	航空工程	航天工程	火电工程	水电工程	核工业工程	新能源工程
		专业 1	专业 2	专业 3	专业 4	专业 5	专业 6	专业 7	专业 8	专业 9	专业 10	专业 11
青海	2.09	1.36	0.36	0.04	0	0	0	0	0.09	0.01	0	0.01
宁夏	4.47	2.46	0.73	0.46	0.01	0	0	0	0.03	0.11	0	0.03
新疆	14.2	6.67	1.84	0.77	0.02	0.02	0.06	0	0.07	0.06	0	0.04
新疆兵团	0.58	0.38	0.09	0.04	0	0	0	0	0	0	0	0
行业归口	57.12	12.3	3.78	0.71	4.35	1.33	0.11	0.07	6.36	2.79	0.56	3.18

企业归口管理的地区或行业	水利工程	水运工程	矿山工程	冶金工程	石油天然气工程	石化工程	化工医药工程	农业工程	林业工程	电子通信工程	广播影视电视工程	其他
	专业 12	专业 13	专业 14	专业 15	专业 16	专业 17	专业 18	专业 19	专业 20	专业 21	专业 22	专业 23
合计	28.34	2.51	8.11	6.21	7.77	7.95	5.74	5.34	5.37	12.64	0.65	34.96
北京	3.12	0.32	1.67	0.82	1.68	0.89	1.03	0.79	0.42	3.61	0.15	4.78
天津	0.14	0.02	0	0	0.09	0.07	0.05	0.02	0.02	0.05	0.02	0.15
河北	0.59	0.04	0.04	0.11	0.07	0.14	0.12	0.28	0.11	0.17	0.01	0.73
山西	0.22	0.01	1.26	0.07	0.11	0.01	0.50	0.16	0.11	0.07	0.01	0.99
内蒙古	0.24	0	0.12	0.10	0.04	0.04	0.09	0.08	0.24	0.13	0.02	0.51
辽宁	0.25	0.08	0.03	0.01	0.32	0.29	0.03	0.13	0.03	0.18	0.02	0.52
吉林	0.19	0	0.01	0	0.07	0.01	0.02	0.04	0	0.37	0	0.16
黑龙江	0.32	0	0.01	0	0.09	0.02	0.02	0.11	0.01	0.03	0	0.14
上海	0.90	0.03	0.01	0.32	0.06	0.14	0.33	0.13	0.08	0.47	0.02	1.37
江苏	1.80	0.47	0.06	0.06	0.13	0.31	0.41	0.37	0.05	0.56	0.11	3.10
浙江	2.73	0.29	0.05	0.07	0.17	0.36	0.48	0.16	0.13	0.71	0.05	1.53
安徽	1.04	0.05	0.10	0.16	0.04	0.05	0.05	0.19	0.05	0.15	0	0.80
福建	0.40	0.08	0.11	0.03	0	0.04	0	0.02	0.01	0.15	0	0.24
江西	0.34	0.01	0.14	0.03	0	0.01	0.06	0.15	0	0.09	0	0.30
山东	2.04	0.17	0.16	0.41	0.36	1.42	0.81	0.45	0.14	0.36	0.02	1.40
河南	0.64	0.03	0.03	0	0.10	0.16	0.03	0.20	0.07	0.19	0	0.89
湖北	0.61	0.07	0.01	0.05	0.02	0.05	0.24	0.20	0.05	0.16	0	1.30

续表

企业归口管理的地区或行业	水利工程	水运工程	矿山工程	冶金工程	石油天然气工程	石化工程	化工医药工程	农业工程	林业工程	电子通信工程	广播影视电视工程	其他
	专业 12	专业 13	专业 14	专业 15	专业 16	专业 17	专业 18	专业 19	专业 20	专业 21	专业 22	专业 23
湖南	0.48	0.06	0.04	0.03	0.09	0.14	0.06	0.13	0.03	0.46	0.03	0.84
广东	2.68	0.20	0.01	0	0.11	0.3	0.03	0.22	0.03	1.32	0.07	1.84
广西	0.53	0.07	0	0.01	0.01	0.05	0.01	0.02	0.02	0.03	0.01	0.81
海南	0.13	0.02	0	0	0	0	0	0.06	0.02	0.05	0	0.32
重庆	0.61	0.04	0	0	0.04	0.04	0.09	0.17	0.07	0.17	0.01	1.38
四川	2.27	0.03	0.04	0.01	0.88	0.11	0.23	0.59	0.12	1.29	0.02	2.05
贵州	0.32	0	0.03	0	0.01	0.03	0.02	0.04	0.03	0.06	0	0.43
云南	1.57	0.02	0.11	0.23	0.04	0.06	0.09	0.14	0.30	0.17	0.03	0.80
西藏	0.01	0	0	0	0	0	0	0	0	0	0	0
陕西	0.60	0	1.11	0.08	0.32	0.23	0.2	0.22	0.04	0.93	0.01	1.12
甘肃	0.24	0	0.01	0.04	0.02	0.02	0.02	0.02	0.01	0.05	0.01	0.25
青海	0.07	0	0.02	0.02	0	0	0.01	0	0	0	0	0.10
宁夏	0.33	0	0.04	0	0.01	0.01	0.03	0.05	0.09	0.01	0	0.07
新疆	0.66	0	0.03	0.01	0.07	0.02	0.08	0.12	3.08	0.05	0	0.53
新疆兵团	0.06	0	0	0	0	0	0	0	0	0	0	0.01
行业归口	2.21	0.40	2.86	3.54	2.82	2.93	0.60	0.08	0.01	0.60	0.03	5.50

从统计结果及图示信息可知：

1. 房屋建筑工程专业收入占比约六成，体现核心地位

2021 年，工程造价咨询业务收入按所涉及专业划分，房屋建筑工程专业收入最高，为 677.53 亿元，占全部工程造价咨询业务收入比例的 59.28%；市政工程专业收入 197.92 亿元，占 17.32%；公路工程专业收入 56.12 亿元，占 4.91%；水利工程专业收入 28.34 亿元，占 2.48%；火电工程专业收入 26.21 亿元，占 2.29%；其他 18 个专业收入合计 156.90 亿元，占 13.73%。

2. 北京、云南占据五大专业收入榜首

2021 年，房屋建筑工程、市政工程、水利工程、火电工程专业收入最高的地区均为北京，其收入分别为 100.28 亿元、24.23 亿元、4.77 亿元、3.12 亿元；公路工程专业收入最高的地区为云南，其收入为 5.95 亿元。

2019~2021 年，按专业分类的工程造价咨询业务收入情况如表 1–3–8 所示，2019~2021 年平均占比最大的前 5 个专业为房屋建筑工程、市政工程、公路工程、水利工程和火电工程专业，其工程造价咨询业务收入情况如图 1–3–6 所示。

2019~2021 年按专业分类的工程造价咨询业务收入情况（单位：亿元）　表 1–3–8

专业分类	2019 年		2020 年			2021 年			平均增长（%）	平均占比（%）
	收入	占比（%）	收入	占比（%）	增长率（%）	收入	占比（%）	增长率（%）		
房屋建筑工程	524.36	58.75	597.85	59.62	14.02	677.53	59.28	13.33	13.67	59.22
市政工程	149.48	16.75	170.13	16.97	13.81	197.92	17.32	16.33	15.07	17.01
公路工程	43.64	4.89	50.19	5.01	15.01	56.12	4.91	11.82	13.41	4.94
铁路工程	8.4	0.94	7.07	0.71	–15.83	8.95	0.78	26.59	5.38	0.81
城市轨道交通工程	15.96	1.79	15.68	1.56	–1.75	19.73	1.73	25.83	12.04	1.69
航空工程	2.6	0.29	2.25	0.22	–13.46	2.79	0.24	24.00	5.27	0.25
航天工程	0.48	0.05	0.33	0.03	–31.25	0.33	0.03	0.00	–15.63	0.04
火电工程	21.31	2.39	25.62	2.56	20.23	26.21	2.29	2.30	11.26	2.41
水电工程	13.98	1.57	14.85	1.48	6.22	17.4	1.52	17.17	11.70	1.52
核工业工程	1.04	0.12	2.33	0.23	124.04	1.68	0.15	–27.90	48.07	0.17
新能源工程	5.33	0.60	6.34	0.63	18.95	8.77	0.77	38.33	28.64	0.67
水利工程	21.46	2.40	24.61	2.45	14.68	28.34	2.48	15.16	14.92	2.45
水运工程	3.42	0.38	3.75	0.37	9.65	2.51	0.22	–33.07	–11.71	0.33
矿山工程	5.76	0.65	6.11	0.61	6.08	8.11	0.71	32.73	19.40	0.65
冶金工程	5.63	0.63	4.82	0.48	–14.39	6.21	0.54	28.84	7.23	0.55
石油天然气	7.31	0.82	8.3	0.83	13.54	7.77	0.68	–6.39	3.58	0.78
石化工程	6.61	0.74	6.49	0.65	–1.82	7.95	0.70	22.50	10.34	0.69
化工医药工程	5.17	0.58	4.82	0.48	–6.77	5.74	0.50	19.09	6.16	0.52
农业工程	3.73	0.42	4.73	0.47	26.81	5.34	0.47	12.90	19.85	0.45
林业工程	2.12	0.24	2.22	0.22	4.72	5.37	0.47	141.89	73.30	0.31

续表

专业分类	2019 年		2020 年			2021 年			平均增长（%）	平均占比（%）
	收入	占比（%）	收入	占比（%）	增长率（%）	收入	占比（%）	增长率（%）		
电子通信工程	11.1	1.24	11.68	1.16	5.23	12.64	1.11	8.22	6.72	1.17
广播影视电视	1.18	0.13	0.71	0.07	−39.83	0.65	0.06	−8.45	−24.14	0.09
其他	32.4	3.63	31.81	3.17	−1.82	34.96	3.06	9.90	4.04	3.29

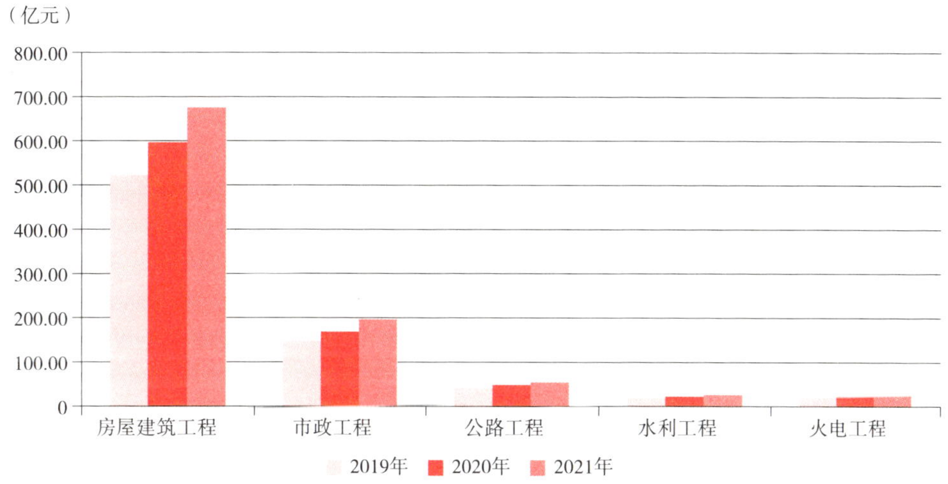

图 1–3–6　2019~2021 年分专业收入总体变化（平均占比前 5）

从以上统计结果及图示信息可知：

1. 房屋建筑工程、市政工程、公路工程、火电工程、水利工程专业收入平均占比合计超八成

2019~2021 年，在划分的 23 个专业中，房屋建筑工程、市政工程、公路工程、水利工程、火电工程专业收入平均占比分别为 59.22%、17.01%、4.94%、2.45%、2.41%，合计占比 86.03%，说明房屋建筑工程、市政工程、公路工程、火电工程、水利工程专业收入成为工程造价咨询业务收入的主要来源；核工业工程、广播影视电视、航天工程专业收入平均占比靠后，分别为 0.17%、0.09%、0.04%。

2. 林业工程、核工业工程、新能源工程收入平均增长率占据三甲

从变化趋势角度分析，2019~2021 年按专业分类的工程造价咨询业务收入除航天工程、水运工程、广播影视电视工程专业表现为平均减少，其他专业均表现为平均增加。其中林业工程、核工业工程、新能源工程专业的工程造价咨询业务收入平均增长率排名前三，平均增长率分别为 73.30%、48.07%、28.64%；核工业工程波动幅度最大，2020 年专业收入增加 124.04%，2021 年下降 27.90%，变动幅度高达 151.94%。

二、竣工决算阶段、全过程工程造价咨询收入占据重要地位

2021 年，按工程建设阶段分类的工程造价咨询业务收入如表 1–3–9 和图 1–3–7 所示。

2021 年按工程建设阶段分类的工程造价咨询业务收入基本情况（单位：亿元）　表 1–3–9

企业归口管理的地区或行业	合计	前期决策阶段咨询	实施阶段咨询	结（决）算阶段咨询	全过程工程造价咨询	工程造价经济纠纷的鉴定和仲裁的咨询	其他
合计	1143.02	91.16	224.59	398.34	371.10	33.46	24.37
北京	166.52	10.21	21.90	57.66	69.03	3.65	4.07
天津	11.80	0.66	2.13	2.76	5.29	0.80	0.16
河北	21.28	2.12	4.80	8.98	3.92	1.02	0.44
山西	15.86	1.14	2.89	8.08	2.60	0.50	0.65
内蒙古	12.64	0.86	2.20	7.08	1.91	0.43	0.16
辽宁	17.06	1.51	2.45	6.86	4.53	1.08	0.63
吉林	8.38	0.97	2.29	3.47	1.21	0.31	0.13
黑龙江	10.09	1.58	2.00	4.46	1.48	0.28	0.29
上海	64.67	2.16	6.36	20.50	34.05	0.61	0.99
江苏	100.41	4.69	20.83	42.40	27.35	2.78	2.36
浙江	105.64	7.27	18.45	42.29	33.71	1.58	2.34
安徽	32.09	2.94	8.89	11.52	6.62	1.50	0.62
福建	16.93	2.10	6.89	5.17	2.05	0.51	0.21
江西	15.41	1.12	3.81	6.54	3.22	0.58	0.14
山东	76.69	4.73	10.74	28.53	28.77	2.79	1.13

续表

企业归口管理的地区或行业	合计	前期决策阶段咨询	实施阶段咨询	结（决）算阶段咨询	全过程工程造价咨询	工程造价经济纠纷的鉴定和仲裁的咨询	其他
河南	29.86	1.99	8.15	11.21	6.56	1.64	0.31
湖北	30.70	3.13	5.74	11.41	9.40	0.69	0.33
湖南	27.62	2.89	6.28	10.16	6.86	0.76	0.67
广东	98.19	11.38	20.78	23.06	38.17	2.83	1.97
广西	11.44	1.10	3.10	4.88	1.37	0.43	0.56
海南	4.50	0.72	0.86	1.29	1.02	0.48	0.13
重庆	25.97	3.11	5.69	8.43	7.30	0.95	0.49
四川	76.44	6.95	17.45	21.86	26.85	2.11	1.22
贵州	9.64	0.86	1.41	3.72	2.46	0.95	0.24
云南	23.95	1.41	3.29	4.88	12.34	1.40	0.63
西藏	0.62	0.03	0.11	0.21	0.26	0.00	0.01
陕西	42.89	2.39	11.79	17.20	9.28	0.95	1.28
甘肃	7.27	0.59	2.04	2.84	1.21	0.43	0.16
青海	2.09	0.23	0.52	0.79	0.41	0.10	0.04
宁夏	4.47	0.21	1.22	1.68	0.94	0.36	0.06
新疆	14.20	0.86	1.90	7.73	3.03	0.45	0.23
新疆兵团	0.58	0.04	0.22	0.29	0.02	0.01	0.00
行业归口	57.12	9.21	17.41	10.40	17.88	0.50	1.72

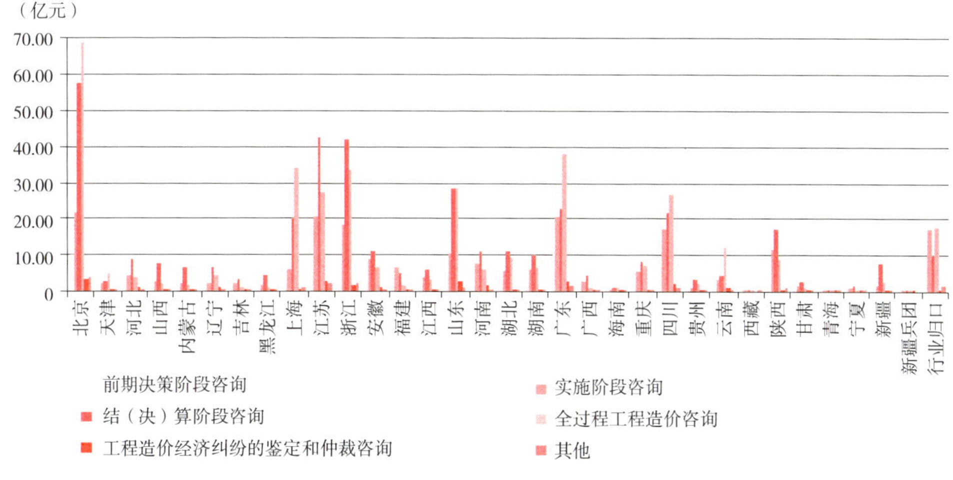

图 1-3-7　2021 年按工程建设阶段分类的工程造价咨询业务收入变化

从以上统计结果及图示信息可知：

1. 竣工决算阶段、全过程工程造价咨询业务收入占比高

2021年，工程造价咨询业务收入中的前期决策阶段咨询业务收入91.16亿元、实施阶段咨询业务收入224.59亿元、竣工决算阶段咨询业务收入398.34亿元、全过程工程造价咨询业务收入371.10亿元、工程造价经济纠纷的鉴定和仲裁的咨询业务收入33.46亿元，各类业务收入占工程造价咨询业务收入比例分别为7.98%、19.65%、34.85%、32.47%和2.93%。此外，其他工程造价咨询业务收入24.37亿元，占2.13%。在各类工程造价咨询业务收入中，竣工决算阶段、全过程工程造价咨询业务收入占比较高。

2. 竣工决算阶段、全过程工程造价咨询收入占据重要地位

2021年，在各建设阶段中，前期决策阶段咨询业务收入在广东、北京、浙江较高，分别为11.38亿元、10.21亿元、7.27亿元；实施阶段咨询业务收入在北京、江苏、广东均较高，分别为21.90亿元、20.83亿元、20.78亿元；竣工决算阶段咨询业务收入在北京、江苏、浙江较高，分别为57.66亿元、42.40亿元、42.29亿元；全过程工程造价咨询业务收入在北京、广东、上海较高，分别为69.03亿元、38.17亿元、34.05亿元；工程造价经济纠纷的鉴定和仲裁咨询业务收入在北京、广东、山东较高，分别为3.65亿元、2.83亿元、2.79亿元；其他业务收入在北京、江苏、浙江较高，分别为4.07亿元、2.36亿元、2.34亿元。

在工程建设的六个阶段类别中，竣工决算阶段、全过程工程造价咨询收入占据重要地位。随着国家对全过程工程咨询的大力推行，全过程咨询已经成为行业发展的必然趋势，全过程工程造价咨询收入也逐渐占据重要地位，其咨询收入在北京、天津、上海、山东、广东、四川、云南、西藏占比均为最高。除此之外的其余24个地区均在竣工决算阶段咨询收入占比最高，凸显竣工决算阶段在工程造价咨询业务收入中的重要地位。

2019~2021年，按工程建设阶段分类的工程造价咨询业务收入变化情况如表1-3-10和图1-3-8所示。

2019~2021 年按工程建设阶段分类的工程造价咨询收入总体变化（单位：亿元）　表 1-3-10

企业归口管理的地区或行业	2019 年						2020 年							
	前期决策阶段咨询	实施阶段咨询	结（决）算阶段咨询	全过程工程造价咨询	工程造价经济纠纷的鉴定和仲裁的咨询	其他	前期决策阶段咨询	增长（%）	实施阶段咨询	增长（%）	结（决）算阶段咨询	增长（%）	全过程工程造价咨询	增长（%）
合计	76.43	184.07	340.67	248.96	22.33	20.01	83.96	9.85	199.56	8.42	361.35	6.07	308.47	23.90
北京	9.31	22.45	44.99	44	2.45	3.56	8.66	-6.98	20.72	-7.71	50.89	13.11	57.53	30.75
天津	0.76	2.68	2.81	4.23	0.51	0.16	0.59	-22.37	2.07	-22.76	2.37	-15.66	5.16	21.99
河北	1.98	5.2	8.68	3.37	0.68	0.43	1.96	-1.01	5.33	2.50	9.06	4.38	3.49	3.56
山西	1.04	2.22	6.36	1.83	0.35	0.37	1.15	10.58	2.55	14.86	7.92	24.53	2.43	32.79
内蒙古	1.02	1.96	8.02	1.52	0.44	0.22	0.7	-31.37	1.93	-1.53	7.59	-5.36	1.57	3.29
辽宁	1.18	1.73	5.52	3.38	0.72	0.35	1.25	5.93	2.13	23.12	5.71	3.44	3.94	16.57
吉林	0.78	1.79	3.75	1.07	0.24	0.16	0.82	5.13	1.99	11.17	3.51	-6.40	0.95	-11.21
黑龙江	1.15	1.21	3.9	0.77	0.25	0.73	1.3	13.04	2.05	69.42	4.51	15.64	1.36	76.62
上海	1.41	5.5	21.73	24.16	0.49	1.28	2.33	65.25	6.24	13.45	19.76	-9.07	29.19	20.82
江苏	4.53	14.29	37.57	21.98	2.23	1.52	4.36	-3.75	16.58	16.03	39.19	4.31	25.18	14.56
浙江	4.75	14.61	32.76	19.26	1.58	1.08	6.15	29.47	16	9.51	36.46	11.29	25.27	31.20
安徽	1.65	6.53	10.33	4.66	1.06	0.35	2.24	35.76	7.22	10.57	10.72	3.78	5.36	15.02
福建	1.26	5.34	5.12	1.4	0.[illegible]8	0.08	1.66	31.75	5.78	8.24	4.77	-6.84	1.98	41.43
江西	1.07	2.41	5.38	2.23	0.34	0.17	1.06	-0.93	2.78	15.35	5.6	4.09	2.88	29.15
山东	3.6	7.33	22.74	17.09	1.96	0.61	3.86	7.22	9.81	33.83	23.64	3.96	22.06	29.08
河南	1.61	7.29	8.71	4.07	0.92	0.5	1.89	17.39	7.52	3.16	9.2	5.63	5.06	24.32
湖北	2.89	6.90	10.52	7.47	0.51	0.50	2.39	-17.30	5.79	-16.09	10.52	0.00	6.98	-6.56

续表

企业归口管理的地区或行业	2019年						2020年							
	前期决策阶段咨询	实施阶段咨询	结（决）算阶段咨询	全过程工程造价咨询	工程造价经济纠纷的鉴定和仲裁的咨询	其他	前期决策阶段咨询	增长（%）	实施阶段咨询	增长（%）	结（决）算阶段咨询	增长（%）	全过程工程造价咨询	增长（%）
湖南	2.45	5.99	9.35	4.9	0.57	0.68	3.61	47.35	6.18	3.17	9.7	3.74	6.6	34.69
广东	8.51	14.53	17.78	21.56	1.66	1.04	9.4	10.46	17.65	21.47	19.72	10.91	30.88	43.23
广西	1.18	2.62	3.98	1.36	0.3	0.15	1.51	27.97	2.73	4.20	4.04	1.51	1.7	25.00
海南	0.59	0.67	1.30	0.63	0.12	0.16	0.99	67.80	0.9	34.33	1.33	2.31	0.88	39.68
重庆	2.38	5.74	7.67	5.7	0.72	0.79	2.96	24.37	6.01	4.70	8.07	5.22	6.31	10.70
四川	5.71	16.34	20.20	17.9	1.46	0.86	6.90	20.84	16.78	2.69	21.33	5.59	21.22	18.55
贵州	0.73	1.40	4.24	1.89	0.42	0.36	0.72	−1.37	1.69	20.71	4.51	6.37	2.41	27.51
云南	1.60	3.38	6.06	9.49	0.37	0.67	1.39	−13.13	3.27	−3.25	4.83	−20.30	12.15	28.03
西藏	0.02	0.01	0.04	0	0	0	0.01	−50.00	0.01	0.00	0.04	0.00	0.01	—
陕西	1.92	5.86	12.27	4.84	0.40	0.56	1.93	0.52	8.81	50.34	15.74	28.28	6.65	37.40
甘肃	0.63	1.54	2.80	0.75	0.39	0.06	0.79	25.40	1.49	−3.25	2.76	−1.43	0.88	17.33
青海	0.26	0.54	0.94	0.25	0.04	0.02	0.27	3.85	0.50	−7.41	0.82	−12.77	0.27	8.00
宁夏	0.23	1.52	1.36	0.62	0.22	0.04	0.16	−30.43	1.22	−19.74	1.70	25.00	0.71	14.52
新疆	0.76	1.49	4.44	2.37	0.29	0.19	1.20	57.89	1.79	20.13	4.95	11.49	2.46	3.80
新疆兵团	—	—	—	—	—	—	0.01	—	0.03	—	0.05	—	0.03	—
行业归口	9.47	13	9.35	14.21	0.46	2.36	9.74	2.85	14.01	7.77	10.34	10.59	14.92	5.00

续表

企业归口管理的地区或行业	2020 年				2021 年											
	工程造价经济纠纷的鉴定和仲裁的咨询	增长（%）	其他	增长（%）	前期决策阶段咨询	增长（%）	实施阶段咨询	增长（%）	结（决）算阶段咨询	增长（%）	全过程工程造价咨询	增长（%）	工程造价经济纠纷的鉴定和仲裁的咨询	增长（%）	其他	增长（%）
合计	26.68	19.48	22.67	13.29	91.16	8.58	224.59	12.54	398.34	10.24	371.1	20.30	33.46	25.41	24.37	7.50
北京	3.26	33.06	3.54	–0.56	10.21	17.90	21.9	5.69	57.66	13.30	69.03	19.99	3.65	11.96	4.07	14.97
天津	0.62	21.57	0.4	150.00	0.66	11.86	2.13	2.90	2.76	16.46	5.29	2.52	0.8	29.03	0.16	–60.00
河北	0.86	26.47	0.61	41.86	2.12	8.16	4.8	–9.94	8.98	–0.88	3.92	12.32	1.02	18.60	0.44	–27.87
山西	0.48	37.14	0.37	0.00	1.14	–0.87	2.89	13.33	8.08	2.02	2.6	7.00	0.5	4.17	0.65	75.68
内蒙古	0.38	–13.64	0.2	–9.09	0.86	22.86	2.2	13.99	7.08	–6.72	1.91	21.66	0.43	13.16	0.16	–20.00
辽宁	0.88	22.22	0.5	42.86	1.51	20.80	2.45	15.02	6.86	20.14	4.53	14.97	1.08	22.73	0.63	26.00
吉林	0.21	–12.50	0.27	68.75	0.97	18.29	2.29	15.08	3.47	–1.14	1.21	27.37	0.31	47.62	0.13	–51.85
黑龙江	0.32	28.00	0.26	–64.38	1.58	21.54	2	–2.44	4.46	–1.11	1.48	8.82	0.28	–12.50	0.29	11.54
上海	0.59	20.41	1.14	–10.94	2.16	–7.30	6.36	1.92	20.5	3.74	34.05	16.65	0.61	3.39	0.99	–13.16
江苏	2.22	–0.45	1.69	11.18	4.69	7.57	20.83	25.63	42.4	8.19	27.35	8.62	2.78	25.23	2.36	39.64
浙江	1.56	–1.27	1.71	58.33	7.27	18.21	18.45	15.31	42.29	15.99	33.71	33.40	1.58	1.28	2.34	36.84
安徽	1.19	12.26	0.36	2.86	2.94	31.25	8.89	23.13	11.52	7.46	6.62	23.51	1.5	26.05	0.62	72.22
福建	0.3	66.67	0.15	87.50	2.1	26.51	6.89	19.20	5.17	8.39	2.05	3.54	0.51	70.00	0.21	40.00
江西	0.41	20.59	0.2	17.65	1.12	5.66	3.81	37.05	6.54	16.79	3.22	11.81	0.58	41.46	0.14	–30.00
山东	2.38	21.43	0.75	22.95	4.73	22.54	10.74	9.48	28.53	20.69	28.77	30.42	2.79	17.23	1.13	50.67
河南	1.34	45.65	0.53	6.00	1.99	5.29	8.15	8.38	11.21	21.85	6.56	29.64	1.64	22.39	0.31	–41.51
湖北	0.63	23.53	0.84	68.00	3.13	30.96	5.74	–0.86	11.41	8.46	9.4	34.67	0.69	9.52	0.33	–60.71

续表

企业归口管理的地区或行业	2020年				2021年											
	工程造价经济纠纷的鉴定和仲裁的咨询	增长（%）	其他	增长（%）	前期决策阶段咨询	增长（%）	实施阶段咨询	增长（%）	结（决）算阶段咨询	增长（%）	全过程工程造价咨询	增长（%）	工程造价经济纠纷的鉴定和仲裁的咨询	增长（%）	其他	增长（%）
湖南	0.57	0.00	0.5	-26.47	2.89	-19.94	6.28	1.62	10.16	4.74	6.86	3.94	0.76	33.33	0.67	34.00
广东	2.21	33.13	2.02	94.23	11.38	21.06	20.78	17.73	23.06	16.94	38.17	23.61	2.83	28.05	1.97	-2.48
广西	0.36	20.00	0.13	-13.33	1.1	-27.15	3.1	13.55	4.88	20.79	1.37	-19.41	0.43	19.44	0.56	330.77
海南	0.25	108.33	0.18	12.50	0.72	-27.27	0.86	-4.44	1.29	-3.01	1.02	15.91	0.48	92.00	0.13	-27.78
重庆	0.66	-8.33	0.59	-25.32	3.11	5.07	5.69	-5.32	8.43	4.46	7.3	15.69	0.95	43.94	0.49	-16.95
四川	1.5	2.74	1.3	51.16	6.95	0.72	17.45	3.99	21.86	2.48	26.85	26.53	2.11	40.67	1.22	-6.15
贵州	0.76	80.95	0.31	-13.89	0.86	19.44	1.41	-16.57	3.72	-17.52	2.46	2.07	0.95	25.00	0.24	-22.58
云南	0.53	43.24	0.66	-1.49	1.41	1.44	3.29	0.61	4.88	1.04	12.34	1.56	1.40	164.15	0.63	-4.55
西藏	0	—	0.01	—	0.03	200.00	0.11	1000	0.21	425.00	0.26	2500	0	—	0.01	0.00
陕西	0.63	57.50	0.99	76.79	2.39	23.83	11.79	33.83	17.2	9.28	9.28	39.55	0.95	50.79	1.28	29.29
甘肃	0.4	2.56	0.08	33.33	0.59	-25.32	2.04	36.91	2.84	2.90	1.21	37.50	0.43	7.50	0.16	100.00
青海	0.07	75.00	0.09	350.00	0.23	-14.81	0.52	4.00	0.79	-3.66	0.41	51.85	0.1	42.86	0.04	-55.56
宁夏	0.25	13.64	0.11	175.00	0.21	31.25	1.22	0.00	1.68	-1.18	0.94	32.39	0.36	44.00	0.06	-45.45
新疆	0.40	37.93	0.27	42.11	0.86	-28.33	1.9	6.15	7.73	56.16	3.03	23.17	0.45	12.50	0.23	-14.81
新疆兵团	0	—	0.01	—	0.04	300.00	0.22	633.33	0.29	480.00	0.02	-33.33	0.01	—	0	-100
行业归口	0.46	0.00	1.9	-19.49	9.21	-5.44	17.41	24.27	10.40	0.58	17.88	19.84	0.50	8.70	1.72	-9.47

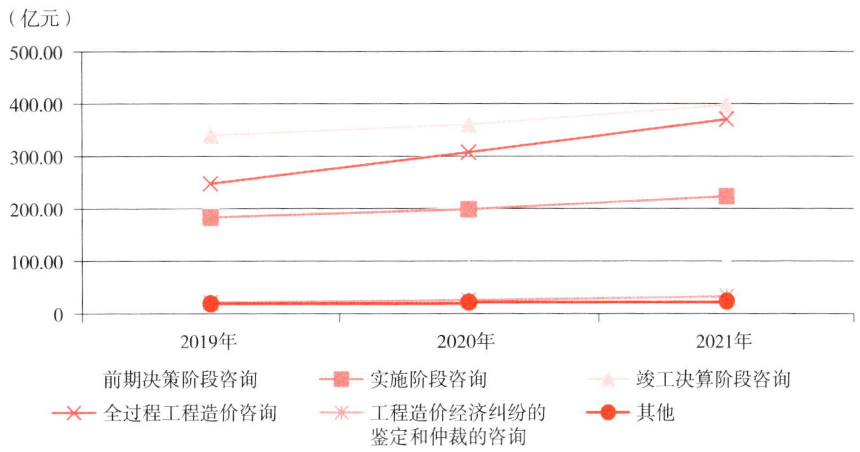

图 1–3–8 2019~2021 年按工程建设阶段分类的阶段收入

从以上统计结果及图示信息可知：

1. 竣工决算阶段咨询、全过程工程造价咨询、实施阶段咨询收入占比连续三年稳居前三

2019~2021 年，各阶段收入占工程造价咨询业务收入比例前三的均为竣工决算阶段咨询、全过程工程造价咨询、实施阶段咨询。其中，全过程工程造价咨询业务收入平均增长率为 22.10%，平均占比 30.38%，占据越来越重要的战略地位。工程造价经济纠纷的鉴定和仲裁的咨询业务收入占比也逐渐增加，超过了其他咨询业务收入。

2. 各阶段咨询收入均逐年增长

2019~2021 年，各阶段咨询收入均呈逐年增长态势。其中，2021 年前期决策阶段咨询、全过程工程造价咨询和其他咨询业务收入增速放缓，实施阶段咨询、竣工决算阶段咨询和工程造价经济纠纷的鉴定和仲裁咨询业务收入增速提升。2019~2021 年各阶段收入中，平均增速最快的是工程造价经济纠纷的鉴定和仲裁咨询业务收入，平均增长率为 22.45%；平均增速最慢的是竣工决算阶段咨询业务收入，平均增长率为 8.15%。

三、地区发展仍不均衡

2019~2021 年，按工程建设阶段分类的工程造价咨询业务收入区域变化情况如表 1-3-11 所示。

2019~2021 年按工程建设阶段分类的工程造价咨询业务收入变化情况（单位：亿元）　表 1-3-11

（平均占比排名前 4 的省（区、市））

省（区、市）	2019 年		2020 年			2021 年			平均占比（%）	平均增长（%）
	收入	占比（%）	收入	占比（%）	增长率（%）	收入	占比（%）	增长率（%）		
前期决策阶段咨询收入										
海南	0.59	17.00	0.99	21.85	67.80	0.72	16.00	-27.27	18.29	20.26
西藏	0.02	28.57	0.01	12.50	-50.00	0.03	4.84	200.00	15.30	-50.00
黑龙江	1.15	14.36	1.30	13.27	13.04	1.58	15.66	21.54	14.43	17.29
青海	0.26	12.68	0.27	13.37	3.85	0.23	11.00	-14.81	12.35	-5.48
实施阶段咨询收入										
福建	5.34	39.91	5.78	39.48	8.24	6.89	40.70	19.20	40.03	13.72
宁夏	1.52	38.10	1.22	29.40	-19.74	1.22	27.29	0.00	31.60	-9.87
河南	7.29	31.56	7.52	29.44	3.16	8.15	27.29	8.38	29.43	5.77
安徽	6.53	26.57	7.22	26.65	10.57	8.89	27.70	23.13	26.97	16.85
竣工决算阶段咨询收入										
内蒙古	8.02	60.85	7.59	61.36	-5.36	7.08	56.01	-6.72	59.41	-6.04
山西	6.36	52.26	7.92	53.15	24.53	8.08	50.95	2.02	52.12	13.27
新疆	4.44	46.54	4.95	44.72	11.49	7.73	54.44	56.16	48.56	33.82
西藏	0.04	57.14	0.04	50.00	0.00	0.21	33.87	425.00	47.00	212.50
全过程工程造价咨询收入										
上海	9.49	44.00	12.15	53.22	28.03	12.34	51.52	1.56	49.58	14.80
云南	24.16	44.27	29.19	49.27	20.82	34.05	52.65	16.65	48.73	18.73
天津	4.23	37.94	5.16	46.03	21.99	5.29	44.83	2.52	42.93	12.25
北京	44.00	34.71	57.53	39.79	30.75	69.03	41.45	19.99	38.65	25.37

续表

省（区、市）	2019 年		2020 年			2021 年			平均占比（%）	平均增长（%）
	收入	占比（%）	收入	占比（%）	增长率（%）	收入	占比（%）	增长率（%）		
工程造价经济纠纷的鉴定和仲裁咨询收入										
贵州	0.42	4.65	0.76	7.31	80.95	0.95	9.85	25.00	7.27	52.98
海南	0.12	3.46	0.25	5.52	108.33	0.48	10.67	92.00	6.55	100.17
宁夏	0.22	5.51	0.25	6.02	13.64	0.36	8.05	44.00	6.53	28.82
甘肃	0.39	6.32	0.40	6.25	2.56	0.43	5.91	7.50	6.16	5.03
其他收入										
黑龙江	0.73	9.11	0.26	2.65	-64.38	0.29	2.87	11.54	4.88	-26.42
西藏	0.00	0.00	0.01	12.50	100.00	0.01	1.61	0.00	4.70	50.00
海南	0.16	4.61	0.18	3.97	12.50	0.13	2.89	-27.78	3.82	-7.64
辽宁	0.35	2.72	0.50	3.47	42.86	0.63	3.69	26.00	3.29	34.43

从以上统计结果可知：

2019~2021 年，前期决策阶段咨询收入平均占比前四的省（区）为海南、西藏、黑龙江、青海；实施阶段咨询收入平均占比前四的省为福建、宁夏、河南、安徽；竣工决算阶段咨询收入平均占比前四的省（区）为内蒙古、山西、新疆、西藏；全过程工程造价咨询收入平均占比前四的省（市）为上海、云南、天津、北京；工程造价经济纠纷的鉴定和仲裁咨询收入平均占比前四的省（区）为贵州、海南、宁夏、甘肃；其他咨询业务收入平均占比前四的省（区）为黑龙江、西藏、海南、辽宁。

从区域平均占比来看，各阶段咨询收入平均占比排名体现地区发展不平衡。2019~2021 年，前期决策阶段咨询业务收入华南地区各省平均占比最高；实施阶段咨询业务收入西北地区各省平均占比较高；竣工决算阶段咨询业务收入西北地区各省平均占比较高；全过程工程造价咨询业务收入西南地区各省平均占比较高；工程造价经济纠纷的鉴定和仲裁的咨询业务收入华南地区各省平均占比最高。

第三节　财务收入统计分析

一、工程造价咨询企业利润情况呈现区域差异性

2021 年工程造价咨询企业财务状况汇总信息如表 1–3–12 所示，利润总额基本情况如图 1–3–9 所示。

2021 年财务状况汇总表（单位：亿元）　　表 1–3–12

企业归口管理的地区或行业	营业收入合计	工程造价咨询营业收入	其他收入	利润总额	所得税
合计	3056.68	1143.02	1913.66	297.56	53.03
北京	300.94	166.52	134.42	23.88	10.46
天津	23.54	11.80	11.74	4.69	0.49
河北	51.07	21.28	29.79	2.55	0.76
山西	30.64	15.86	14.78	2.53	0.91
内蒙古	22.10	12.64	9.46	3.25	0.10
辽宁	27.22	17.06	10.16	2.44	0.25
吉林	17.22	8.38	8.84	1.43	0.18
黑龙江	16.11	10.09	6.02	1.66	0.19
上海	295.94	64.67	231.27	16.75	3.12
江苏	252.47	100.41	152.06	24.12	4.64
浙江	280.07	105.64	174.43	26.67	4.63
安徽	86.06	32.09	53.97	7.05	1.54
福建	47.59	16.93	30.66	3.09	0.55
江西	34.14	15.41	18.73	8.78	0.69
山东	150.63	76.69	73.94	8.90	1.62
河南	109.05	29.86	79.19	3.56	0.49
湖北	47.95	30.70	17.25	4.74	0.83
湖南	74.26	27.62	46.64	2.95	0.37
广东	239.27	98.19	141.08	18.03	2.62
广西	33.49	11.44	22.05	1.62	0.28
海南	5.97	4.50	1.47	0.44	0.03

续表

企业归口管理的地区或行业	营业收入合计	工程造价咨询营业收入	其他收入	利润总额	所得税
重庆	40.30	25.97	14.33	2.35	0.37
四川	168.82	76.44	92.38	11.38	1.80
贵州	19.58	9.64	9.94	1.55	0.35
云南	33.24	23.95	9.29	2.96	0.55
西藏	1.27	0.62	0.65	0.17	0.02
陕西	80.11	42.89	37.22	5.82	0.82
甘肃	17.30	7.27	10.03	2.04	0.40
青海	5.24	2.09	3.15	0.75	0.12
宁夏	10.18	4.47	5.71	0.78	0.84
新疆	38.25	14.20	24.05	3.02	0.47
新疆兵团	1.38	0.58	0.80	0.15	0.02
行业归口	495.28	57.12	438.16	97.46	12.52

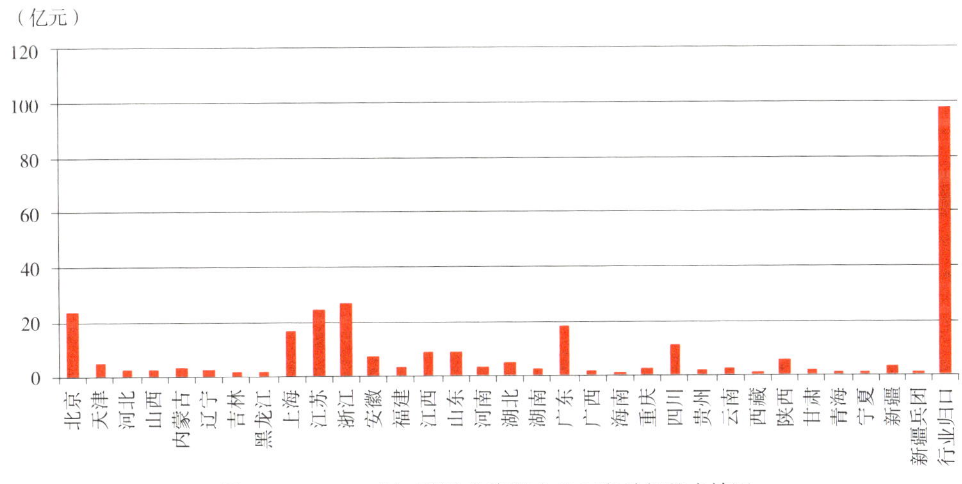

图 1-3-9　2021 年工程造价咨询企业利润总额基本情况

从以上统计结果及图示信息可知：

浙江利润总额领跑全国，企业利润情况具有明显区域差异性。2021 年上报的工程造价咨询企业实现利润总额为 297.56 亿元。其中：利润总额较高的是浙江、江苏、北京，分别为 26.67 亿元、24.12 亿元、23.88 亿元。

二、工程造价咨询行业利润大幅增长

2019~2021 年，工程造价咨询企业财务收入利润总额变化情况如表 1-3-13 和图 1-3-10 所示。

2019~2021 年财务收入利润总额变化情况汇总表　　表 1-3-13

企业归口管理的地区或行业	2019 年	2020 年		2021 年		平均增长率（%）
	利润总额（亿元）	利润总额（亿元）	增长率（%）	利润总额（亿元）	增长率（%）	
合计	210.81	264.72	25.57	297.56	12.41	18.99
北京	9.68	24.73	155.48	23.88	–3.44	76.02
天津	2.52	3.81	51.19	4.69	23.10	37.14
河北	2.14	2.43	13.55	2.55	4.94	9.24
山西	1.09	1.45	33.03	2.53	74.48	53.76
内蒙古	1.96	1.83	–6.63	3.25	77.60	35.48
辽宁	1.39	1.76	26.62	2.44	38.64	32.63
吉林	2.14	1.53	–28.50	1.43	–6.54	–17.52
黑龙江	1.02	1.47	44.12	1.66	12.93	28.52
上海	8.33	10.69	28.33	16.75	56.69	42.51
江苏	20.55	22.49	9.44	24.12	7.25	8.34
浙江	13.81	16.59	20.13	26.67	60.76	40.44
安徽	6.10	10.87	78.20	7.05	–35.14	21.53
福建	2.52	3.31	31.35	3.09	–6.65	12.35
江西	4.38	7.20	64.38	8.78	21.94	43.16
山东	5.83	7.26	24.53	8.90	22.59	23.56
河南	2.16	3.99	84.72	3.56	–10.78	36.97
湖北	3.15	2.64	–16.19	4.74	79.55	31.68
湖南	3.72	3.52	–5.38	2.95	–16.19	–10.78
广东	9.95	18.28	83.72	18.03	–1.37	41.18
广西	1.31	1.62	23.66	1.62	0.00	11.83
海南	0.29	0.47	62.07	0.44	–6.38	27.84

续表

企业归口管理的地区或行业	2019 年	2020 年		2021 年		平均增长率（%）
	利润总额（亿元）	利润总额（亿元）	增长率（%）	利润总额（亿元）	增长率（%）	
重庆	2.38	1.51	–36.55	2.35	55.63	9.54
四川	8.82	10.53	19.39	11.38	8.07	13.73
贵州	2.73	2.32	–15.02	1.55	–33.19	–24.10
云南	3.22	3.79	17.70	2.96	–21.90	–2.10
西藏	0.02	0.01	–50.00	0.17	1600.00	1600.00
陕西	5.06	4.66	–7.91	5.82	24.89	8.49
甘肃	1.36	1.33	–2.21	2.04	53.38	25.59
青海	0.91	0.93	2.20	0.75	–19.35	–8.58
宁夏	0.39	0.57	46.15	0.78	36.84	41.50
新疆	1.88	2.30	22.34	3.02	31.30	26.82
新疆兵团	—	0.10	—	0.15	50.00	50.00
行业归口	80.00	88.74	10.93	97.46	9.83	10.38

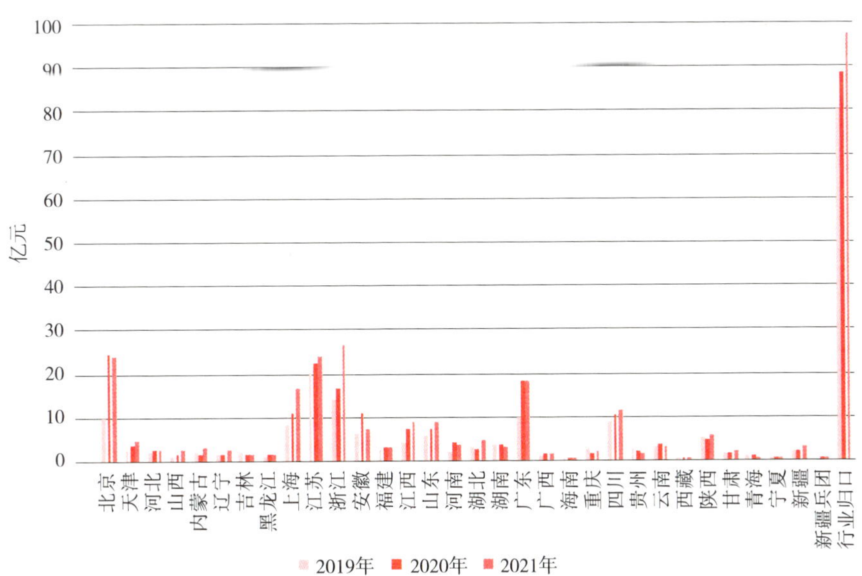

图 1–3–10　2019~2021 年财务收入利润总额区域变化

从以上统计结果及图示信息可知：

1. 工程造价咨询行业利润大幅增长，发展形势趋好

2021 年全国工程造价咨询行业利润总额为 297.56 亿元，较上年增加 32.84 亿元，同比增长 12.41%，工程造价咨询行业利润大幅增长，行业发展形势趋好。

2. 西藏、湖北、内蒙古增速位居前三，北京、贵州增速回落

2021 年，西藏、湖北、内蒙古以 1600%、79.55%、77.60% 的增速位列前三。其中，西藏增速提高最为显著，西藏 2020 年利润总额为 0.01 亿元，2021 年利润总额为 0.17 亿元，增长率达到了 1600%，主要原因是 2021 年参与统计的西藏企业数量大幅增长；湖北 2020 年增长率为 –16.19%，2021 年为 79.55%，提高了 95.74 个百分点；内蒙古 2020 年增长率为 –6.63%，2021 年为 77.60%，提高了 84.23 个百分点。除此之外，北京、安徽增速减缓最为显著，北京 2020 年增长率为 155.48%，2021 年收窄为 –3.44%，相差了 158.92 个百分点；安徽 2020 年增长率为 78.20%，2021 年为 –35.14%，相差了 113.34 个百分点。

行业发展主要影响因素分析

第一节　政策环境

一、新老基建同发力、新型城镇化推进为行业带来增长空间

2021 年 3 月 13 日，国务院发布《中华人民共和国国民经济和社会发展第十四个五年规划和 2035 年远景目标纲要》。纲要指出，一是国家发力新老基建将带动投资增速加快；二是推进乡村振兴、推动区域协调发展和以人为核心的城镇化，将产生大量基础设施建设投资。综合来看，国家未来五年在基建方面的投资力度依然很大，并且更加侧重新型基础设施、新型城镇化等方面的建设，为建筑业市场发展带来了增长空间，为行业转型指明了方向。

2021 年 4 月 13 日，《国家发展改革委关于印发〈2021 年新型城镇化和城乡融合发展重点任务〉的通知》（发改规划〔2021〕493 号）指出要深入实施以人为核心的新型城镇化战略，促进农业转移人口有序有效融入城市，增强城市群和都市圈承载能力，转变超大特大城市发展方式，提升城市建设与治理现代化水平，推进以县城为重要载体的城镇化建设，加快推进城乡融合发展，为“十四五”开好局起好步提供有力支撑。

2021 年 6 月 21 日，《住房和城乡建设部　农业农村部　国家乡村振兴局关于加快农房和村庄建设现代化的指导意见》（建村〔2021〕47 号）。加快农房和村庄建设现代化，完善农房功能，提高农房品质，推动农村用能革新，加强农村基础设施和公共服务设施建设，对于整体提升乡村建设水平具有重要意义。

2021 年 11 月 5 日，《住房和城乡建设部办公厅关于开展第一批城市更新试点工作的通知》（建办科函〔2021〕443 号）。针对城市发展进入城市更新重要时期所面临的突出问题和短板，严格落实城市更新底线要求，坚持“留改拆”并举，结合各地实际，因地制宜探索城市更新的工作机制、实施模式、支持政策、技术方法和管理制度，推动城市结构优化、功能完善和品质提升。

2021 年 12 月 14 日，住房和城乡建设部等部门发布《关于进一步明确城镇老旧小区改造工作要求的通知》（建办城〔2021〕50 号）。城镇老旧小区的改造是重大民生工程和发展工程，各地在发展推进的同时，存在重“面子”轻“里子”，该通知指出要把牢底线要求，坚决把民生工程做成群众满意工程；聚焦难题攻坚，发挥城镇老旧小区改造发展工程作用；完善督促指导工作机制。

二、招标投标领域优化营造公平的市场环境

自 2019 年以来，国家发展改革委等部门对工程项目招标投标领域营商环境展开全国专项整治，招标投标市场主体反映的众多突出问题得到有效解决，但招标投标领域营商环境仍存在薄弱环节。

2021 年 2 月 25 日，国家发展改革委等部门发布《关于建立健全招标投标领域优化营商环境长效机制的通知》（发改法规〔2021〕240 号），该通知旨在有效解决招标投标市场主体反映强烈的一大批突出问题，不断规范市场秩序，进一步营造公平竞争的市场环境，建立健全长效机制，久久为功，持续发力，推动招标投标领域营商环境的根本好转。该通知重要内容如表 1-4-1 所示。

《关于建立健全招标投标领域优化营商环境长效机制的通知》（发改法规〔2021〕240 号）重要内容　表 1-4-1

招标投标领域存在问题	对策
各地招标投标领域法规政策文件总量偏多，规则庞杂不一，加重市场主体的合规成本	加大地方招标投标制定规则清理整合力度。从促进全国统一市场建设高度，以问题最突出的市县一级为重点，加大规则清理整合力度，按照应减尽减、能统则统的原则，对各级地市保留的招标投标制度规则类文件实行总量控制和增减挂钩，避免边清边增
地方保护、所有制歧视、擅自设立审核备案证明事项和办理环节、违规干预市场主体自主权等问题	规范地方招标投标制度规则制定活动。严格落实《优化营商环境条例》要求，认真展开公平竞争审查、合法性审核，充分吸取市场主体、行业协会商会意见

续表

招标投标领域存在问题	对策
招标投标行政管理重事前审核批准备案、轻事中事后监管，监管主动性、全面性不足，一些行业领域监管职责不清，对违法违规行为震慑不够	1. 全面推行“双随机一公开”监管模式。合理确定抽查对象、比例、频次，向社会公布后执行； 2. 畅通招标投标异议、投诉渠道。进一步健全投诉处理机制，依法及时对投诉进行受理、调查和处理，并网上公开行政处罚决定； 3. 建立营商环境问题线索和意见建议常态化征集机制。在各平台开通意见征集栏目，不断改进管理、提升服务； 4. 落实地方主体责任。各有关行政监督部门分工负责，形成部门合力

三、工程造价咨询企业资质取消是工程咨询领域的重大改革

2021 年 6 月 3 日，《国务院关于深化“证照分离”改革进一步激发市场主体发展活力的通知》（国发〔2021〕7 号）发布。为深化“放管服”改革、优化营商环境，该通知提出要大力推动照后减证和简化审批，明确自 2021 年 7 月 1 日起，直接取消审批“工程造价咨询企业资质”，具体通知事项如表 1–4–2 所示。取消审批后，企业（含个体工商户、农民专业合作社）取得营业执照即可开展经营，行政机关、企事业单位、行业组织等不得要求企业提供相关行政许可证，破解了在工程建设领域“准入不准营”的问题。

《国务院关于深化“证照分离”改革进一步激发市场主体发展活力的通知》（国发〔2021〕7 号）重点内容 表 1–4–2

主管部门	改革事项	许可证件名称	设定依据	审批层级和部门	改革方式	具体改革举措	加强事中事后监管措施
住房和城乡建设部	工程造价咨询企业甲级资质认定	工程造价咨询企业甲级资质证书	《国务院对确需保留的行政审批项目设定行政许可的决定》	住房和城乡建设部	直接取消审批	取消“工程造价咨询企业甲级资质认定”	1. 开展“双随机、一公开”监管，依法查处违法违规行为并公开结果。 2. 加强信用监管，完善工程造价咨询企业信用体系，依法依规开展失信惩戒。 3. 推广应用职业保险制度，增强工程造价咨询企业风险抵御能力，有效保障委托方合法权益
	工程造价咨询企业乙级资质认定	工程造价咨询企业乙级资质证书	《国务院对确需保留的行政审批项目设定行政许可的决定》	省级住房和城乡建设部门	直接取消审批	取消“工程造价咨询企业乙级资质认定”	

2021 年 6 月 28 日，《住房和城乡建设部办公厅关于取消工程造价咨询企业资质审批加强事中事后监管的通知》（建办标〔2021〕26 号）。为贯彻落实《国务院关于深化“证照分离”改革进一步激发市场主体发展活力的通知》（国发〔2021〕7 号），持续深入推进“放管服”改革，该文件针对取消工程造价咨询企业资质审批、健全企业信息管理制度、推进信用体系建设、构建协同监管新格局、提升工程造价咨询服务能力和加强事中事后监管提出了相应举措。

2021 年 7 月 3 日，《中国建设工程造价管理协会关于适应新形势变革推动工程造价咨询行业高质量发展的意见》（中价协〔2021〕35 号）发布。该文件旨在紧跟政策和市场变化，适应工程造价咨询企业资质取消审批的改革新举措，要求完善信用评价体系，满足市场择优需求；推介优秀咨询企业，带动行业整体发展；强化个人执业能力，提升咨询服务水平，推动工程造价咨询行业持续健康发展。

取消工程造价咨询企业资质意味着工程造价咨询行业将进入到“拼人才、拼服务、拼实力、拼品牌”的新阶段，为造价咨询企业带来了重大机遇与挑战，全过程工程咨询也将迎来新的发展格局。具体影响如下：

工程造价咨询企业资质取消符合“淡化企业资质、强化个人执业资格”的改革总方向，是与国际惯例接轨的里程碑事件。将注重资质转变为对注重工程项目本身的监管，在没有门槛限制的情况下，从事造价咨询上下游业务的企业都会进入市场，进一步加剧市场竞争，促进“优胜劣汰”机制发展。

事中事后监管会变得更加严格，监管思路将从“管主体”向“管行为”转变，监管重点将从“管企业”向“管项目”转变。

“证照分离”的改革，意味着人在哪个项目，证也必须在哪个项目，“资质竞争”将转变为“人才竞争”，个人资质和能力将更受重视，从业人员所持证书含金量也会变得更高。

四、绿色智慧建筑是推动行业转型升级的关键

2021 年 1 月 5 日，《住房和城乡建设部办公厅关于开展绿色建造试点工作的函》（建办质函〔2020〕677 号）发布，决定在湖南省、广东省深圳市、江苏省常州市开展绿色建造试点工作，以促进建筑业转型升级和城乡建设绿色发展。

2021 年 2 月 5 日，《住房和城乡建设部关于征集智能建造新技术新产品创新

服务案例（第一批）的通知》（建办市函〔2021〕51 号），旨在指导各地住房和城乡建设主管部门及企业全面了解、科学选用智能建造技术和产品，加快智能建造的发展。

2021 年 2 月 9 日，《住房和城乡建设部办公厅关于同意开展智能建造试点的函》（建办市函〔2021〕55 号），积极开展智能建造试点工作，围绕建筑业高质量发展，以数字化、智能化升级为动力，创新突破相关核心技术，加大智能建造在工程建设各环节应用，提升工程质量安全、效益和品质，尽快探索出一套可复制可推广的智能建造发展模式和实施经验。

2021 年 3 月 19 日，《住房和城乡建设部办公厅关于印发绿色建造技术导则（试行）的通知》（建办质〔2021〕9 号）。绿色建造技术导则（试行）将绿色发展理念融入工程策划、设计、施工、交付的建造全过程，充分体现了绿色建造绿色化、工业化、信息化、集约化和产业化的总体特征。

2021 年 4 月 2 日，国家发展改革委发布《绿色政府和社会资本合作（PPP）项目典型案例名单公示》。该名单为政府和社会资本合作（PPP）项目绿色建造起示范带动作用，有利于激发社会资本主观能动性和创造性，促进实现碳达峰、碳中和目标。

2021 年 4 月 16 日，住房和城乡建设部等部门发布《关于加快发展数字家庭提高居住品质的指导意见》（建标〔2021〕28 号），提出要加强数字家庭工程设施建设，加强智能综合布线，强化智能产品在住宅中的设置，强化智能产品在社区配套设施中的设置，加快发展数字家庭，提高居住品质。

2021 年 5 月 9 日，国家发展改革委发布关于印发《污染治理和节能减碳中央预算内投资专项管理办法》的通知（发改环资规〔2021〕655 号）。该文件加强和规范了污染治理和节能减碳专项中央预算内投资管理，提高了中央资金使用效益，调动了社会资本参与污染治理和节能减碳的积极性。

2021 年 5 月 20 日，住房和城乡建设部发布《关于印发城市市政基础设施普查和综合管理信息平台建设工作指导手册的函》（建办城函〔2021〕208 号），组织有关单位和相关专家研究制定了《城市市政基础设施普查和综合管理信息平台建设工作指导手册》，供各地参考，因地制宜推进城市市政基础设施普查和综合管理信息平台建设。

2021 年 6 月 9 日，住房和城乡建设部办公厅关于印发《城市信息模型（CIM）

基础平台技术导则》（修订版）的通知（建办科〔2021〕21 号），指出 CIM 基础平台应定位于城市智慧化运营管理，明确责任部门推进 CIM 基础平台的规划建设、运行管理、更新维护工作。

2021 年 8 月 4 日，《住房和城乡建设部办公厅关于参与 2021 年中国国际服务贸易交易会工程咨询与建筑服务专题活动的通知》（建办外函〔2021〕319 号）发布。该活动以“智慧建造、绿色发展”为主题，聚焦产、学、研、用全产业链条最新动向，突出工程咨询、智能建造、绿色建筑等行业热点与发展趋势，展示建筑业工程咨询技术与模式、新型建造技术与智能装备等新一代信息技术融合创新应用的科技创新成果与技术服务能力，助力实现建筑业碳达峰、碳中和目标，推动建设高质量发展。

2021 年 12 月 8 日，国家发展改革委等部门发布关于印发《贯彻落实碳达峰碳中和目标要求推动数据中心和 5G 等新型基础设施绿色高质量发展实施方案》的通知（发改高技〔2021〕1742 号）。该实施方案强调现阶段主要任务为强化统筹布局、提高算力能效、创新节能技术、优化节能模式、利用绿色资源和促进转型升级，争取到 2025 年，数据中心和 5G 基本形成绿色集约的一体化运行格局，发挥其“一业带百业”作用。

绿色智慧建筑将 5G、AI、物联网、云计算等技术与绿色建筑融合应用，探索建筑行业可持续发展新模式：以智能建造为技术支撑、以建筑工业化为产业路径、以绿色建造为发展目标。该模式不仅完成了对能源的高效运用，提升了生态环境保护效果，而且落实了“中国建造”高质量发展战略，推动了建筑行业创新发展，是实现行业转型升级的关键。

五、行业相关政策促进行业高质量发展

2021 年 3 月 19 日，《国务院关于落实〈政府工作报告〉重点工作分工的意见》（国发〔2021〕6 号）发布，指出扩大有效投资，继续支持促进区域协调发展的重大工程，推进“两新一重”建设，实施一批交通、能源、水利等重大工程项目，建设信息网络等新型基础设施。

2021 年 4 月 7 日，《国务院办公厅关于服务“六稳”“六保”进一步做好“放管服”改革有关工作的意见》（国办发〔2021〕10 号）发布，指出扩大有效投资要

优化工程建设项目审批，持续优化深化工程建设项目审批制度改革，完善全国统一的工程建设项目审批和管理体系。进一步精简整合工程建设项目全流程涉及的行政许可、技术审查、中介服务、市政公用服务等事项。支持各地区结合实际提高工程建设项目建筑工程施工许可证办理限额，对简易低风险工程建设项目实行“清单制 + 告知承诺制”审批。研究制定工程建设项目全过程审批管理制度性文件，建立健全工程建设项目审批监督管理机制，加强全过程审批行为和时间管理，规范预先审查、施工图审查等环节，防止体外循环。

2021 年 9 月 8 日，住房和城乡建设部发布《关于开展工程建设领域整治工作的通知》（建办市〔2021〕38 号），旨在加强房屋建筑和市政基础设施工程招标投标活动监管，治理恶意竞标、强揽工程等突出问题，严格依法查处违法违规行为，及时发现和堵塞监管漏洞，健全源头治理的防范整治长效机制，规范建筑市场秩序。

2021 年 12 月 15 日，国家发展改革委发布《关于进一步推进投资项目审批制度改革的若干意见》（发改投资〔2021〕1813 号），指出要加快健全投资管理制度体系，不断提升投资决策科学化、制度化、规范化水平；严格投资审批事项管理；简化特定政府投资项目审批管理。进一步推进投资项目审批制度改革，提升投资建设全流程的科学化、规范化、便利化水平。

2021 年 12 月 16 日，财政部发布《关于修订发布〈政府和社会资本合作（PPP）综合信息平台信息公开管理办法〉的通知》（财金〔2021〕110 号），本次修订主要扩展信息录入主体范围、增加信息公开内容、规范信息公开方式、建立主动公开信息动态调整机制，保障公众知情权和监督权，推动 PPP 规范高质量发展。

第二节　经济环境[①]

一、宏观经济环境稳中有进

1. 经济结构优化升级持续推进

2021 年，国内生产总值 1143669.7 亿元，比上年增长 8.1%。其中，第一产

① 本节数据来源于国家统计局《中华人民共和国 2021 年国民经济和社会发展统计公报》《2021 年全国房地产开发投资和销售情况》。

业增加值83085.5亿元，增长7.1%；第二产业增加值450904.5亿元，增长8.2%；第三产业增加值609679.7亿元，增长8.2%。第一产业增加值占国内生产总值比重为7.3%，第二产业增加值比重为39.4%，第三产业增加值比重为53.3%。全年最终消费支出拉动国内生产总值增长5.3个百分点，资本形成总额拉动国内生产总值增长1.1个百分点，货物和服务净出口拉动国内生产总值增长1.7个百分点。全年人均国内生产总值80976元，比上年增长8.0%。国民总收入1133518.0亿元，比上年增长7.9%。全员劳动生产率为146380元/人，比上年提高8.7%。

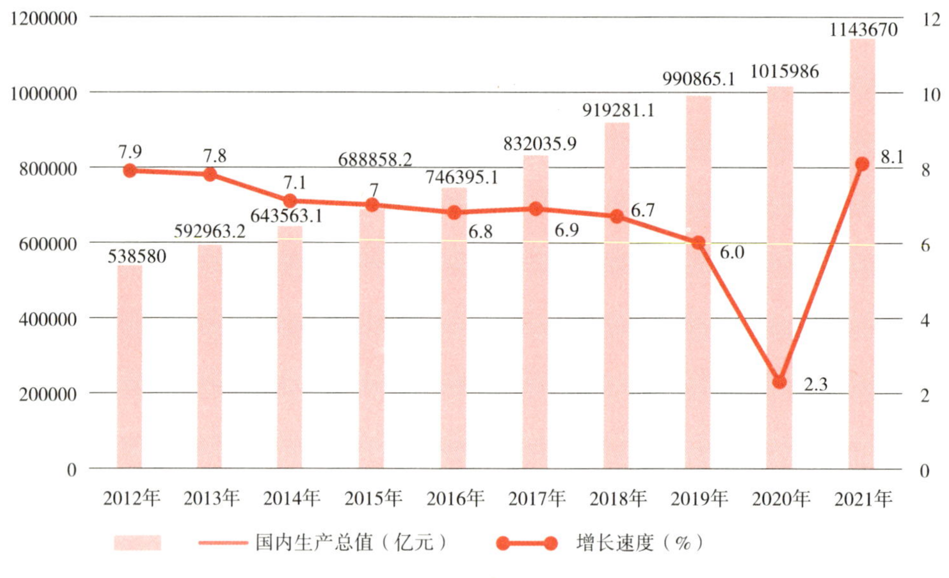

图1-4-1　2012~2021年国内生产总值及其增长速度

（数据来源：国家统计局）

2. 固定资产投资增速上涨

2021年，全社会固定资产投资552884.0亿元，比上年增长4.9%。其中，固定资产投资（不含农户）544547.0亿元，增长4.9%。分区域看，东部地区投资比上年增长6.4%，中部地区投资增长10.2%，西部地区投资增长3.9%，东北地区投资增长5.7%。

在固定资产投资（不含农户）中，第一产业投资14275亿元，占全年固定资产投资（不含农户）2.60%，比上年增长9.1%；第二产业投资167395亿元，占全

年固定资产投资（不含农户）30.70%，增长11.3%；第三产业投资362877亿元，占全年固定资产投资66.70%，增长2.1%。民间固定资产投资307659亿元，增长7.0%。基础设施投资增长0.4%。2021年各产业固定资产投资占全年固定资产投资（不含农户）比重如图1-4-2所示。

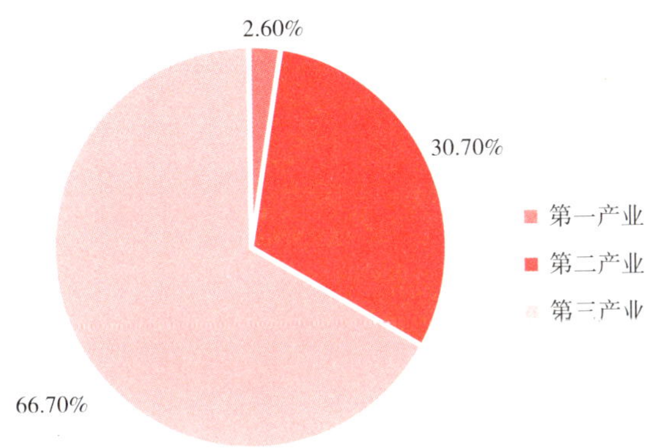

图1-4-2　2021年各产业固定资产投资占全年固定资产投资（不含农户）比重

分行业来看，卫生和社会工作行业增幅最大，相比于去年增长19.5%；科学研究和技术服务业增幅为14.5%；教育业增幅为11.7%；租赁和商务服务业增幅为13.6%；金融业增幅为1.9%；房地产业增幅为5.0%；建筑业增幅为1.6%；公共管理、社会保障和社会组织降幅最大，为38.2%；信息传输、软件和信息技术服务业降幅为12.1%；批发零售行业降幅为5.9%；居民服务、修理和其他服务业降幅为10.3%。与造价行业相关度比较大的是建筑行业和房地产行业，二者的增幅分别为1.6%、5.0%，处于稳步增长的状态。

总之，2021年固定资产投资绝对数量在增长，且增长速度比2020年有上涨。

二、建筑业增长率整体保持稳中趋缓态势

2021年，全社会建筑业增加值29132亿元，比上年增长11.04%；全国具有资质等级的总承包和专业承包建筑业企业利润8854亿元，比上年增长1.3%，其中国有控股企业3620亿元，增长8.0%。

近十年建筑业总产值和增长率如图1-4-3所示，从图中可以看出，建筑业

总产值近十年来一直呈增长趋势，而 2012 年至 2015 年建筑业总产值增长率呈减少趋势反映增长放缓，从高位增长率 17.82% 跌至 2.29%，然后自 2015 年后增长率有所回升，在 2019 年到 10.02%，而后受疫情冲击有所下降，但于 2021 年又上升至 11.04%，总体来看，近五年建筑业总产值有所回落且增长平缓。

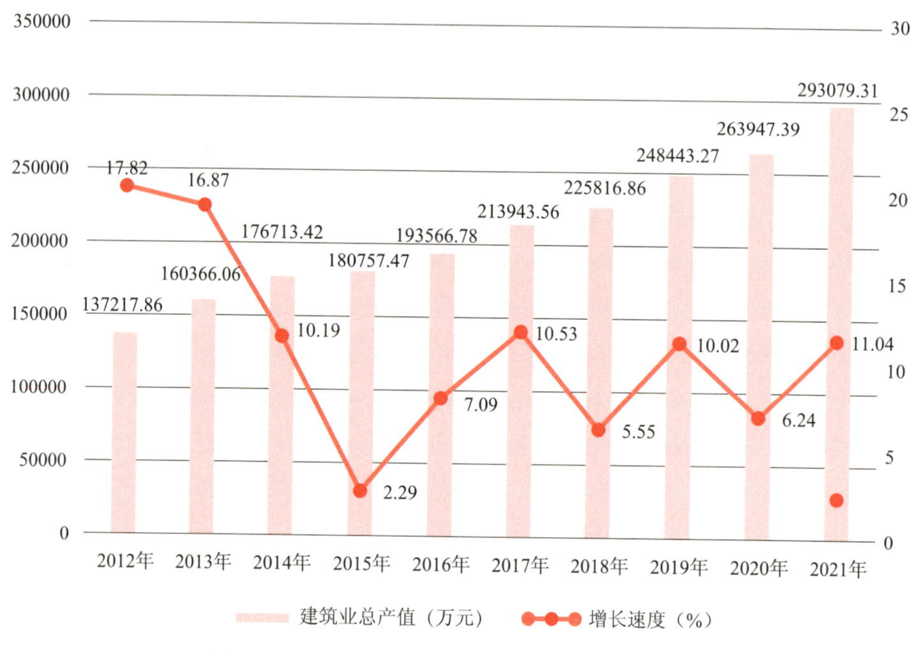

图 1-4-3　2012~2021 年建筑业总产值及增长速度

三、房地产业保持平稳有序发展

2021 年房地产开发投资 147602 亿元，比上年增长 4.4 %。其中住宅投资 111173 亿元，增长 6.4 %；办公楼投资 5974 亿元，下降 8.0%；商业营业用房投资 12445 亿元，下降 4.8%。近十年的房地产开发投资额如图 1-4-4 所示，从图中可知自 2012 年起房地产投资额逐年增加，2013 年至 2015 年投资额增速逐渐放缓，从高位增长率 19.8% 跌至 0.99%，然后自 2015 年后增长速度逐渐增加，直至 2019 年的增速 10.01%，在 2021 年增速又回落至 4.4%。

2021 年，商品房销售面积 179433 万平方米，比上年增长 1.9%。其中，住宅销售面积增长 1.1%；办公楼销售面积增长 1.2%；商业营业用房销售面积下降

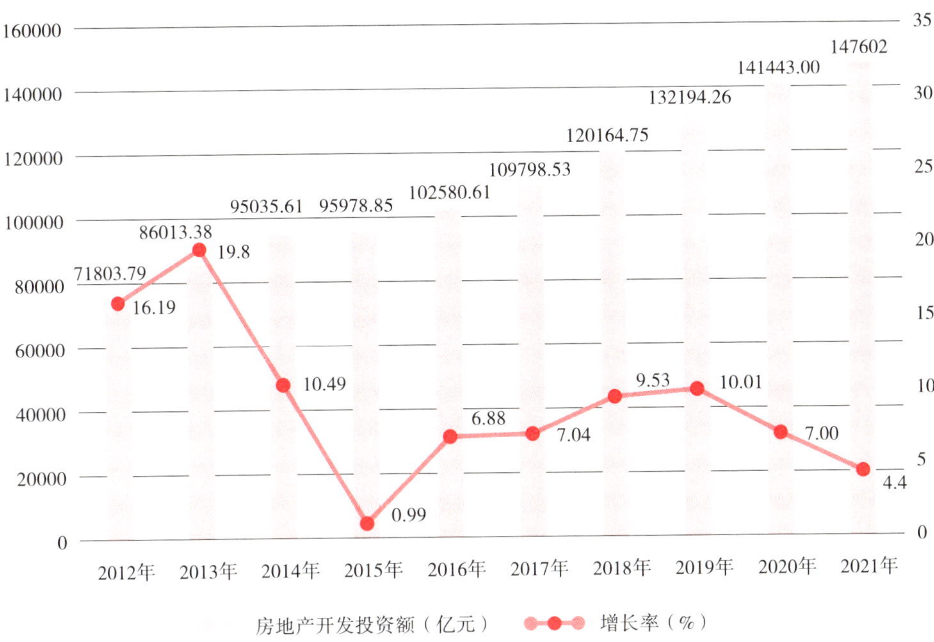

图 1-4-4　2012~2021 年房地产开发投资额和增长率

2.6%。商品房销售额 181930 亿元，比去年增长 4.8%。其中，住宅销售额比去年增长 5.3%；办公楼销售额下降 6.9%；商业营业用房销售额下降 2.0%。

2021 年，房地产开发企业房屋施工面积 975387 万平方米，比上年增长 5.2%。其中，住宅施工面积 690319 万平方米，增长 5.3%。房屋新开工面积 198895 万平方米，下降 11.4%。其中，住宅新开工面积 146379 万平方米，下降 10.9%。房屋竣工面积 101412 万平方米，增长 11.2%。其中，住宅竣工面积 73016 万平方米，增长 10.8%。

2021 年，房地产开发企业土地购置面积 21590 万平方米，比上年下降 15.5%；土地成交价款 17756 亿元，比去年增长 2.8%。

2021 年，房地产开发企业到位资金 201132 亿元，比去年增长 4.2%。其中，国内贷款 23296 亿元，比去年下降 12.7%；利用外资 107 亿元，比去年下降 44.1%；自筹资金 65428 亿元，增长 3.2%；定金及预收款 73946 亿元，比去年增长 11.1%；个人按揭贷款 32388 亿元，比去年增长 8.0%。

2021 年 1~12 月全国房地产开发景气指数如图 1-4-5 所示。

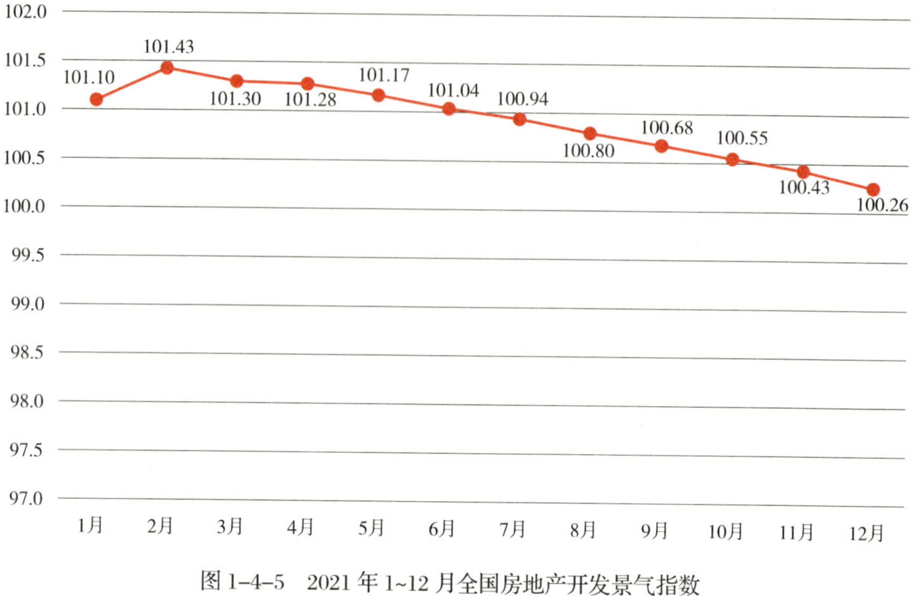

图 1-4-5　2021 年 1~12 月全国房地产开发景气指数

从房地产投资、房地产销售、开工面积、土地成交、房地产开发企业到位资金、房地产开发景气指数等房地产领域指标综合来看，由于疫情持续影响原因，2021 年房地产业景气指数虽呈下降趋势，但房地产业仍处于适度景气水平。

第三节　技术环境

2021 年，随着国家政策不断出台落地，工程造价咨询企业资质取消，工程造价咨询业管理办法、建设工程工程量清单计价标准拟征求意见出台，工程造价咨询企业的数量不断增加，资本力量开始进军咨询行业，各省市持续推进全过程工程咨询发展，国内工程造价咨询行业恰逢市场化变革攻坚期和数字化转型发展期，市场化经济时代工程造价企业机遇挑战并存。如何在变局中开新局，在危机中孕育新机，将 BIM 技术、大数据技术、区块链技术等信息化技术与工程造价咨询行业深度结合，推动行业向专业化、数智化、多元化方向发展，已成为工程造价咨询行业亟须探索的命题。

一、BIM 技术在工程造价咨询行业应用持续推进

BIM 技术在工程造价咨询领域的应用越来越广泛，针对不同项目类型的不同实施阶段，BIM 技术都体现出了其应用价值。

对于房建项目，运用 BIM 技术对项目效果进行渲染，为业主提供多种不同风格的外装饰材质与配色方案，加快业主对材质选择的速度，为项目争取更多的施工时间；由于项目通常存在场地及周边环境限制，在不同的施工阶段需采用不同的车辆行走、材料运输路线，为解决这一问题，运用 BIM 模型根据现场不同施工阶段不同的限制条件来规划施工道路，使得施工道路更科学合理，最大限度地降低现场运输成本；根据各分部工程的 BIM 模型进行算量，统计项目的土方、砖模、混凝土、钢筋、砖砌体、二次结构等工程量，将输出的工程量清单或下料单作为材料采购、现场施工、现场收方的参考；就钢结构与土建施工关键交叉点的问题，运用 BIM 技术制作其施工模拟视频，明确钢结构与土建各工序的前后顺序，向现场管理人员、技术员进行可视化交底，提高施工现场的沟通效率，尽可能减少因顺序规划问题导致的工期损失与费用损失。

对于综合管廊项目，运用 BIM 技术对综合管廊进行建模工作，以三维视角提供更为直观的方案展示，便于各参与方理解设计意图，并有效地将各专业的信息汇聚在一起，分析方案的合理性。BIM 技术具有的分析功能能够方便设计师进行碰撞检查，将错误及时进行反馈、调整，保证了设计图纸的质量，同时通过创建 BIM 管廊数据库，可以建立 6D 关联数据库来实现准确快速计算工程量，提升施工预算效率及精度的目的。因 BIM 数据库相关数据粒度达到构件级，能够实现快速提供支撑项目各条线管理所需的数据信息，有效提升施工管理效率。通过 BIM 模型提取材料用料，统计设备，管控造价，预测成本造价，可以给施工单位项目投标以及施工过程造价控制提供科学依据。

对于道路桥梁项目，运用 BIM 技术能够进行特殊复杂结构的方案演示，通过尝试快速低成本投入建立相对低精度的模型，完成部分特殊结构的施工步骤演示，帮助项目实施团队深刻理解施工顺序、施工方案和施工工艺，甚至分解编排施工计划；对于道路桥梁施工中经常遇到的部分结构怪异的曲边异型结构，采用 BIM 技术进行高精度建模，根据施工需要捕捉关键控制点的坐标，一方面可以校核手工计算坐标的准确性，也可以通过 BIM 建模师背靠背的建模捕捉坐标的方

式相互校核，避免复杂的数理公式计算，降低测量出错的风险；道路桥梁项目部分结构造型复杂，计算工程量仅靠脑力难以胜任，运用BIM技术直接提取工程量，降低工作难度。

二、大数据技术推动工程造价咨询行业新变革

大数据从诞生之初，就对各行各业影响深远，其对工程造价咨询行业的意义，主要体现在以下四个方面。一是合理地控制工程投资，运用大数据技术可以对工程项目各阶段费用的开支情况进行数据收集和数据分析，便于合理控制工程投资。二是控制施工企业成本，运用大数据技术将现场各项消耗量和价格以数据的形式，建立施工阶段的数据库，对建筑工程施工成本的控制起到了积极的意义。三是提升企业价格竞争水平，运用大数据技术促进企业定额的编制，大数据下各项建设成本相对透明，合理的企业施工定额能够提升价格竞争力，提高经济效益。四是提高工程造价咨询服务水平，大数据技术改变了传统工程造价咨询管理方式，为工程造价咨询管理提供有效的数据支持，大幅提升了工程造价咨询行业的工作效率和服务水平。

1. 大数据平台搭建

当前，传统工程造价管理面临新的机遇与挑战，迫切需要进行信息化改革，“单纯造价控制”向“全生命周期造价咨询管理”转变已成为共识。在这个过程中，传统工程造价计算过程中存在的计算量大、精确度低、更改频繁、阶段割裂等问题，已无法适应信息化时代工程造价管理的新要求，而搭建集自动算量、计价、联动更新、存储、对比分析等功能于一体的工程造价咨询数据平台，能够为建设工程投资决策提供更精准的数据支撑。目前主流技术有Hadoop、MapReduce等。

2. 预结算审核

施工阶段预结算审核可以对造价成本进行有效控制，减少并控制在施工中非必要性成本支出。大数据作为当前信息技术关键内容，将大数据技术融入造价预结算审核中，可以显著提升造价预结算审核的准确性，利于工程效益发挥。

工程造价预结算审核需要覆盖到施工的各个环节内，在图纸识别过程中利用大数据技术可以对工程中涉及相关环节的初步成本内容进行掌握，了解施工现场以及施工图纸情况。工程量的计算需要与招标文件内容保持一致，保证招标价格满足建筑市场需求。大数据技术在这一环节主要可以进行基础定价，费率确定，例如在工程进行过程中的建筑材料价格，结合大数据技术进行成本预算，确保低成本性。预结算审核过程中工程清单审核十分关键，在这个过程中实施大数据技术可以一定程度上提高审核人员对工程清单审核的精准性。在现阶段工程清单审核中逐渐将工程清单矢量化处理，在技术使用过程中需保证审核人员了解大数据使用方法，在使用过程中针对施工图纸、设计内容等进行可视化扫描，将扫描后获得的数据进行存储，数据完成存储后，相关审核人员可以在计算机上进行数据核对以及数据查看。对相关图纸数据进行矢量化处理，在专业性软件辅助下（例如 CAD 软件等），设置相关指标数据进行参考，防止在进行内容审核中遗漏审核内容，或者出现重复审核情况，保证工程清单审核精准性。

3. 数据挖掘

互联网以及各种工程造价系统产生着海量的工程造价数据，但却没有科学准确的处理方法对其进行处理，使其白白流失掉，并且工程造价咨询领域信息的获取和传递仍然依靠传统的方式进行，时效性和准确性都无法满足当今工程管理领域的需求。而要对这些庞大的工程造价信息数据进行处理和挖掘，为工程管理过程的决策提供依据和参考，仅依靠人工的处理技术是远远不够的，要创新应用数据挖掘技术来充分利用工程造价海量数据的价值，以促进行业快速健康发展。

数据挖掘的基本流程主要包括数据获取和记录、数据抽取和清洗、数据建模和分析、数据解释四个过程。对于工程造价数据挖掘工作而言，因不同的使用目的，需采用不同的数据分析和挖掘方法。

三、人工智能技术赋能工程造价咨询行业

随着人工智能技术的逐步应用，采用人工智能方式管理工程造价咨询信息将得到进一步发展，人工智能工程造价咨询信息管理平台的开发既有客观需求，也具备技术基础，将对工程造价咨询行业赋予新能量。

人工智能工程造价咨询信息管理平台以工程造价咨询信息数据库为基础，通过大数据整合及人工智能计算技术，构建工程造价咨询信息管理平台的基本模块和主要系统，以充分实现信息采集、智能列项、智能组价、智能决策与监管等功能，服务于工程造价智能化的建设发展，具备智能化、开放性、共享性、全周期性等特点。可对项目过程中的决策、设计、招标投标、施工以及运营管理等不同阶段的综合成本、质量、工期、安全等要素进行智能分析，打通工程造价管理全过程，实现各参与方实时协同工作。

基于人工智能技术，可以深度采集建筑行业的相关数据，并结合知识图谱和深度学习及自动化数据增广等大数据分析技术，借助数学模型、图形表示和信息可视化、自然语言处理等对建筑工程基础数据进行有效整合，同时可以融合建筑工程标准化 BIM 模型，通过具有直观化特点的知识图谱来充分展示建筑工程的知识结构和紧密联系，进而提高建筑工程造价管理的科学化和智能化。相比于传统的造价估算具有较大优势，可以为建筑工程的造价管理、审计管理、核算管理及安全管理等提供智能服务，为各个参与方提供便利的工程造价估算条件，保障整个工程建设活动有序开展，防止出现造价失控、质量不佳等工程问题。

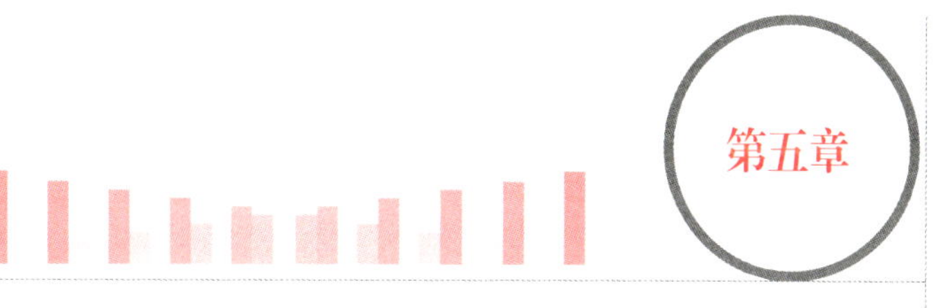

行业存在的主要问题、对策及展望

第一节　行业存在的主要问题

一、恶性低价竞争阻碍行业健康发展

1. 恶性低价竞争依然严重，出现“劣币驱逐良币”现象

大多数造价咨询企业在规模、管理、品牌、人员以及服务质量等方面大同小异，未能有效地对市场进行细分，不可避免地陷入低价恶性竞争困境。加之“双 60%”取消、“证照分离”改革、取消企业资质以及国家大力推行全过程工程咨询，小微企业数量快速增长，导致同质化竞争和市场低价竞争在行业内愈演愈烈，甚至出现了“劣币驱逐良币”现象，恶性低价竞争使得一些综合实力较强的企业在竞争中处于劣势，严重阻碍了工程造价咨询行业的可持续发展。

2. 行业自律意识不足，阻碍行业健康发展

虽然行业内已普遍认识到恶性低价竞争带来的负面效应，但鉴于生存压力，部分企业诚信经营意识和自律意识缺失，仍存在一定程度不按合同履行约定责任与义务的行为。同时，相当一部分企业缺乏工程造价确定与控制、项目价值提升、造价大数据等核心竞争力，在投标报价活动中，频频以恶性低价中标，严重破坏正常行业市场生态，成为长期阻碍行业发展的一大顽疾。

二、行业人才队伍建设亟待加强

1. 行业面临着复合型人才和高端技术人才供给乏力风险

随着行业从业人员队伍不断壮大，部分造价专业人员综合素质跟不上市场需求，主要表现在专业知识掌握不全面，对新技术、新工艺、新材料、新结构适应慢，对工程项目合同管理流程不熟悉，沟通、应变能力不足，复合型人才短缺；从工程造价咨询行业总体从业人员分布情况来看，总体从业人员和专业技术人员规模均逐年上升，但专业技术人员占总体从业人员的比例却连年下降，行业整体技术力量增长乏力，工程造价咨询行业面临高端技术人才供给乏力的风险。

2. 企业人才流动频繁，难以留住高层次人才

市场竞争归根到底是人才的竞争，一些造价咨询企业人才流动频繁，在人力资源管理方面重使用轻培养、重近期轻长远、重专业技术人才轻管理人才。因疫情原因造成的建设项目停工，使得一些项目建设进度严重滞后，影响了工程造价咨询企业现金流，调薪、降酬成为无奈之举，一定程度上造成行业高层次人才流失。

三、市场化计价依据体系有待完善

目前，行业尚未建立通过市场竞争形成工程造价的定价机制，占市场主体相当数量的业主、承包商和工程造价咨询机构未能形成企业级造价数据库；由于市场竞争不充分，导致难以充分发挥市场在资源配置中的决定性作用，市场各方主体过度依赖政府定额的现状致使市场价格杠杆的调节作用不能充分发挥，与工程造价市场化改革要求不相适应，不利于行业的市场化发展，一定程度上影响了建筑业转型升级。

四、造价信息共享度不够，造价数据积累有待加强

1. 行业信息共享困难

目前，工程造价咨询业数据通道未能打通，造价信息缺乏统一数据标准，数

据仍然存在信息孤岛和信息断层问题，不能形成网状连接，导致行业内造价信息共享度不高。部分造价咨询企业缺乏灵活运用大数据、人工智能等信息化技术手段的能力，工程造价数字化管理目标难以实现，给工程造价信息的互联互通、共享交换造成了极大困难，制约了行业信息化建设的快速发展。

2. 工程造价数据积累有待加强

造价数据的积累是一个长期的系统工程，很多市场主体因各种原因难以有效收集、积累自身的工程造价数据，无法形成工程造价数据库。同时，目前基于市场化的工程造价数据体系尚未形成，对比国际建筑市场上使用市场化积累的数据管理造价的模式，在工程造价数据的积累和使用上还有较大的提升空间。

五、资质取消后尚无配套措施

1. “门槛”降低，行业竞争加剧

随着“放管服”改革的不断深化，自 2021 年 7 月 1 日起，在全国范围内直接取消对工程造价资质的认定，这对整个造价行业来说是一个巨大的冲击。没有了资质这道“门槛”，更多企业涌入到造价咨询行业之中，从事造价咨询上下游业务的企业也会进入市场，甚至其他行业也会跨界进入，企业数量增加、行业竞争加剧，必然给市场监管增加难度。

2. 行业动态监管力度有待加强

工程造价咨询企业资质的取消，将造价咨询服务归于市场、将事前门槛调整为事中事后监管，但目前造价咨询行业事中事后监管制度尚未完全建立，事中事后监管流程尚不完备。因此，制定资质取消后的相关监管措施是全行业亟须解决的重大课题。

六、行业新技术发展缓慢

1. 行业集中度低，技术创新能力不足

目前，工程造价咨询行业市场集中度仍然偏低，造价咨询民营企业居多且规

模较小，大多处于低水平同质化竞争阶段。部分小微企业为了承接业务，采取低价竞争策略，导致部分有实力的大型企业在市场中处于劣势，无力开展技术创新，对高附加值业务和综合咨询业务的投入严重不足，导致行业发展陷入低水平循环之中。

2. 新技术运用深度与广度不足

工程造价咨询行业新技术应用较少，运用深度与广度不足。一方面，尚未深入挖掘工程造价信息的数据价值，没有形成系统的配套支持政策，不利于新技术在行业内的推广；另一方面，企业对数字化技术投入不足，例如在 BIM 技术、数字造价以及数据结构化方面大多持观望态度，不利于提升行业科技水平、推动行业转型升级。

第二节　行业应对策略

一、完善行业自律管理机制，深化信用评价体系建设

1. 完善行业自律管理机制

自律机制是行业进步的基石，完善行业自律管理机制，有助于激发行业企业规范发展的内生动力，是促进工程造价咨询行业高质量发展的治本之策。首先，应加强行业自律公约和从业人员职业道德规范建设；此外，应加强对行业企业市场行为和从业人员执业行为监督体系建设。

2. 深化信用评价体系建设

在现有中价协和省级地方协会信用评价制度基础上，不断深化两级信用评价体系建设，优化信用评价指标体系和方法体系，探索信用评价结果运用机制，鼓励第三方社会评价机构开展工程造价咨询企业信用评价试点，构建多层级、多功能的信用评价网络，打造守信激励、失信惩戒的优良市场环境。

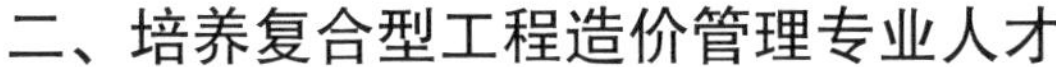

二、培养复合型工程造价管理专业人才

工程造价领域专业人才缺乏，特别是数字造价人才需同时具备工程管理、土木工程、系统工程和信息工程等多领域知识。为此，应加强复合型工程造价管理专业人才培养体系建设，在项目实践中培养新型交叉学科人才，推动整个造价行业人才队伍建设的良性发展。

三、加快造价信息标准化体系建设

实现造价信息资源共享不仅需要突破技术瓶颈，还需综合考虑多方主体意愿与利益分配问题，提升造价数据信息收集效率，运用多源数据建立造价信息共享平台。目前，阻碍工程造价数字化建设最重要的因素包括造价信息标准体系缺乏、造价信息发布滞后、造价信息采集和处理手段落后等。因此，应加快造价信息标准化体系建设，不断提升行业造价信息共享程度。

四、提高技术创新能力，拓展新技术运用深度与广度

1. 探索深度学习和数据挖掘方法

通过优化造价信息传导路径，探索多源信息融合方式。在信息共享基础上，结合深度学习和数据挖掘方法，建设具备市场行情预判类和行业指导类功能的造价信息网站模块。盘活造价数据资产，提升造价数据价值，对造价指标体系开展再优化，将现有数据作为分析未来市场行情的基础，进行造价风险控制与管理。

2. 建立全生命周期 BIM 方案

不仅将 BIM 技术应用于算量，还应探索 BIM 模型的生长和标准设置，实现不同阶段、不同专业、不同软件间的造价信息无障碍传递。将 BIM 技术覆盖项目全生命周期，实现企业集约经营、项目精益管理；将数据索引技术和三维可视化技术相结合，实现 BIM 快速建模和轻量化呈现；通过数据接入总线和处理实现异构数据的对接，解决多源数据存储、加工和呈现问题。

第三节　行业发展展望

一、“双碳”目标下建设项目全过程造价控制将面临新的挑战

建筑面积总量位居世界第一，城镇总建筑存量约650亿平方米，这些建筑每年仅在使用过程中的“运营碳排放”就达21亿吨，约占碳排放总量的20%。新增建筑的工程建设每年产生的碳排放约占全社会总排放量的18%，主要集中在钢铁、水泥、玻璃等建筑材料的生产、运输以及现场施工过程。“双碳”目标发布以来，各级政府和建筑企业相继在提高新建建筑节能标准，加快推进超低能耗、近零能耗、低碳建筑规模化发展，大力推进城镇既有建筑和市政基础设施节能改造，开展建筑能耗限额管理，推广绿色低碳建材、推动建筑材料循环利用，深化可再生能源建筑应用等方面开展了实践和探索。

新技术、新材料、新结构、新工艺的广泛应用是发展节能低碳建筑的重要途径，持续优化建筑用能结构，是实现建筑业高质量发展的必由之路。“双碳”目标下，建筑业由传统的粗放式管理转变为精细化管控，结合装配式建筑等未来建筑体系的发展，融合“升级设计理念”“降低资源消耗”“调整建造方式”“实现高效运维”“清洁能源替代”等理念与要素，将施工阶段的成本管控扩展到建设项目全过程造价控制。因此，探索减碳措施与造价控制的动态关联途径，研究全过程工程造价与碳排放量相关联的动态监测及信息反馈系统构成机理，构建减碳量与造价指标指数关联计算体系将面临新的挑战，时代呼唤工程造价咨询行业在“双碳”背景下承担更多的社会责任，实现工程造价咨询行业的转型升级。

二、信息资源共享水平将得到提升

随着工程造价咨询行业数字化技术的快速发展和BIM技术的广泛应用，传统储存与工程相关信息的方式得以改进，近年来，工程造价咨询企业、建设单位和施工企业对数据的保存、使用、分析和共享程度提升。各项数据无法协同更新、不能完整保存各阶段数据信息的现象得到改善。运用BIM技术准确、及时

调用建设项目全生命周期各个阶段的工程基础数据，可以快速提供工程量清单和造价信息，有效控制建设项目各阶段工程造价。

工程造价咨询企业将从单一的算量计价过渡到建设项目全过程造价咨询。基于建筑信息模型，全过程造价咨询将进一步细分服务内容，明确业务开展方式，应用合适的方法与工具保障工程造价咨询结果的准确性。

三、工程造价咨询行业助力“新基建”

新型基础设施建设（简称“新基建”）、新型城镇化建设和重大工程建设是保障与提升人民生活质量、提速产业融合发展的战略性任务。其中，“新基建”是整个数字产业未来发展的新机遇，智慧城市与数字政府建设全面提速，智慧城市将新一代信息技术充分运用到城市各行各业，实现信息化、工业化与城镇化深度融合，有助于提高城镇化质量，实现精细化和动态管理，从而提高城市管理效能、改善市民生活质量。新型基础设施具有更明显的技术创新性，与其关联产业链融合度更高。

建筑业融合信息技术实现战略转型已进入关键期。数据资源开发利用是数字化发展的本质要义，数字经济已上升为国家战略，是产业转型升级的重大突破口。“新基建”给工程造价咨询行业带来新的挑战，中国社会经济加速进入数字时代，5G、特高压、城际高速铁路和城际轨道交通、人工智能、工业互联网、数据中心等新型基础设施建设成为中国经济数字化转型升级的必需，“新基建”正在重塑传统产业新格局，建设项目全过程造价数据智能感知、识别、采集、跟踪和传输将成为工程造价咨询行业协同推进智能建造的核心工作，工程造价咨询行业将助力“新基建”的快速发展。

第二部分

地方及专业工程篇

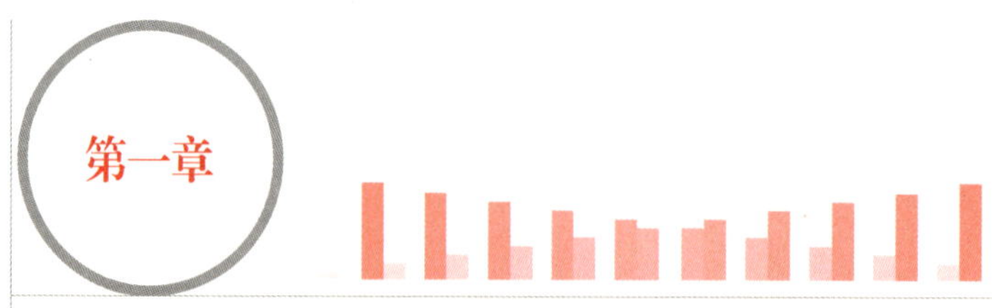

北京市工程造价咨询发展报告

2021 年，北京市工程造价咨询行业保持良好发展态势，造价咨询企业的数量、从业人数及总经营收入均呈增长态势。

第一节　行业发展现状

2021 年，北京市工程造价咨询企业共计 403 家，较 2020 年增长 4.68%，增幅下降近 8 个百分点。

2021 年，北京市工程造价咨询企业从业人员共 49629 人，较 2020 年增长 3.28%，增幅下降超过 17 个百分点。其中，拥有一级注册造价工程师职业资格的共 9025 人，较 2020 年增长 8.70%，占从业总人数的 18.18%。二级注册造价工程师 1219 人，较 2020 年增长 83.86%，占从业总人数的 2.46%。

2021 年，北京市工程造价咨询企业营业收入 300.94 亿元，较 2020 年增长 27.29%；其中，工程造价咨询收入 166.52 亿元，较 2020 年增长 15.16%，占全部营业收入的 55.33%。

2021 年，北京市工程造价咨询企业利润总额 23.88 亿元，较 2020 年下降 3.44%，企业利润率从去年的 10.46% 下降到 7.94%。

第二节　行业发展环境

一、优化营商环境

近年来，北京市建设行业的政策环境持续优化，《住房和城乡建设部办公厅关于取消工程造价咨询企业资质审批加强事中事后监管的通知》（建办标〔2021〕26号），2021年7月1日起停止工程造价咨询企业资质审批工作。

国家政策的调整、北京市政策持续优化、开放的市场环境，为造价咨询企业提供了良好的政策环境。北京市高度重视从业企业的信用评价工作，经过企业申报、专家审核、动态评级，及时向社会公布工程造价咨询企业的信用等级，为市场交易提供信用参考。

二、加快数字建设

2021年7月30日，中共北京市委办公厅、北京市人民政府办公厅发布《北京市关于加快建设全球数字经济标杆城市的实施方案》，以习近平新时代中国特色社会主义思想为指导，全面贯彻落实党的十九大和十九届二中、三中、四中、五中全会精神，以高质量发展为主题，以供给侧结构性改革为主线，以科技创新为引擎，统筹发展和安全，着眼世界前沿技术和未来战略需求，促进数字技术与实体经济深度融合，打造中国数字经济发展“北京样板”、全球数字经济发展“北京标杆”，加快建设全球数字经济标杆城市。

三、注重创新突破

北京市牢牢把握作为全国政治中心、文化中心、国际交往中心和科技中心的定位，大力推动建筑咨询行业科学技术的发展。2021年7月22日，北京市发布《关于加快新型基础设施建设支持试点示范推广项目的若干措施》的通知，特别强调建立本市社会投资新型基础设施重点项目库，并进行动态调整，对于入库项目同等条件下优先支持。

四、提升北京工程咨询品牌影响力

2021 年，为贯彻落实新发展理念，以服务国家战略需求与决策、服务重大项目建设为目标，工程造价咨询企业提供了有质量、有价值的咨询服务，推动了工程咨询行业高质量发展，并取得了丰硕成果。2021 年，北京市工程造价咨询企业提供服务的工程建设项目中，共有 26 个项目荣获国家级大奖，其中 6 个项目获得中国建设工程鲁班奖（国家优质工程），2 个项目获得建党 100 周年特殊鲁班奖，10 个项目获得国家优质工程奖（其中金奖 2 项），6 个项目获得中国土木工程詹天佑奖优秀住宅小区金奖，2 个项目获得中国土木工程詹天佑奖。咨询服务质量水平稳步提升，为新时代首都建筑业高质量发展保驾护航。

五、引领行业高质量发展

完成“工程造价指标分类及编制指南”，对有价值的工程案例、历史数据进行整理，并进行数字化处理，在以市场化的方式搭建的“标价数据云平台”上进行有偿使用，实现数据资源的价值。

积极动员和鼓励企业参与“服贸会”，组织部分会员单位代表及国际平台参展了 2021 年服贸会首钢园区“工程咨询与建筑服务”专题展。提高了会员单位科技与创新水平，展示了优秀咨询成果，为北京市工程咨询企业走出去提供了良好的通道，9 家参展的单位受到市住房和城乡建设委员会、市规划和自然资源委员会的表彰。

鼓励企业科技开发与创新，自 2021 年初开始进行“科技与创新”成果征集、核实、评审和颁奖工作。通过科技与创新，使得工程咨询企业的能力和水平都有所提高。

搭建为行业服务的“标价数据云平台”。适应造价市场化改革需要，组织参与北京市建设工程造价管理总站《2021 年北京市预算消耗量标准》的编制工作，并在此基础上，搭建“标价数据云平台”，及时准确向社会提供收集审核的材价信息。目前该平台已发布近 4 万条材价信息，基本满足北京市建设工程造价管理总站发布的“工程消耗量标准”配套数据要求，为编制招标控制价服务，同时也进一步提高了数据的适用范围、数据质量和数据时效性。

第三节　行业面临的挑战与机遇

一、北京工程造价咨询行业面临三大挑战

1. 同质化与低价竞争，营业利润率明显下降

北京市工程造价咨询企业虽然收入逐年增加，但是工程造价咨询企业的营业利润率逐年下降。造价咨询企业做大以后如何在激烈的市场竞争中生存并持续发展，在战略层面如何应对，如何开展新的战略定位寻找咨询服务业务蓝海，成为造价咨询企业亟须考虑的问题。

2. 地方保护现象仍然严重

地方保护严重影响和扰乱了市场流通秩序，不利于造价咨询行业的高质量发展。行业要健康发展既要防止各种形式的保护主义和垄断，也要防止恶性低价竞争。

3. 信息化程度仍需进一步提高

在信息化时代，工程造价咨询信息化程度是制约咨询业务发展的重要因素。造价咨询企业信息化程度体现在咨询企业规划发展、造价软件开发与使用、咨询质量好坏及咨询时效等诸多方面。利用咨询过程信息化，不仅能大大提高咨询速度，而且能大大提升企业的咨询服务能力、效率和质量。随着 BIM 技术和大数据技术的高速发展，造价咨询企业信息化建设十分迫切。

二、追根溯源

1. 利润率明显下降的原因

2021 年，由于疫情的影响经济发展增速放缓，国家固定资产的投资增值降速明显。与建筑业市场关系密切的咨询服务业受到直接影响，在市场充分竞争的

情况下，造价咨询企业作为传统行业，服务内容高度同质化，市场低价竞争，核心竞争力缺失，行业内恶性的低价竞争带来的影响愈演愈烈。

2. 地方保护现象仍然严重的原因

多年来，国家一直致力于建设国内一体化市场，然而地方保护形成的市场分割始终存在。一方面体现在市场准入环节，包括市场准入、备案、分支机构要求、保护性条件设置等问题；另一方面体现在项目无序竞争过程，包括评分办法设定、报价混乱等。

3. 信息化程度低的原因

工程造价信息化制约因素很多，建设项目数据资源由于行业性质、管理水平等因素影响导致工程造价咨询企业收集资料不规范，格式五花八门、内容深浅不一，要做到高度信息化有一定的技术困难，同时缺少权威统一的信息化相关标准，导致目前工程造价行业的信息化程度偏低。

三、新机遇

1. 创新商业模式

资源是企业能力的源泉，能力是企业核心竞争力的源泉，核心竞争力是开发企业持续竞争优势的基础。造价咨询企业同质化服务，低价格竞争，企业利润率降低。说明企业的战略定位不明确，缺少适应本企业的商业模式，建议造价咨询企业要深入挖掘企业的资源，系统地思考本企业的内部资源优势和外部资源优势，并在此基础上创造新的竞争优势，形成自己的核心竞争力，确定本企业的战略定位。

2. 破除地域利益观念

建议国家相关部门增强市场经济意识，加快推进全国统一建筑市场的建设，建立开放、竞争有序的市场环境，打破地方保护壁垒；加强行业监管，规范市场主体行为；积极引导企业规范管理，营造有序竞争的市场环境；建立健全信用评价机制等。

3. 企业信息化建设

随着技术的进一步成熟，人工智能等在计量计价方面的应用、以BIM技术为核心贯穿整个项目的项目管理系统的应用日益广泛。工程造价指标信息化建设毋庸置疑对于企业来讲至关重要，通过集成化、平台化、网络化、数据化理念将工程造价指标打造成新的数据交易增长点。造价咨询企业需要尽快跟上建设行业的发展步伐，利用信息化手段不断提升造价咨询的业务水平和建立企业的信息化系统。

四、观往知来

工程造价咨询行业的产品类型逐步转化为客户需求为主导的发展趋势。从传统的“估概预结决”咨询到全过程工程造价咨询、工程造价经济纠纷的鉴定和仲裁咨询、内控咨询等。从工程造价咨询企业能提供的服务类别到客户定制化的服务需要转变。

取消造价咨询企业资质意味着工程造价咨询行业市场监管逐渐变得严格，行业将逐渐进入“拼人才、拼服务、拼实力、拼品牌”的新阶段，有实力、有信誉、有口碑的企业才能长久地发展下去。

工程消耗量定额停止发布，将改变唯定额、唯软件，脱离现场、脱离施工、脱离市场的问题，需加强工作的参与深度，提高综合技术能力。同时，工程造价咨询企业历年积累的造价数据将成为企业的核心竞争力，通过信息化手段将历史数据盘活十分迫切。

（本章供稿：刘维、张超、徐天瑶、秦凤华）

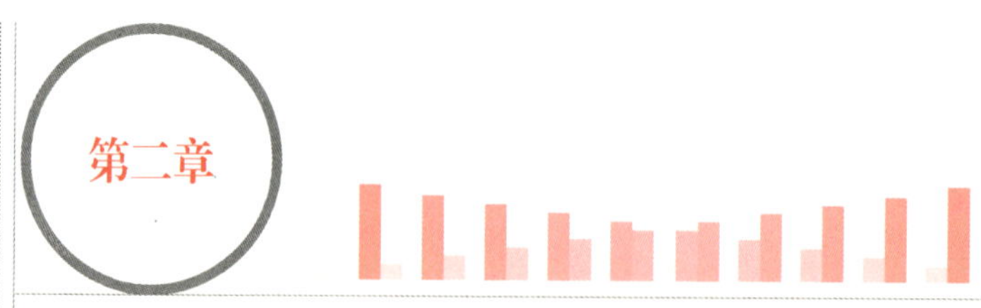

天津市工程造价咨询发展报告

第一节　发展现状

一、发展水平

2021 年，天津市共有 114 家造价咨询企业，营业收入 23.54 亿元，造价咨询业务收入 11.74 亿元，完成的工程造价咨询项目所涉及的工程造价总额 7542.71 亿元。

二、重点项目

1. 积极参与各类重点项目建设，为固定资产投资活动提供造价服务保障

2021 年 3 月，天津市发展和改革委员会印发了《市发展改革委关于印发天津市 2021 年重点建设、重点储备项目安排意见的通知》（津发改投资〔2021〕80 号），其中安排重点建设项目 430 个，安排重点储备项目 272 个。根据对 66 家会员单位的抽样调查，2021 年天津市造价咨询企业参与 15 个国家级重点项目和 15 个市级重点项目。

2. 拓宽业务渠道，推动行业高质量发展

根据对 66 家会员单位的抽样调查，2021 年天津市造价咨询企业参与全过程工程咨询业务项目 18 个、PPP 项目 7 个、城市更新项目 7 个、乡村振兴项目 12

个、BIM运用项目1个、EPC项目14个、环保及新技术项目14个、新技术项目1个，不断开拓造价咨询新业态。

三、人才情况

2021年天津市造价咨询企业从业人数合计6906人，其中一级造价工程师1057人，占15.31%；二级造价工程师90人，占1.30%；其他专业注册执业人员816人，占11.82%。另外，根据抽样调查数据显示，从业人员中：本科学历人数占60.68%，硕士及以上学历人数占10.30%，行业人才结构趋向高端化。

第二节　发展环境

一、经济环境

1. 经济总量、结构

2021年是"十四五"开局之年，也是奔向2035年远景目标的新起点。天津市在2021年实现生产总值15695.05亿元，按可比价格计算，比上年增长6.6%。其中，第一产业增加值225.41亿元，比上年增长2.7%；第二产业增加值5854.27亿元，增长6.5%；第三产业增加值9615.37亿元，增长6.7%。三次产业结构比为1.4∶37.3∶61.3。

2. 建筑业健康发展

全年建筑业总产值4653.05亿元，增长6.0%。建筑业企业房屋施工面积18022.62万平方米，其中新开工面积4580.40万平方米。截至年末，天津市具有特级、一级资质的总承包建筑业企业360家，比上年末增加24家。

3. 固定资产投资平稳增长

全年固定资产投资（不含农户）比上年增长4.8%。分产业看，第一产业投资下降45.8%，第二产业投资增长7.8%，第三产业投资增长4.9%。分领域看，工业投资增长7.6%，其中制造业投资增长13.8%；基础设施投资增长1.7%，其中交通运输和邮政投资增长2.7%，信息传输和信息技术服务投资增长47.4%。

房地产市场保持稳定。全年房地产开发投资增长6.2%。全市新建商品房销售面积增长9.8%，其中住宅销售面积增长9.3%；商品房销售额增长9.9%，其中住宅销售额增长9.1%。

二、政策环境

1.“碳达峰、碳中和”下的建筑业发展

2021年，天津市司法局推动完成全国首部省级碳达峰碳中和地方性法规《天津市碳达峰碳中和促进条例》立法工作。文件提出天津市推动城镇新建建筑全面建成绿色建筑；新建建筑具备条件的，应当采用装配式建筑。鼓励既有建筑改造执行绿色建筑标准。对建筑行业建造方式的改革提出了要求，同样也变革了造价行业与计价方式，对天津市工程造价咨询市场提出更高要求。

2. 完善工程量清单计价标准

为进一步推动工程造价市场化改革，改进工程计量和计价规则，2021年12月29日，天津市住房和城乡建设委员会召开《建设工程工程量清单计价标准》征求意见座谈会，对新的清单计价标准中涉及的人工费调整、施工过程结算、最高投标限价编制、工程结算价款中人工费支付比例等问题进行了深入交流，并结合计价标准的内容提出了建设性的修改意见和建议。

3. 动态化管理工程造价司法鉴定评估机构

近年来，因建筑工程造价纠纷问题引起的民事诉讼案件逐年增多，因而出现了诉讼中的工程造价司法鉴定问题。根据天津市高级人民法院《关于整理和申报七类鉴定评估机构名录的函》和《关于推荐进入〈天津法院司法鉴定评估机构名录〉工作的函》的要求，开展针对《天津法院司法鉴定评估机构名录》整理和申报工作。动态化管理天津市司法鉴定评估机构，充分满足天津市各级法院审判执行工作的需要，为天津市造价市场提供了规范的法律后盾。

三、监管环境

1. 构建以信用为基础的新型监管机制

2021 年 4 月 21 日，天津市住房和城乡建设委员会积极推动行业信用监管责任体系构建工作，加快构建以信用为基础的新型监管机制，建立健全住建行业信用监管责任体系，提升监管效能，优化营商环境，将信用监管作为提高行政审批效能和行政管理水平的重要手段，作为深入推进“一制三化”改革、加强事前事中事后监管、提升政府部门服务效能的重要方式，坚持高标准、严要求，全面推进住建行业信用监管责任体系建设，营造健康的市场环境。

2. 强化造价企业信用体系

为进一步加强天津市建设工程企业信用评价工作，营造诚实守信的建筑市场环境，根据《天津市社会信用条例》《天津市建筑市场管理条例》，以及《住房和城乡建设部关于印发建筑市场信用管理暂行办法的通知》（建市〔2017〕241 号）等有关规定，制定《天津市房屋建筑和市政基础设施建设工程企业信用评价管理办法》，对涉及房屋建筑和市政基础设施工程建设活动的施工企业、工程监理企业和工程造价咨询企业进行信用评价。进一步优化营商环境，打造建筑市场新型信用监管模式，促进天津市工程造价咨询企业持续健康发展。

3. 发布天津工程造价信息

依据国家和天津市有关办法，按月发行《天津工程造价信息》，对材料市场行情实行动态监测，公布人工、材料、机械台班价格信息和建设工程造价指数，为造价行业的高效率精准服务提供了强有力支持。

四、技术环境

1. 第五届世界智能大会——“智能新时代：赋能新发展、智构新格局”

2021 年 5 月，第五届世界智能大会在天津召开。围绕人工智能、智能制造、数字经济、智慧城市等领域，聚焦智能科技产业前景、智能科技成果落地和共享、智能科技领域深度合作等，推动人工智能健康发展。智能技术在全产业链不断深入，基于人工智能、大数据、互联网、云平台、BIM 等信息技术的平台开始在工程造价咨询行业广泛使用。

2. 开展工程造价大数据服务平台天津地区测试

中价协联合腾讯集团共同打造"中国造价"大数据服务平台，该平台以企业微信 APP 形式进行管理和服务，同时对现有各系统实现移动化升级。发布《关于开展工程造价大数据服务平台天津地区测试的通知》，提升行业管理和信息化水平，着力打造天津市良好的技术发展环境。

五、企业新环境

2021 年是实施国企改革三年行动方案的关键之年，《天津市国企改革三年行动实施方案（2020—2022 年）》明确指出天津市将从八个方面把国企改革创新不断引向深入，到 2022 年底，在企业管理、结构布局、活力效率提升、监管体制等四个方面取得明显成效。企业通过内部优化重组、改善组织结构、外部合作合伙、联合兼并，实现股份制改制，通过交叉持股相互参股，构建混合型企业。

第三节 发展趋势

一、发展趋势

1. 发展环境新格局与新模式

（1）双城发展

紧跟国务院《政府工作报告》，天津市"十四五"规划纲要提出了"津城""滨城"双城发展格局，咨询企业应抓住政策红利为双城建设添砖加瓦。

（2）发展经济自平衡

在政府主管部门的监督下，项目建设逐步规划形成更加合理的实施模式，创建经济自平衡的生态发展方式。城市更新、乡村振兴、产城融合、EOD、TOD、

SOD、EPC+O 等应运而生。依靠项目收益支撑项目建设。在政府方面，新的发展模式让天津基础设施建设持续保持活力，并且更加注重生态文明建设，政府部门尽快形成完善的监管机制，确保项目风险可控、经济可行。在企业方面，传统企业需创新业务模式，深入学习基建项目投资、建设、运营的全流程，以求在成本管控主线中实现规划流、实施流、成本流三流合一，为每一分投资把好成本关。新模式也对企业提出了更高的知识储备和实施能力要求。

（3）“京津冀协同发展”战略格局

“京津冀协同发展”战略对天津市造价咨询企业发展提供了良好的市场优势。对内，主要表现在乡村振兴、港城融合等重大举措的落地实施，实现绿色循环低碳发展，加强生态文明建设、改善人居环境、实现港口服务功能的延伸。对外，为天津造价咨询企业走出天津提供了更广阔的舞台，让天津企业有幸参与到雄安新区建设、河北产业发展等京津冀协同发展大计中去。同时，给许多天津本土造价咨询企业走向全国市场奠定了坚实基础。

（4）重视全过程工程咨询发展

为实现对项目全生命周期目标的规划和控制，实现经济社会效益最大化。在国家政策引导下，工程咨询将形成以全过程工程咨询为主，对原来阶段式、模块式的咨询业务进行整合。此举对造价咨询企业是难得的发展机遇，能够通过市场化的优胜劣汰培育一批具有高素质的造价咨询企业。传统造价咨询企业需要做出重新定位，转变经营管理模式，基于现有资源，做出适应市场需求的长期性、全局性策划。在业务生产、技术建设、经营理念、人力资源、机制体制等方面进行企业的发展战略调整。这其中最重要的是对全咨人才的培养以及全过程工程咨询经验和知识的储备，同时需要造价咨询企业扩宽业务范围，以覆盖全过程工程咨询的需求。全过程工程咨询模式的实施，将原来项目管理的外部协调转换成内部协作，在企业内部需要尽快建立协作制度和流程，以确保项目的顺利实施。

2. 信息化建造与共享

发展“基于大数据 + 互联网技术 + BIM 技术的信息化、数字化造价管理”不再是一句口号。许多咨询企业已率先加入造价行业信息化建造行列。通过数据建设，助力投资决策、管理管控、降本增效、复盘检验等各项工作。专有知识资源是形成行业核心竞争力的基础，实体经济的数字化转型是未来中国行业的发展方向。天津市造价咨询企业应当与行业主管部门紧密联系，合作交流，协力打造“京津冀工程造价信息共享平台”，夯实区域造价数据库与信息化发展，将天津造价信息化建设融入全国造价信息化发展洪流。

二、主要问题及对策

1. 信用评价价值未充分发挥

造价资质取消后，为规范行业秩序，部分管理机构开展了相关信用评价工作。目前，行业已建立信用评价制度，但信用评价影响力不足。资质取消后，咨询行业乱象丛生，存在恶意压价现象，竞争环境恶劣。建议加大对信用评价的监督和监管力度，保护优秀咨询企业生存空间，维护行业发展秩序，保障工程造价咨询行业高质量发展。

2. 企业数据公信力问题难以解决

独家企业数据公信力不够，是天津市造价咨询企业发展数字化信息化遇到的现实问题。应当建立平台，切实解决数据孤岛问题，形成共建共享专业平台。

3. 造价咨询行业缺乏技术创新

造价咨询企业与施工企业或者设计企业相比，有较多的技术创新机会。企业应当多争取参与市级、国家级课题的机会，同时加强技术创新建设、修炼内功，为国家造价行业发展做出贡献。

（本章供稿：沈萍、李军、陈锦华、田莹、于晓田、邓颖）

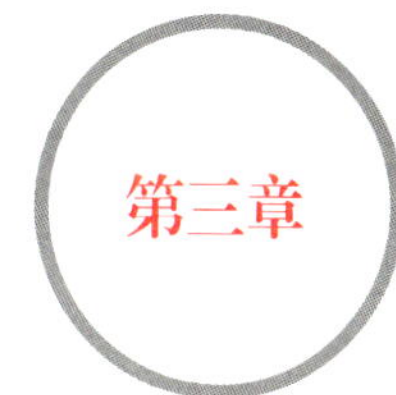

河北省工程造价咨询发展报告

2021 年，河北省统筹疫情防控和经济社会发展，发展质量效益不断提高，全省生产总值突破 4 万亿元、增长 6.5%，一般公共预算收入增长 8.9%，居民人均可支配收入增长 8.3%，社会消费品零售总额增长 6.3%，居民消费价格上涨 1%，外贸进出口增长 21.5%，实现了“十四五”良好开局。

第一节 发展现状

一、企业统计数据分析

2021 年，河北省共有造价咨询企业 461 家，其中，石家庄属地的企业有 151 家，占全省企业总数的 32.75%；其次是唐山 56 家，保定 51 家，分别占 12.15% 和 11.06%。

2021 年末，河北省工程造价咨询企业从业人员 22550 人，比上年增长 3.50%。共有注册人员 6917 人，占全省造价咨询企业从业人员 30.67%。包含：一级注册造价工程师 3669 人，其中土木建筑工程专业 2941 人、安装工程专业 665 人、交通运输工程专业 41 人、水利工程专业 22 人；二级注册造价工程师 47 人，均为外省转注人员，其中土木建筑工程专业 29 人、安装工程专业 11 人、交通运输工程专业 3 人、水利工程专业 4 人；其他注册执业人员 3201 人。

2021 年，河北省工程造价咨询企业全年营业收入为 51.07 亿元，其中工程造价咨询业务收入为 21.28 亿元，其他业务收入 29.79 亿元。与上年相比均有所降低。其中，造价咨询业务年收入超千万的咨询企业 50 家，年收入在 100 万元以下的咨询企业 118 家。

二、工作情况

召开“伙伴共创· 新起航——造价市场化改革共学共创线上峰会”和“伙伴共创 · 智未来——管理赋能学院”线下座谈会；带领企业参加“智慧引领 · 数字赋能——工程造价行业信息化发展论坛”，助力咨询企业打造信息化、数字化、智能化三位一体的管理咨询模式；圆满完成了《建设工程造价数据库建设研究》《全过程工程咨询项目投资控制研究》《BIM 技术在造价业务中的应用研究》三项课题研究编写工作；做好工程造价咨询企业信用评价工作，2021 年度河北省信用评价申报企业 47 家，最终结果为 3A 级 40 家，2A 级 5 家，A 级 2 家。

第二节　发展环境

一、政策环境

《河北省住房和城乡建设“十四五”规划》科学确定了河北省住房和城乡建设事业“十四五”时期“1+5+30”的目标体系，即 1 个总目标，包含住房市场和保障体系、城市建设管理、建筑业发展、村镇建设、科技创新 5 个方面的分项目标，以及对各分项目标再进一步细化而明确的 30 个主要指标。从《河北省城镇住房发展“十四五”规划》来看，“十四五”时期，河北省将继续增加城镇住房建设总量，房地产业增加值占 GDP 的比重为 5% 左右，全省将新建城镇住房面积 3.2 亿平方米左右。到 2025 年，城镇居民人均拥有房屋面积达到 41 平方米左右。

2021 年，河北省“放管服”改革成效明显，在全国率先推行省级“一窗综合受理”，651 项省级事项实现全流程网办。

2021 年 6 月，《河北省人民政府关于持续深化“证照分离”改革进一步激发市场主体发展活力实施方案的通知》发布，包含总体要求、大力推动照后减证和简化审批、强化改革系统集成和协同配套、创新和加强事中事后监管、保障措施等5部分。明确持续深化“放管服”改革，统筹推进行政制度改革和商事制度改革，在更大范围和更多行业推动照后减证和简化审批，自2021年7月1日起，在全省范围内实施。“方案”出台是进一步优化营商环境、激发市场主体活力的重要举措，将使更多市场主体办证难的问题得到缓解，创新创业活力有效释放，为打造河北省市场化、法制化、国际化的营商环境奠定了坚实基础。

2021年8月，河北省住房和城乡建设厅印发《关于进一步做好建筑业和工程造价咨询企业“证照分离”改革有关工作的通知》。指出对建筑业和工程造价咨询企业资质审批许可事项按照直接取消审批、审批改为备案、实行告知承诺、优化审批服务4种方式分类推进改革。进一步推动了河北省建设行业照后减证和简化审批工作。

2022年6月，河北省住房和城乡建设厅、河北省财政厅、河北省水利厅等七部门联合印发《关于支持建筑业高质量发展的三条政策措施》的通知，通知提到，发展建筑业总部经济、支持优势企业提质升级和支持省外企业与省内企业组成联合体在河北省承揽项目等三条政策措施。通知的印发为吸纳省外优质企业，激发省内企业活力，创新企业能力，助力河北省建筑业高质量发展提供了强大的政策与经济支持。

二、经济环境

2021年，河北省生产总值实现40391.3亿元，比上年增长6.5%。其中，第一产业增加值4030.3亿元，增长6.3%；第二产业增加值16364.2亿元，增长4.8%；第三产业增加值19996.7亿元，增长7.7%。三次产业比例为10.0：40.5：49.5。全省人均生产总值为54172元，比上年增长6.5%。

全社会固定资产投资比上年增长3.0%。其中，固定资产投资（不含农户）增长3.0%。在固定资产投资（不含农户）中，第一产业投资比上年增长7.6%；第二产业投资增长0.6%；第三产业投资增长4.4%。工业技术改造投资下降2.3%，占工业投资的比重为57.1%。基础设施投资下降7.4%，占固定资产投资（不含农户）比重为23.1%，比上年下降2.6个百分点。生态保护和环境治理业投资下降11.9%，水利管理业、市政设施管理业投资分别增长25.8%和7.4%；教育业、娱乐业、社会保障业等社会领域投资合计增长3.0%。民间固定资产投资增长2.0%，占固定资产投资（不含农户）比重为66.3%。

建筑业增加值2303.9亿元，比上年增长6.1%。建筑业企业房屋施工面积35548.9万平方米，增长1.3%；房屋竣工面积8212.2万平方米，增长12.2%。具有资质等级的总承包和专业承包建筑业企业利润110.7亿元，比上年下降14.9%，其中国有控股企业利润30.3亿元，增长14.4%。

房地产开发投资比上年增长9.2%。其中，住宅投资增长9.2%，办公楼投资下降8.0%，商业营业用房投资增长2.2%。

三、市场环境

2021年，河北省全力以赴促协同，“三件大事”实现重要突破。紧扭疏解北京非首都功能“牛鼻子”，推动重大国家战略落地见效，京津冀协同发展取得新进展。82项年度重点任务全部完成。京沈客专京承段开通运营，京雄、京德高速公路建成通车。张家口首都“两区”建设加快推进。北京大兴国际机场临空经济区廊坊片区完成投资304亿元。廊坊北三县与北京通州区一体化发展步入快车道。雄安新区建设发展成效显著。重点片区和工程建设日新月异、热火朝天，完成投资1104亿元，容东片区939栋安置房相继交付入住。新区“四纵三横”高速公路网全面建成。中化控股、中国星网等央企落户新区，北京援建“三校一院”项目顺利推进。出台施行《河北雄安新区条例》《白洋淀生态环境治理和保护条例》，以法治护航未来之城高质量建设发展。冬奥会筹办全面就绪，所有场馆和配套设施高质量完成，保障工作全部到位，系列测试赛顺利举办，参与冰雪运动人数超过3000万，冰雪产业蓬勃发展。规划体系和政策体系逐步形成，助力全面开启深化改革开放、完善社会治理、提升竞争优势、建设经济强省、美丽河北的关键阶段。

四、技术环境

根据《河北省住房城乡建设行业三年（2019-2021）信息化工作方案》要求，以及省内BIM技术服务的需要，河北省住房和城乡建设厅印发《河北省建筑信息模型（BIM）技术应用指南（试行）》，该指南适用于河北省房屋建筑、市政公用工程全生命周期中应用BIM技术的工程项目，指导了河北省建设工程项目建筑信息模型（BIM）技术应用，提高了建设行业BIM应用水平，进一步提升了建设工程质量、效益和管理水平。

第三节　问题及对策

一、取消资质

根据《国务院关于深化“证照分离”改革进一步激发市场主体发展活力的通知》（国发〔2021〕7号），工程造价咨询资质在全国范围内正式取消。没有了资质约束，造价行业“跨界入侵”行为激增，加剧了市场竞争，市场选择更有主动性、灵活性，择优而入，造价咨询行业将进入“拼人才、拼服务、拼实力、拼品牌”的新阶段，人才争夺也更加激烈。同时，对企业和从业人员相关监管措施、行业诚信体系建设、自律管理虽有初步形态，但还需进一步完善，以促进企业转型升级，引导行业良性发展。

二、信息化建设缓慢

河北省工程造价咨询企业规模以中小型为主、高素质专业人才缺乏、业务单一、创新业务发展缓慢，总体实力偏弱。加之紧邻以综合性、大型企业为主的京津两地，市场竞争激烈，人才流失严重。而信息化制度标准体系不完善，信息化建设投入大、见效慢，激烈的市场、流失的人才，使企业无暇其他，造成了中小型企业信息化建设意识弱、技术发展缓慢，信息化应用主要以基础管理为主。需加强信息化基础研究，完善信息化制度标准，多方协同、共建共享、不断优化，加强信息技术与造价行业发展的融合。

（本章供稿：李静文、谢雅雯）

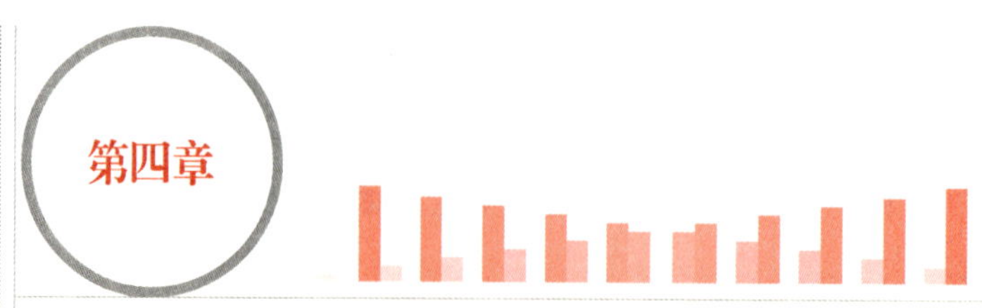

山西省工程造价咨询发展报告

第一节　发展现状

一、行业现状

2021 年，山西省工程造价咨询企业共 403 家。其中，太原市 195 家，占到了全省企业总数的 48.39%。企业中有 55 家设立分公司，分公司总数 193 家，较 2020 年增加 34 家，增幅 21.38%。从企业规模来看，从业人员数量大于 100 人的企业 19 家，占 4.7%；50~100 人的 35 家，占 8.7%；20~49 人的 141 家，占 35%；少于 20 人的 208 家占 51.6%。

2021 年，山西省工程造价咨询企业人员总数 14793 人。其中，一级注册造价工程师 2535 人。其中土木工程专业 2096 人，占 82.68%；安装专业 407 人，占 16.06%；交通运输专业 28 人，水利工程 4 人，占 1.26%。二级注册造价工程师 68 人。其中土木工程专业 58 人，占 85.29%；安装专业 10 人，占 14.71%。

2021 年，山西省工程造价咨询企业营业收入合计 30.64 亿元，其中工程造价咨询业务收入 15.86 亿元，相比 2019 年、2020 年增幅分别为 22.43%、6.44%。

二、重点工作

推选出 2021 年度“工程造价咨询业务骨干企业”18 家，“应用创新领先企业”15 家，并在山西日报、协会网站、《山西工程造价》会刊等媒介向社会推广介绍；组织开展工程造价行业“锐意改革，创新发展”研讨会；举办第三届工程造价专业技能竞赛，竞赛分四个专业，产生团体一、二、三等奖和组织奖共 70 名，土建、安装两个专业的个人前 10 名荣获“山西省工程造价行业十佳技能标兵能手”称号，并对市政专业和装饰专业个人赛前三名进行表彰；举办了以“敬自己，更热爱”为主题的 2021 年“山西造价人节”线上直播活动。

第二节　发展环境

一、政策环境

山西省政府工作报告提出：统筹推进“一群两区三圈”建设，拓展高质量发展新空间。具体措施为：促进山西中部城市群一体化发展，强化太原的省会龙头作用，加快建设国家区域中心城市，健全中部城市群发展协调机制，推动基础设施、公共服务、生态环境、治理体系等方面高效协同联动。着力打造太忻一体化经济区、山西转型综改示范区两大引擎。加强晋北、晋南、晋东南城镇圈与中部城市群的协同联动，优化城乡区域发展布局。重点推进太原片区太孟启动区建设，开工建设滹沱河供水工程，完成太忻大道建设工程，加快推进太原地铁 1 号线一期、国道 108 线改建、凯赛生物产业园、中北信息产业园、忻州智能装备产业园、忻州半导体产业园等一批重大项目建设，加快推进转型综改示范区“五大中心”及配套设施建设，扎实落实城市更新九项任务，促进城乡一体化发展。以上推动山西经济发展的有力举措，必将给山西造价行业发展带来新的机会。

二、经济环境

1. 宏观经济稳中有进

2021 年，山西省全年 GDP 增长 9.1%，总量跨过 2 万亿元大关，达到 2.259 万亿元，排全国第 20 位，较上年前进 1 位。一产、二产、三产增加值分别增长

8.1%、10.2%、8.3%。

全年固定资产投资（不含跨省、农户）增长8.7%。从构成看，建筑安装工程投资增长15.0%，设备工器具购置投资下降8.9%，其他投资下降5.7%。全年在建固定资产投资项目（不含房地产开发项目）12824个。其中，亿元以上项目3775个，亿元以上项目完成投资增长8.6%。

一般公共预算收入增长23.4%，城乡居民人均可支配收入分别增长7.6%、10.3%，人均地区生产总值64821元。

2. 经济政策持续落地

2022年6月，山西省住房和城乡建设厅发布了《山西省住建领域稳经济实施细则》，指导各市落实好稳定经济政策，推进市政基础设施建设，促进房地产业健康发展，政府投资稳中有进，为建筑业有序良性发展提供保障。

三、市场环境

1. 咨询需求骤降

受各方面因素影响，2021年许多大型房地产企业规模严重萎缩、项目推进放缓，致使许多以服务房地产企业为主要业务来源的咨询单位受到严重影响。

2. 咨询市场价格竞争更加激烈

随着造价咨询企业资质取消，企业数量迅速增长，原本低价竞标的咨询市场竞争更加激烈，服务收费持续走低；同时，以人力资源为主要经营成本的咨询企业人工成本持续增加，导致咨询市场“高成本、低收费”现象愈加突出。

四、技术环境

1. BIM技术应用在试点企业和项目逐渐深入

山西省住房和城乡建设厅通过组织BIM技术推进会、BIM/CIM与智慧建造专题讲座，扩大增补试点应用企业范围、推选应用优秀案例宣传等措施，有效推进建筑行业向数字应用转型方向发展。

2. 大数据、信息技术应用进度缓慢

虽然已有多家企业陆续投入使用了行业数据管理平台，但由于技术研发跟进速度缓慢，企业人力、资金投入过大但获益甚微，持续应用动力不足。

第三节　主要问题及对策

一、主要问题

随着“放管服”改革、PPP模式、EPC模式以及全过程工程咨询的不断推进，在国家严控财政投资实施全面预算绩效管理的政策下，建设单位逐渐重视起咨询企业在建设项目投资管控的主导控制作用，给行业带来了新的问题和挑战：

(1) 取消对造价咨询企业的资质审批，小规模企业不断涌现，市场低价恶性竞争愈加明显，现有的信用评价体系仅对企业的基本情况、经营管理和从业行为进行评价，并未对咨询成果质量进行有效的监督和评价，咨询质量问题不断出现但未得到应有的惩戒，信用评价社会影响力不大。

(2) 随着传统造价咨询业务向全产业链延伸，市场对行业综合性咨询人才需求越来越大，工程造价咨询行业面临综合型人才短缺现状。部分实施全过程咨询的项目，受人才限制，出现咨询服务质量不高、投资控制效果不好的现象，行业发展动能不足。

(3) 造价咨询企业工作强度大，收入相比房地产和施工企业均低，行业吸引力不高，高素质人才短缺，企业向高质量、高附加值服务转型压力大。

(4) 住房和城乡建设部办公厅印发《住房和城乡建设部办公厅关于工程造价改革工作方案的通知》以来，预算定额的发布已在全国范围内取消，但市场定价机制并没有实质进展，各地市场价信息发布平台尚未建立，信息发布标准和规则没有统一，概算定额、估算指标没有及时修订和颁布，造价咨询服务仍以定额计价为主，市场竞争不充分，未能激发和体现行业的技术水平。

(5) 企业数字转型意识不强，数据库及标准体系不成熟。行业工具性软件、大数据服务垄断严重，且技术更新慢、收费过高，咨询企业成本居高不下，数字化工作进展缓慢；即便数据库初具规模也因数据交换标准不统一、存在信息孤岛和信息断层，不利于行业数据共享及转型发展。

（6）全过程工程咨询服务推行进度缓慢。一是建设单位对项目全寿命周期管控认识不够，对全过程工程咨询需求不高；二是造价咨询企业很少有涵盖设计、监理全资质的综合性咨询单位，承担全过程咨询能力不足；三是造价企业从业人员平均学历水平偏低，专业技能参差不齐，尤其是缺乏投资管控、项目管理能力较强的复合型人才，不能满足开展全过程工程咨询业务要求。

二、应对措施

1. 加强监管力度，提升企业品牌价值

为适应“放管服”改革，工程造价行业应在现有的信用评价和行业自律基础上，研究构建行业信用管理新模式，将造价信用信息同信用中国信息平台实施共享联通，构建协同、联合惩戒的监管局面，加大对服务质量的评价力度和造价工程师的执业行为约束力度，增强行业从业人员的契约精神，对优秀案例、优秀企业和优秀从业人员给予一定的表扬和宣传，提升企业品牌影响力，营造诚信健康的市场环境，引导行业良性发展。

2. 加快制定工程造价改革市场化信息标准

为适应工程造价改革市场化发展的要求，顺利衔接由定额计价到市场定价的模式转变，有必要制定一套适用于建设单位、施工企业、咨询企业和行业主管部门管理的统一的市场化计价标准和信息发布标准，以有效发挥市场竞争优势。

3. 鼓励造价咨询企业挖掘数据服务潜力

行业主管部门、协会发挥协调、组织作用，鼓励规模以上企业进行信息管理平台建设，推进数据库建立及数据再利用进度；适度干预软件公司、技术研发公司的过度行业垄断、高额收费现象。

4. 引导企业发展，探索全过程造价咨询

当前，造价咨询企业的咨询业务来源单一等问题较为突出，大部分企业不具备开展全过程工程咨询的能力，思维模式需要进一步更新，因此，鼓励造价咨询企业积极探索投资控制在全过程咨询中的关键作用，结合行业特点和本地区实际，充分发挥专业优势，拓展服务内容和服务范围，推进成本、投资、技术、管理咨询的密切结合，摆脱服务单一，重计算、轻分析现状，提高企业发展质量和行业发展水平。

三、未来发展方向

1. 建筑业数字化建设进一步提速

数字经济已上升为国家战略，是产业转型升级的重要突破口。加速数字造价和信息化技术的推广，将为政府部门和企业进行合理的资源管理和投资决策提供新思路，未来大数据技术、云计算与传统建筑行业的融合将增强建筑业信息化、数字化发展能力，助力造价全行业构建一个技术水平更高、管理能力更强、服务水平更优的健康新生态。

2. 全过程工程咨询服务模式进一步推进

随着 EPC、PPP、DBB、投建营一体化等项目实施模式的逐步推行，建设单位对贯穿项目全寿命周期的“五算”管控更加重视，尤其是政府投资项目的投资管控已经纳入政府重点审计事项，造价咨询企业完全有能力开展以投资管控为核心的全过程工程咨询或项目管理服务，作为企业转型发展的战略方向，可通过兼并重组、联合经营等方式，联合监理企业、项目管理企业、设计咨询企业共同为建设项目提供综合咨询服务。

3. 建筑领域有关碳排放咨询将成为造价咨询企业服务新业态

2020 年，针对建筑领域碳排放目标任务，住房和城乡建设部发布了《建筑碳排放计算标准》GB/T 51366–2019、《建筑节能与可再生能源利用通用规范》GB 55015–2021，明确了建筑领域碳排放的定义、计算边界、排放因子以及计算方法。根据行业特征和专业特点，有关碳排放的测量、计算、管理等咨询必然是造价咨询企业业务的延伸，未来，基于碳排放的碳核查咨询、碳交易咨询、碳排放指标购买等咨询服务有望成为工程造价咨询企业的服务新业态。

（本章供稿：郭爱国、李莉）

第五章

内蒙古自治区工程造价咨询发展报告

第一节　发展现状

一、基本情况

2021 年，内蒙古自治区区域内开展工程造价咨询业务经营活动的企业共有 340 家，比上年增长 15.65%。工程造价咨询企业从业人员 10182 人，比上年增长 26.53%。工程造价咨询企业全年营业收入为 22.10 亿元，较上年同期增长 9.51%，其中工程造价咨询业务收入 12.64 亿元，较上年同比增长 2.18%，占全部营业收入的 57.19%；其他咨询业务收入合计 9.46 亿元，占全部营业收入的 42.81%。

二、地区行业发展情况

内蒙古自治区在“十四五”开局起步之年，基本编制完成各类综合规划和专项规划。着力扩大有效投资，实施重大项目 3074 个、完成投资 4658 亿元，工业投资、民间投资分别增长 21.1%、14.4%，固定资产投资增长 9.8%，经济持续稳定恢复、稳中向好。巩固拓展脱贫攻坚成果，全面推进乡村振兴，消除 4.7 万名监测对象返贫致贫风险，建成农村牧区公路 4704 公里，实施危房改造 6814 户，整改问题厕所 15.1 万个。推进重大疫情救治基地、市县疾控机构建设和全民健康保障工程，基层医疗卫生服务能力整体提升。实施老旧小区改造 23.8 万户、棚户区改造 2.59 万套，累计解决房地产历史遗留问题项目 2947 个、139.7 万套。

三、行业工作情况

成功举办“内蒙古自治区第三届慧云杯工程造价业务人员技能大赛”，全区2000多名选手和71个团队参加；先后完成了“第三届优秀工程造价成果奖”“优秀造价工程师”“第五届优秀工程造价论文”、两批工程造价咨询企业信用评价的评选工作；组织开展内蒙古自治区住建系统第二批行政审批事项培训会议、“伙伴共创·新起航——造价市场化改革共学共创线上峰会”、《数字化转型时代的卓越领导力》培训、工程造价骨干人才免费网络直播培训等；开展2021年内蒙古自治区一级、二级造价工程师继续教育工作，全年开通并参加网络继续教育的一级造价工程师2806人，二级造价工程师141人。

第二节　发展环境

一、政策环境

1. 聚焦市场主体，持续优化住建领域营商环境

内蒙古自治区住房和城乡建设厅深入贯彻落实全区优化营商环境大会精神，深化“放管服”改革，加快推进工程建设项目审批制度改革，实现房屋建筑和城市基础设施工程建设项目审批“一网通办”；内蒙古自治区本级企业资质和人员资格审批实现“一网通办”“全程网办”，审批时限压缩，资质资格类办理事项全部实现证照电子化等举措。优化企业营商环境，对于落实保护市场主体、夯实经济平稳发展的基础具有重要意义，促进了经济形势稳定向好。

2. 大力转变建筑业发展方式，积极推动城乡建设绿色低碳发展

为贯彻落实党中央、国务院关于碳达峰、碳中和和能耗“双控”的决策部署，全面落实新发展理念，稳步推进全区新型建筑工业化绿色发展，制定了内蒙古自治区城乡建设领域碳达峰实施方案。培育两个国家级装配式建筑产业基地，五个自治区级基地。开展BIM技术应用试点工作。实施绿色建筑项目，实施既有建筑节能改造项目。

二、经济环境

根据地区生产总值统一核算结果，2021 年全区地区生产总值首次突破 2 万亿元，达 20514.2 亿元。

2021 年，全区固定资产投资（不含农户）比上年增长 9.8%，两年平均增长 4.0%，固定资产投资（不含农户）稳步增长，投资结构不断优化，有效投资稳步扩大。基础设施投资逐步回暖，比上年增长 0.2%。重大项目支撑有力，全年全区重大项目（指政府投资规模 5000 万元以上项目和企业投资规模亿元以上项目）投资比上年增长 10.4%，高于全部投资增速 0.6 个百分点。从施工项目和新开工项目情况看，2021 年，施工项目个数同比增加 943 个。其中，本年新开工项目个数同比增加 432 个。2021 年，全区建筑业实现增加值 1462 亿元。在固定资产投资稳步增长的基础上，相关造价咨询业务量提升。

三、技术环境

内蒙古自治区住房和城乡建设厅为深化工程建设标准化改革，提高工程建设标准管理效率和服务便利化、规范化水平，实现工程建设地方标准从申报到发布的全流程网络化管理，开发了《内蒙古自治区工程建设标准管理系统》并上线实施。批准《钢筋机械连接装配式混凝土结构技术规程》DB15/T 2227–2021（以下简称《规程》）为自治区工程建设地方标准，正式实施。钢筋机械连接装配式混凝土结构技术属于装配式建筑体系的一个领域。该《规程》的发布和实施，填补了内蒙古自治区装配式混凝土结构在钢筋机械连接领域标准的空白，完善了自治区装配式建筑地方标准体系，提高了钢筋机械连接装配式混凝土结构技术在建筑工程应用中的标准化、规范化水平，助推自治区装配式建筑高质量发展。

四、监管环境

对工程造价咨询企业实行常态化监管，内蒙古自治区住房和城乡建设厅与市场监督管理局联合开展 2021 年度全区工程造价咨询企业“双随机、一公开”监管抽查工作，并对抽查结果进行通报。加强对工程造价咨询企业事中事后监管，规范工程造价咨询企业和从业人员的市场行为，依法履行监管职责。健全企业信息公示制度，推进信用体系建设。做好工程造价咨询企业信息的归集、共享和公示工作。

第三节　主要问题及行业展望

一、面临的问题

1. 全过程工程咨询市场培育缓慢

受区域地区环境及人员专业知识文化水平影响，工程造价咨询企业在法律意识、政策法规、专业技术能力、人才队伍建设、咨询案例经验、咨询管理意识、行业信用体系、综合实力等多方面都受到制约。全过程工程综合性咨询业务和造价咨询企业长期咨询业务单一的矛盾，使得造价咨询企业转型升级比较困难，导致全过程工程咨询市场土壤环境培育缓慢还不太成熟。

2. 缺乏综合性咨询人才，无核心竞争力

地区咨询企业缺乏综合性高水平专业性咨询人才，多数造价咨询企业业务类型基于传统计量计价业务，对于策划咨询、设计方案比选、工程索赔、风险管理、成本分析、投资控制、全过程造价管理等缺乏综合性咨询管理能力，高端专业咨询人才无法吸纳，导致企业专业人才队伍建设及长远发展规划不足，企业核心竞争力很难建立，仍然处于一种同质化竞争状态。

3. 造价咨询低价竞争激励

随着造价咨询门槛降低、资质取消，工程造价咨询企业数量激增，在造价咨询业务承揽中继续进入低价竞争的恶性循环，一是来自采购方打折报价要求；二是来自同行的无序竞争；三是造价咨询业务偏重计量计价附加价值不大的传统咨询业务（编制工程量清单及控制价和结算审核）。部分造价咨询企业为了生存下去，不得已抱着养人的态度零利润低价承接业务，导致造价咨询市场竞争愈演愈烈。

二、未来行业展望

1. 借助大数据深挖造价数据价值

随着大数据、云计算等 IT 业颠覆性技术变革，对海量数据存储、分析和应用成为可能。围绕工程造价的信息数据以万亿数量级列入大数据，工程造价中的价格信息、指标信息和指数信息是工程造价数据挖掘前端化（事前控制）的重要内容。借助大数据深挖造价数据价值，对数据收集、整理、处理和分析，找出规律，让数据产生价值，通过开展工程造价指标、指数信息大数据监测，对工程造价市场进行监测分析、预测预警，为政府宏观决策、行业监管、防范风险提供依据，更可以为投资决策以及工程造价动态管理提供依据，推动行业持续健康发展，提升行业建设项目的管理绩效和投资效益。

2. 工程造价管理方式转变

工程造价管理实现系统化、规范化、标准化管理，而在价格的确定和管理上以市场和社会认同为主导，在行业的管理归属上行业协会组织将发挥巨大作用。工程造价管理方式转变的特点：一是行之有效的政府间接调控；二是有章可循的计价依据；三是多渠道的信息发布体系；四是量价分离的计算方法；五是完全的市场化行业模式；六是涉及项目的全过程及全生命周期；七是充分发挥行业协会的作用。

3. 咨询行业新生态的重塑

在国务院关于深化“证照分离”改革进一步激发市场主体发展活力的政策大背景下，随着工程造价管理市场化改革的不断深入，行业自律诚信体系的不断建立，需要良好的市场环境，打造一批高素质复合型咨询人才，立足专业、敬业匠心。通过强化标准和流程建设，充分发挥全过程造价乃至全生命周期造价工作的系统性作用，进一步提升造价专业管理咨询的价值。

（本章供稿：杨金光、梁杰、刘宇珍、徐波、李金晶、姬正琴、张心爱）

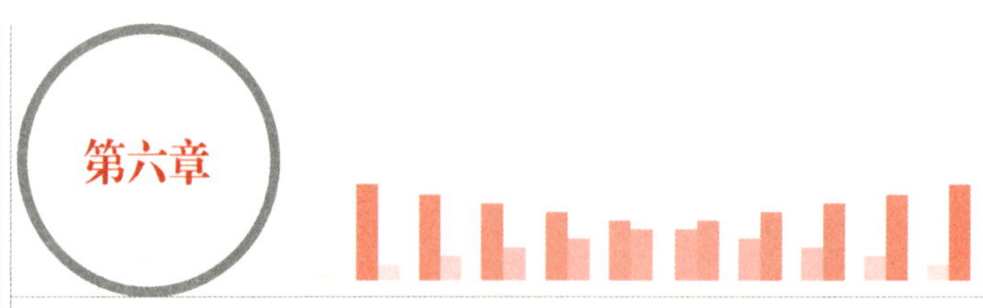

辽宁省工程造价咨询发展报告

第一节　发展现状

一、基本情况

2021 年，辽宁省共有 379 家工程造价咨询企业，同比增加 44 家。营业收入完成 27.22 亿元，同比增长 24.86%；企业平均营业收入 718.21 万元，同比增长 10.34%。工程造价从业人员共计 14209 人，人均营业收入 19.16 万元。

辽宁省营业收入高于 1 亿元的企业仅有 6 家，其中 5 家造价咨询收入占比非常低。营业收入高于 5 千万元的企业有 15 家，其中仅有 3 家企业主营造价咨询业务，其余 13 家造价咨询收入占比非常低。

企业工程造价咨询收入 17.06 亿元，同比增长 18.39%；工程造价咨询收入占营业收入的 62.67%。完成的工程造价咨询项目所涉及的工程造价总额为 5904 亿元，工程结（决）算审计阶段审减工程造价总额为 772.07 亿元。

2021 年，辽宁省各地区造价咨询行业发展差距进一步加大。沈阳市造价咨询企业营业收入占全省的一半以上，大连市占 1/4 以上，其余各市分别只在 1%~3% 之间徘徊，合计占比为 21%。沈阳、大连的企业数量占全省的比例分别仅为 33% 和 21%，相当于沈阳和大连合计约占全省一半的企业数量，但完成了全省近 80% 的营业收入。沈阳、大连和抚顺企业平均收入远高于其他地区，分别达到了 1099.5 万元 / 家、928.7 万元 / 家、879.1 万元 / 家，其他地区除阜新略高于 500 万元 / 家外，均低于 500 万元 / 家。

二、开展的主要工作

2020 年以来，建筑材料价格持续上涨，在计价过程当中产生许多争议和纠纷，对固定资产投资的顺利完成造成重大影响，形成《关于建筑材料价格异常上涨和有关省处理调整的情况反映》，向辽宁省住房和城乡建设厅反映，出台了《辽宁省建设工程造价信息管理办法》；开展辽宁省建设工程造价咨询企业信用评价工作，共计 162 家企业申请信用评价，159 家企业取得了信用评价等级，3 家不予定级；为确保辽宁省高级人民法院、部分市中级人民法院以及铁路法院造价鉴定工作能够顺利开展，为 24 家单位会员开具诚信证明；组织专家研讨电子化考试方案，形成《辽宁省 2021 年二级造价工程师职业资格电子考试实施方案》，向辽宁省住房和城乡建设厅汇报。

第二节　发展环境

一、政策环境

1. 优化营商环境

为全面贯彻中国共产党辽宁省第十三次代表大会关于优化营商环境的部署要求，督促落实《辽宁省优化营商环境条例》，辽宁省纪委监委制定了《辽宁省纪委监委营商环境监督行动方案》。主要目标是健全营商环境主体责任落实机制、完善营商环境问题线索查处机制、优化营商环境治理效果公开机制、全面提升辽宁营商环境的人民群众满意度和市场主体满意度。

2. 落实工程造价改革

辽宁省住房和城乡建设厅发布了《全省住建领域深化“证照分离”改革事项实施方案》的通知，对于国务院文件明确直接取消审批事项，不得以任何理由继续受理实施，不得将取消的审批事项列为其他审批、备案等事项的前置要件或证明材料。

3. 加强工程造价信息管理

为进一步加强建设工程造价信息管理，指导建设工程发承包双方及相关市场主体合理确定工程造价，辽宁省住房和城乡建设厅制定了《辽宁省建设工程造价信息管理办法》。该办法的实施进一步加强了建设工程造价信息动态管理，及时、准确、客观反映市场价格变化情况，发挥建设工程造价指数、造价信息对建设工程造价的确定、调整作用，指导了建设工程发承包双方及相关市场主体合理确定工程造价。

二、经济环境

1. 宏观经济环境

2021 年，辽宁省地区生产总值 27584.1 亿元，增长 5.8%。其中，第一产业增加值 2461.8 亿元，增长 5.3%；第二产业增加值 10875.2 亿元，增长 4.2%；第三产业增加值 14247.1 亿元，增长 7.0%。全年人均地区生产总值 65026 元，比上年增长 6.4%。一般公共预算收入 2764.7 亿元、增长 4.1%，规模以上工业增加值增长 4.6%，固定资产投资增长 2.6%，进出口总额增长 17.6%，社会消费品零售总额增长 9.2%，居民消费价格上涨 1.1%。

2021 年，辽宁省固定资产投资比上年增长 2.6%。其中，建设项目投资增长 6.6%，房地产开发投资下降 2.6%。基础设施投资增长 16%。其中，电力、热力生产和供应业投资增长 35.6%，道路运输业投资增长 30.9%。高技术制造业投资增长 71.2%，其中电子及通信设备制造业投资增长 1 倍，医药制造业投资增长 67.8%。扩建投资增长 53.9%，改建和技术改造投资增长 28.1%，新建投资下降 2.7%。

2. 建筑业经济形势

2021 年，辽宁建筑业总产值为 4044.9.1 亿元，其中建筑业工程、安装工程及其他产值分别为 3308.05 亿元、567.22 亿元、169.64 亿元，分别占建筑业总产值的 81.78%、14.02%、4.19%。建筑业企业单位 5816 个，企业人员 55.96 万人，直接从事生产经营活动的平均有 69.89 万人。

2021 年，辽宁建筑业企业签订合同金额为 8237.01 亿元；其中，上年结转合同额、本年新签合同额分别为 3267.26 亿元、4969.75 亿元，占企业签订合同金额比重的 39.67%、60.33%。

2021 年，辽宁建筑业竣工产值为 1523.33 亿元，相比 2020 年同期减少了 367.43 亿元。建筑业房屋建筑施工面积为 18129.7 万平方米，新开工面积为 5456.35 万平方米。

3. 房地产经济形势

2021 年，辽宁商品房销售面积 3433.9 万平方米，比上年下降 8.3%，其中住宅销售面积 3148.6 万平方米，下降 8.7%；商品房销售额 3066.4 亿元，下降 8.9%，其中住宅销售额 2849.3 亿元，下降 8.5%。年末商品房待售面积 2764.2 万平方米，比上年末下降 4.7%。

（本章供稿：梁祥玲、赵振宇）

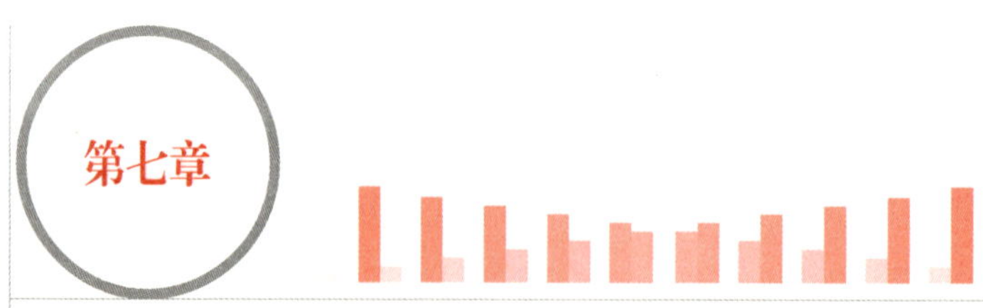

吉林省工程造价咨询发展报告

第一节　发展现状

一、发展情况

2021 年，吉林省共有 198 家工程造价咨询企业，比上年增加 22 家。工程造价咨询企业从业人员 8931 人，比上年增长 12.16%。共有注册人员 2459 人，占全省造价咨询企业从业人员 27.53%。包含：一级注册造价工程师 1244 人、二级注册造价工程师 47 人（均为外省转注人员）、其他注册执业人员 1168 人。

2021 年，吉林省工程造价咨询企业全年营业收入为 17.22 亿元，其中工程造价咨询营业收入 8.38 亿元，占比 48.66%。

二、工作情况

2021 年 3 月 24 日，吉林省住房和城乡建设厅起草了《吉林省推进房屋建筑和市政工程全过程咨询服务的实施意见（征求意见稿）》（简称“征求意见稿”）。此征求意见稿将造价咨询企业置于工程建设阶段服务内容和资格之外，引起造价咨询企业很大反响。及时将企业意见诉求反馈给吉林省住房和城乡建设厅，省住房和城乡建设厅大力支持并主动协调省发展改革委等部门重新发文，将造价咨询企业正式列入资格名单，并将原《关于在房屋建筑和市政基础设施工程领域加快推行全过程工程咨询服务的通知》（吉建联发〔2020〕20 号）同时废止。

召开建筑行业人工费问题调研座谈会，及时了解因疫情等诸多因素造成人工费等超常上涨，给企业生存发展带来的严峻问题，将企业的意见诉求反馈给吉林省住房和城乡建设厅。2021 年 6 月 28 日，吉林省住房和城乡建设厅印发通知，对计价定额人工综合工日单价和定额机械费做出合理调整，7 月 1 日起执行。

举办 2021 年造价业务及造价改革交流宣讲会系列公益活动，使企业对整个工程造价咨询行业改革发展有了新的认识；先后召开了“端云大数据之造价市场化解决方案发布会”和“2021 年推进造价改革与解读造价新规直播大会”，帮助造价咨询企业分析在造价市场化改革当下面临的困难；举办 2020 版《建设项目工程总承包合同（示范文本）》GF–2020–0216 专题培训班，帮助企业掌握项目实施过程中的管理技巧与风控手段，规避工程总承包合同风险。

举办吉林省第二届工程造价技能大赛，500 多人参加，最终角逐出土建专业、安装专业团体一、二、三等奖。每专业个人排行前五名，荣获“吉林省工程造价行业十佳技能标兵”称号；举办吉林省第一届技术开放日，采用线下会议结合线上直播的形式呈现，分享造价行业改革和发展的重点内容；开展吉林省工程造价软件技能认证工作，认证名称分别为 GIAC 和 QSCC，经过线上考试，获得一、二级造价技能认证人员达 1 万余人；免费为个人会员提供 2021 年度造价工程师继续教育 30 学时，截至 2021 年 12 月末，累计开通一级造价工程师 2021 年度继续教育 1703 人次，共计 51090 学时；发布吉林省二级造价工程师考试教材；开展“2020 年度优秀造价企业、优秀造价师”评选活动，评定出 2020 年度优秀造价企业 62 家，2020 年度优秀造价师 128 人。

第二节　发展环境

一、政策环境

1. 调整定额人工综合工日单价和定额机械费

为合理确定工程造价，维护建设工程发承包双方的合法权益，确保工程质量和施工安全，根据全省建筑市场的实际情况及企业诉求，吉林省住房和城乡建设厅决定调整吉林省计价定额人工综合工日单价和定额机械费，为此出台了《吉林省关于调整定额人工综合工日单价的定额机械费的通知》(吉建函〔2021〕648号)，适应当前发展环境。

2. 调整费用定额相关规定

为维护建设工程发承包双方的合法权益，确保工程质量和施工安全，根据全省建筑市场的实际情况，吉林省住房和城乡建设厅出台了《吉林省关于调整费用定额相关规定的通知》(吉建造〔2021〕6号)决定调整《吉林省建设工程费用定额》JLJD–FY–2019相关规定。

二、经济环境

初步核算，吉林省全年实现地区生产总值13235.52亿元，按可比价格计算，比上年增长6.6%，两年平均增长4.4%。其中，第一产业增加值1553.84亿元，增长6.4%；第二产业增加值4768.28亿元，增长5.0%；第三产业增加值6913.40亿元，增长7.8%。第一产业增加值占地区生产总值的比重为11.7%，第二产业增加值比重为36.0%，第三产业增加值比重为52.3%。

2021年，吉林省建筑业总产值2246.3亿元，同比增长12.0%；增加值959.9亿元，同比增长7.4%，占地区生产总值比重7.3%；建筑业企业5041家，同比增长11.7%，其中总承包企业增长13.6%；注册建造师3.9万人，同比增长21.0%，其中一级建造师增长9.4%。从量上看，建筑业主要指标都实现了较高增长，发展向好，呈现跃升态势。以建筑业总产值为例，自2020年起，摆脱了持续下滑态势，增幅基本与全国指标一致，增速达到全国中上游水平，2021年列全国第11位。总体上，建筑业稳增长工作成效突出，对地方经济建设的支撑作用明显，支柱产业地位稳固，“十四五”开局良好。

三、技术环境

1. 确立新的计价标准

2021年3月，为深入贯彻落实《国务院办公厅关于全面推进城镇老旧小区改造工作的指导意见》(国办发〔2020〕23号)，进一步规范和改进全省城镇老旧小区改造工程计价工作，吉林省住房和城乡建设厅决定施行《吉林省人民政府办公厅关于全面推进城镇老旧小区改造工作的实施意见》(吉政办发〔2020〕30号)。

2021年12月，吉林省住房和城乡建设厅2020版《吉林省轨道交通修缮工程计价定额》(试行)转为正式发行。

2. 连通国家建设工程造价数据监测平台

网站连通国家建设工程造价数据监测平台，方便会员直接从中获得行业信息与协会信息，并通过此网站对吉林省现有定额进行监测，实时变动，方便造价工作人员获取最新数据。

3. 公布省级装配式建筑产业基地名单

为贯彻落实《吉林省人民政府办公厅关于大力发展装配式建筑的实施意见》(吉政办发〔2017〕55号)精神，依据《吉林省装配式建筑产业基地管理办法》(吉建管〔2019〕33号)和《关于开展吉林省装配式建筑产业基地申报工作的通知》(吉建函〔2021〕312号)要求，夯实装配式建筑产业发展基础，提升装配式建筑实施能力。在2021年7月公布第一批省级装配式建筑产业基地名单。加快传统建筑向新型装配式建筑发展，促进装配式建筑产业链发展。

第三节　主要问题及对策

一、主要问题

1. 行业内部竞争日趋激烈，本省行业活力不足

据往年数据统计显示，工程造价咨询企业资质门槛进一步降低，从事工程造价具有乙级资质的企业逐年增长并且首次超过了具有甲级资质的企业，总占比超过企业总数的一半。资质标准的降低对微小企业的发展也有着极大的促进作用，专营工程造价咨询企业数量减少，兼营工程造价企业呈现直线型上升趋势，相关建筑企业大量涌入造价行业承揽造价业务，在为行业注入全新动能的同时，势必会进一步加剧行业内部竞争，为进一步抢占市场承揽业务而压缩造价行业利润，工程造价咨询行业的竞争将越来越激烈。吉林省从事造价咨询行业的企业增长速度低于全国平均水平，企业数量占全国的比重进一步降低，行业整体发展水平较低且活力不足。

2. 行业人员剧增，专业能力堪忧

取消“工程造价咨询企业资质”之后，不再与证书强关联，而是项目责任和执业人相关联，项目责任划分更加明确，对上游造价和设计企业来说，准入门槛进一步降低，工程造价专业人员呈现井喷式爆发，造价人员的执业能力水平将进一步提高，真正具有专业背景与能力的高素质造价管理人才仍将呈现稀缺态势。自全过程造价管理提出以来，工程造价工作涵盖面广，复杂性、系统性、多维性等特点凸显，贯穿决策开发、设计到施工、生产、验收、投产、后评价全流程，涉及部门较多，工作范围较广，工作内容较烦琐冗杂的全过程造价管理模式对造价从业人员的业务能力要求越来越高，行业现有人员进行粗放式、非专业化的管理现象较为普遍，导致工作出现较大偏差，使得管理环节无法实现有效衔接，管理效果堪忧。

3. 服务内容偏重于项目后期

据往年数据统计显示，工程造价咨询营业收入中超过60%的营业收入来源于项目竣工结（决）算阶段，工程造价咨询行业服务偏重于项目后期。随着建筑行业全过程造价咨询管理的推行，行业中后期竣工结算、决算阶段工作逐年稳定下降，项目前期以及实施阶段的营业收入逐年攀升，且前期营业收入增长速度较快，说明在工程进展过程中的阶段性工程造价业务逐步增加，行业整体的管理思路也由建设项目的事后管理服务朝着事中管理方向发展，同样也说明整体的建筑行业管理理念有了新的发展，市场愿意向咨询服务企业敞开事中管理的空间。

4. 人才培养模式落后，地域特色优势不明显

建筑规模不断扩大的今天，工程造价行业竞争日趋激烈，施工技术与施工方法更新换代频繁，目前诸多高校的人才培养模式十分落伍，行业落后的生产技术仍然作为教学内容，新技术新方法新工艺得不到及时传播，导致培养出的人才思想观念陈旧，不能适应新技术模式发展下的造价需求，造成企业内部二次培训任务繁重；吉林省作为寒带气候区，不能因地制宜，针对寒带气候特有的施工特点与施工方法，制定特色培养方案培养出专门适应寒带气候特色的造价人才，地方特色优势利用不明显。

二、应对措施

1. 强化自身优势

面对日趋激烈的造价市场竞争，老牌企业依靠自身经验和业务的优势，形成符合自身发展战略且科学合理的造价管理与人才培养体系，不断整合各方面资源，解决造价行业不可避免的一些共性问题，逐步提高自身优势水平。对于造价新企业来说，不断地积累具有创新思维的高素质人才对冲从业经验的不足的风险，新企业更要用新思路、新技术、新方法，掌握行业最新发展动态，依靠自身的新兴技术优势和人才的新思想走出一条新道路。

2. 加强人才的引进和培育

促进企业内部人员素质提升，加强企业培训是增强企业核心竞争力的重要举措。造价企业和从业人员数量的逐年攀升并不能撼动具有核心竞争力的企业地位，企业不断制定和完善自身的培训制度和培训体系，引进人才和培育人才并举，持续不断地提升从业人员的综合素质水平和业务能力水平，达到不断提升企业核心竞争力的目的，在不断扩大的造价市场中占据一席之地。

3. 掌握行业最新动向

造价行业在不断发展，造价市场也在不断变化，企业一定要把握住国家政策变化的最新动向，占据对企业发展最有利的风口，及时更新和完善自身的业务水平，加强企业与科研单位、高等院校的合作，促使产、学、研不断融合发展，从而带动整个产业链的向前向上发展，使之不断符合和满足国家发展的需求。

三、发展趋势

1. 信息化管理

计算机技术的不断发展和进步，不断将信息化管理技术融合到造价管理工作中，加强基础信息化管理研究应用，不断提升工程造价咨询企业信息化发展水平，能在提升工作效率的同时，引导企业造价管理朝着全方位、全过程、全周期的方向发展，实现工程造价咨询信息化管理。

2. 规范化发展

未来工程造价发展方向将与“大数据”“互联网”“人工智能”等领域密切相关，这些技术发展也必将推动工程造价智能化的进步，依托于“大数据”“互联网”“人工智能”技术，实现工程造价指标不断积累，有序开展数据的搜集、整理工作，从而建立起统一的工程造价信息资源服务管理平台，实现对新形势下工程造价业务的共建、共享、共管，规范工程造价业务，在一定程度上避免工程造价咨询行业的乱象发生。

3. 国际化发展

随着越来越多的建设企业走出国门，走向海外市场，工程造价行业也必然紧跟时代的步伐，加快工程造价行业的国际化发展，着眼于未来国际市场的发展，基于国内工程造价发展状况，结合不同地区的特点，孵化出一批具有国际化工程管理能力，能在国内外工程建设领域从事项目全过程造价管理工作的应用型、复合型工程造价咨询企业。

（本章供稿：龚春杰、柳雨含、李春花、姚丹）

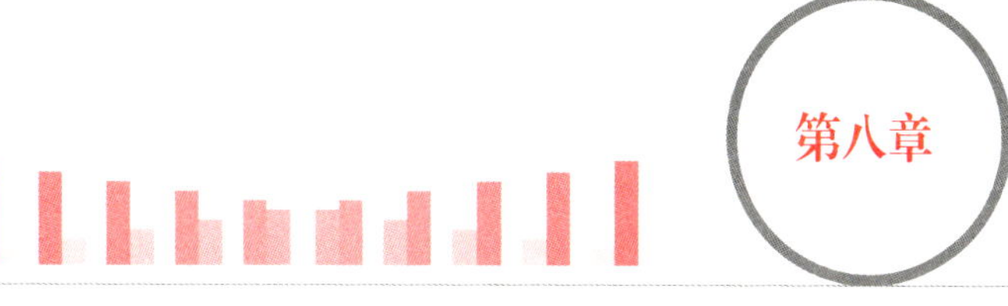

黑龙江省工程造价咨询发展报告

第一节　发展现状

2021 年，黑龙江省共有工程造价咨询企业 224 家，共有从业人员 6881 人，从业人员总体情况较 2020 年减少 2159 人，减少 24%。共有注册人员 1911 人，其中一级注册造价工程师 1253 人，占总注册人数的 66%；其他注册执业人员 658 人，占总注册人数的 34%。

2021 年，黑龙江省工程造价企业营业收入为 16.11 亿元，较上年减少了 5.61 亿元，减幅为 26%。工程造价咨询业务收入为 10.09 亿元，较上年增加了 0.29 亿元，增幅为 3%；其他业务收入为 6.02 亿元，较上年减少了 5.87 亿元，减幅为 50%。

第二节　主要问题和对策

一、存在的主要问题

（1）计价依据体系不完善。工程造价改革工作方案思路是以预算定额为主调整为以概算定额为主，满足政府投资工程概算的需要。黑龙江省目前存在着现行定额专业不完善，缺少概算定额的状况。

（2）造价基础数据缺乏。改革倡导利用大数据编制和发布造价指标指数，黑龙江省目前采用的是住房和城乡建设部免费提供的“工程造价数据监测平台”，该系统仅支持造价咨询企业上传数据，其他类型企业，如招标代理公司、施工企业等无法上传，对数据积累造成了阻碍。

(3) 造价管理专业力量薄弱。造价管理工作有很强的延续性，需要不断地积累和传承，黑龙江省造价管理人员新生力量薄弱，有的地市甚至出现人才缺失的情况，导致造价相关信息发布不够及时。

二、造价咨询行业应对策略

(1) 完善定额体系。鉴于造价市场化改革各试点省市改革方向各不相同，黑龙江省计划采用渐进式改革方针。近年仍然继续完善预算定额体系，补齐定额各专业；搭建市场价格信息发布平台，统一信息发布标准和规则，鼓励企事业单位通过信息平台发布各自的人工、材料、机械台班市场价格信息，供市场主体选择；对现行定额，动态进行补充调整，重点关注被动式建筑涉及新工艺工法的补项。

(2) 加强造价基础数据积累。加快建立工程造价数据库，按工程类型、建筑结构等分类发布人工、材料、项目等造价指标指数，利用大数据、人工智能等信息化技术为概预算编制提供依据；建设造价指标采集分析系统，将价格信息等工作进行整合；倡导和采取有力措施，将报送数据设定为企业的义务，同时，建议在对施工、监理、招标等企业的政府管理中，增加对报送数据的监管；协调其他相关部门扩大数据采集来源，共享控制价、中标价和结算价等；制定造价指标分析标准，形成固定模式，定期由系统自动分析生成，形成报告报有关部门，供决策参考；研究造价数据的进一步开发利用。

(3) 积极宣传引导工程造价改革。加强工程造价改革政策宣传解读和舆论引导，增进社会各方对工程造价改革的理解和支持，及时回应社会关切，为顺利实施改革营造良好的社会环境。

（本章供稿：杨雪梅、王玉波、范延婷、范志宏）

上海市工程造价咨询发展报告

第一节　发展现状

一、总体情况

2021年，在上海市从事工程造价咨询业务的企业合计228家，同比增长0.88%。企业营业总收入295.94亿元，同比增长116.41%，其中，工程造价咨询业务收入为64.67亿元，同比增长9.15%，占营业总收入的21.86%。

其中，有13家企业工程造价咨询业务收入在1亿元以上（同比增加1家），有15家企业工程造价咨询业务收入在5000万～1亿元（同比减少4家），有26家企业工程造价咨询业务收入在3000万～5000万元（同比增长6家），有61家企业工程造价咨询业务收入在1000万～3000万元，有30家企业工程造价咨询业务收入在500万～1000万元，其余83家企业工程造价咨询业务收入在500万元以下（其中14家企业无工程造价咨询业务收入）。

工程造价咨询业务收入在3000万元以上的企业共54家，占企业总数的23.68%，合计工程造价咨询业务收入50.37亿元，占据市场份额为77.89%（与上年度基本持平）；工程造价咨询业务收入3000万元以下有174家企业，占企业总数的76.32%，合计工程造价咨询业务收入为14.30亿元，仅占市场份额的22.11%。

前十名的企业工程造价咨询业务收入合计为26.25亿元，占据整个市场的40.59%，同比略有增长，发展比较稳定。

二、人员结构

2021年，上海市工程造价咨询企业期末从业人员合计15579人，同比增长6.73%。其中一级注册造价工程师4161人，同比增长5.18%，占期末从业人员的比例为26.71%，二级注册造价工程师283人，占期末从业人员的1.82%。由于疫情等原因的影响，上海市2021年首次开考二级造价工程师，但参加考试并取得证书的人员不多，导致上海目前这个层次的从业人员不足。

三、行业管理

1. 发布《上海市住房和城乡建设管理"十四五"规划》

《上海市住房和城乡建设管理"十四五"规划》正式发布，"十四五"规划坚持创新、协调、绿色、开放、共享的发展理念，以国家"长三角一体化发展战略"为引领，坚持市场导向与政府引导相结合、深化改革与创新发展相结合、规划统筹与重点突出相结合的原则，形成"全面高效、科学合理的管理制度""标准统一、信息共享的管理体系""竞争有序、执业规范的市场环境"；同时，以加强法规制度建设、优化市场环境、加大信息化建设与应用为主要任务举措。

2. 出台《上海市深化工程造价管理改革实施方案》

《上海市深化工程造价管理改革实施方案》正式发布，方案以工程造价市场化、法治化、信息化为导向，以"统筹谋划、协调推进；统一规则、适度引导；创新驱动、提质增效"为基本原则，提出了完善定额体系、完善工程量清单计价应用规则，建立政府投资工程"人、才、机"消耗量采集机制、建立政府投资工程造价数据库，加强合同履约和竣工备案结算监管、推进建设工程造价管理立法研究等六项改革任务。

3. 开展造价咨询企业咨询质量与计价行为专项检查工作

造价咨询企业咨询质量与计价行为专项检查工作力度再次升级，在采用线上专项检查的同时，增加线下飞行检查流程，线上线下相结合的方式，进一步加强了工程造价咨询企业事中事后监管。

4. 推进各类工程建设定额编制工作

持续推进各类定额编制工作，进一步完善建设工程计价依据，批准发布了《上海市水利工程概算定额》《上海市民防工程概算定额》《上海市市政工程养护维修预算定额　第一册　城市道路》和《上海市市政工程养护维修估算指标　第七册　城市道路照明设施》；同时，《上海市建设工程施工工期定额》（征求意见稿）也已完成公开征求意见。

5. 启动二级造价工程师职业资格考试

上海市二级造价工程师职业资格考试工作正式启动，考试采用全科“机考”形式。为帮助广大考生尽快取得职业资格，2021 年共进行了两次统一考试，近万名考生参加。同时，为简化执业资格注册申请和审批，提高审批效率，开展了二级造价工程师注册电子化审批并启用《二级造价工程师电子注册证书》。

6. 出台建设工程人工、材料、施工机械市场价格波动风险防控指导意见

鉴于建设工程人工、材料、施工机械市场价格异常波动，建设工程所用的水泥、钢材、砂石等基础性建材价格持续上涨而产生的建设工程成本持续变动，上海市建筑建材业市场管理总站出台了《关于进一步加强建设工程人才机市场价格波动风险防控的指导意见》，以维护发包与承包双方合法权益，确保建设工程项目顺利推进。

第二节　发展环境

一、重大工程项目清单公布

上海市发展和改革委员会公布 2021 年上海市重大建设项目清单，共安排正式项目 166 项（其中包括年内计划新开工项目 18 项、在建 128 项、建成项目 20 项），涉及科技产业类 59 项、社会民生类 29 项、生态文明建设类 12 项、城市基础设施类 53 项、城乡融合与乡村振兴类 13 项；另外，安排预备项目 47 项。

二、全面推进城市数字化转型“十四五”规划发布

《上海市全面推进城市数字化转型“十四五”规划》公布，规划着重考虑落实重大战略要求，贯彻新发展理念，坚持需求导向、问题导向、效果导向三个方面，从“城市是生命体、有机体”的全局出发，统筹推进城市经济、生活、治理全面数字化转型，率先探索符合时代特征、上海特色的城市数字化转型新路子和新经验，加快建设具有世界影响力的社会主义现代化国际大都市。

三、“新基建”2021 年重点工作公布

根据《上海市推进新型基础设施建设行动方案（2020–2022 年）》总体部署，2021 年“新基建”重点工作涵盖 5 方面 26 项任务，并持续推进 8 项保障措施，包括新建 1 万个 5G 宏基站，新建公用桩、私人桩、专用桩 3 万个，建设出租车充电示范站 15 个、加氢站 5 座，完成智能电表更换 20000 个等。新型基础设施是以新发展理念为引领，以技术创新为驱动，以信息网络为基础，面向高质量发展需要，提供数字转型、智能升级、融合创新等服务的基础设施体系。

四、2021 年上海全球投资促进大会举行

2021 年上海全球投资促进大会举行，总投资 4898 亿元的 216 个重大产业项目集中签约。此次促进大会依托“五个新城”和特色产业园区、在线新经济生态园、民营企业总部集聚区等平台载体，加快建设产业高质量发展的增长极，打造海内外企业投资首选地、集聚地。一批规模大、能级高、带动力强的重大产业项目集中签约，涵盖集成电路、生物医药、人工智能、智能制造、新材料、新能源、高端装备和在线新经济、总部经济、金融服务等多个领域。

第三节　主要问题及对策

一、事中事后监管力度仍需加强

工程造价咨询企业资质取消后，从事造价咨询上下游业务的企业进入市场，一些企业甚至是“门外汉”，在加大了市场竞争的同时，也可能给市场环境有序发展带来反向作用。因此，管理部门应进一步加强事中事后监管力度，不仅要管“企业”，更要管“人”，将责任落到实处；同时，应尽快出台相应的配套措施，进一步规范从业行为，提供更为专业的技术咨询服务，促进整个行业高质量发展。

二、疫情常态化下中小企业生存问题

受疫情影响，各造价咨询企业的经营状况面临困难，而中小企业更是“重灾区”。业务量减少、客户流失、现金流无法维持等问题，往往使企业举步维艰；同时，工程造价咨询企业资质的取消，其他企业的不断涌入，使中小企业的生存压力更大。在这种情况，建议出台针对工程咨询等行业的扶持政策，解决当下面临的困难；同时，企业也需从自身出发，提升内在管理机制，拓展视野，开阔思路，寻求自救方式，转型再发展。

三、缺乏健全的人才培养机制

造价咨询行业走过几十年，“人”始终是企业最为宝贵的财富，如今行业正处于新的发展形势，数字化、人工智能等方面的新技术运用，造价咨询行业显现出人才匮乏的局面；另一方面行业也面临新老交替，青年“领军者”缺乏也是亟待解决的问题。所以，造价咨询企业在追求业绩的同时，更应该做好人才培育的顶层设计，围绕高水平治理和高质量发展确定人才队伍建设任务，建立健全行业的人才培养机制，推进企业转型升级。

（本章供稿：徐逢治、施小芹）

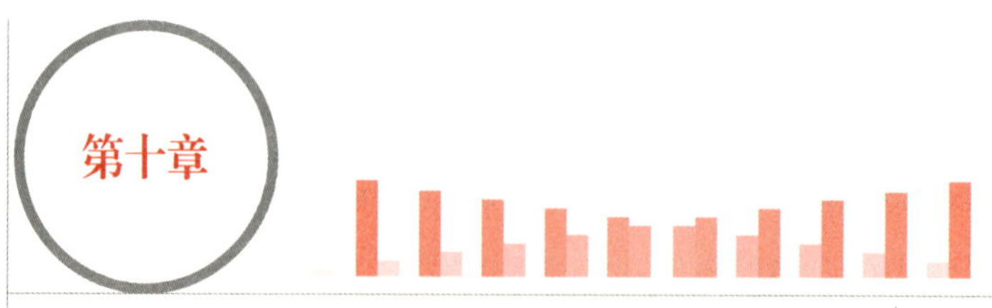

江苏省工程造价咨询发展报告

第一节 发展现状

一、企业总体情况

截至2021年末，江苏省内共有造价咨询企业1049家，比2020年末增加128家。全省造价咨询企业营业收入共计为252.47亿元，比2020年增长15.2%。全省造价咨询企业造价咨询业务收入100.41亿元，比2020年增长12.5%。

全省造价咨询企业完成造价咨询业务项目14.58万个，比2020年增长21.9%；完成的工程造价咨询项目的造价总额为46111.38亿元，比2020年增长16.1%。

二、人才队伍建设

1. 就业人员现状

截至2021年末，江苏省内工程造价咨询企业共有从业人员71587人，比2020年末增长27.9%。全省共有一级注册造价工程师22590人，同比增长17.2%；二级注册造价工程师4623人。其中，注册在工程造价咨询企业的一级注册造价工程师有11641人，同比增长10.8%，占全省一级注册造价工程师总人数的52%；注册在工程造价咨询企业的二级注册造价工程师1975人，占全省二级注册造价工程师总人数的43%。

2. 注重研讨培训

举办了“新司法解释及合同纠纷案件实务研讨班”“新形势下造价企业信息化发展之路”论坛等培训活动；继续做好工程造价专业现代学徒制班的工作，合作院校的造价专业应届毕业生全部被省协会会员单位选聘为“学徒”；完成了44个学时的继续教育新课件上线任务，全省2021年入网接受继续教育的一级注册造价工程师人数7646人，二级注册造价工程师人数288人，比上年有明显增长。

三、主要工作

组织开展信用等级评价工作，参评的50家造价咨询企业均被评价为最高等级（3A级）；提高造价咨询行业信息化管理水平，积极推广应用“速得”信息价查询系统，截至2021年末，“速得”材价信息查询系统的企业用户数量达到了892家，比2020年增长了8%，个人用户数量33188人，比2020年增长了29%；升级改造咨询企业信息管理系统（ERP），新版系统（2.0版）比标准版在技术水平、功能设置和用户体验等方面都有了很大的改进和提高，同时还提供了可由用户自行选配的拓展功能模块；完成远程教育网视频资源播放架构的改造，开发并投入使用远程教育移动端手机APP等；2021年3月成立了工程造价纠纷调解委员会，初步确定了100多名调解专家名单，研究起草《关于建立工程造价纠纷调解联动工作机制的意见（征求意见稿）》，积极开展建设工程计价纠纷调解工作；组织优秀论文和典型案例评选，经各市级组织专家初评和推荐，全省征集到论文180篇、案例79个。

第二节　发展环境

一、政策环境

1. 稳妥推进造价改革

（1）推进改进最高投标限价编制方法试点

以改进最高投标限价编制方法试点作为造价改革的突破口组织召开试点工作

协调会议，跟进南京、苏州、连云港的试点项目。会同江苏省建设工程招标投标办公室发布试点项目的数据交换标准接口，为试点项目招标投标提供技术支持。调研试点项目，解决试点中的问题，汇总试点项目资料，对试点经验进行总结，拟在全省推广实施。

（2）制定造价指标指数标准

成立造价指标指数课题组，调研咨询企业、软件公司企业数据库开发情况，结合江苏省实际，统一指数指标数据采集、测算、发布标准和格式，制定工程分类和工程概况表格，初步拟定《江苏省造价指标指数标准》，组织试填报，为建立大数据平台库做好准备。

（3）推进长三角造价管理一体化

参加长三角造价管理一体化第五次联席会议，负责完成规则共定方案，讨论通过《长三角造价管理一体化发展方案》。初步议定将“编制长三角区域统一的绿色建造消耗量定额”作为长三角造价一体化“规则共定”的首项工作。

2. 优化计价依据体系

（1）开展新版计价定额编制

各专业定额修编组按照进度安排，高效推进定额编制工作。其中，市政定额已于2021年10月发布，江苏省造价管理总站组织了《市政工程消耗量定额江苏省估价表》和《江苏省市政投资估算指标》（2021版）线上、线下交底培训；建筑、装饰、安装三个专业组完成了定额章节子目设置、消耗量人工水平测算调整、材料询价入库、定额说明调整等工作，形成送审稿。

（2）发布施工过程结算技术指南

落实住房和城乡建设部关于推行施工过程结算的要求，开展施工过程结算的专题调研，组织行业内专家开展分析研讨。形成文件初稿后，经多次征求市县造价管理机构、建设单位、施工单位、造价咨询单位和厅相关处室意见后以厅公告形式发布。

（3）制定智慧工地计价办法

调研测算智慧工地现场设备、软件和人员等费用投入和周转使用情况。组织专题座谈会，听取各方单位的意见和建议，制定并发布江苏省智慧工地计价办法。文件发布后，调研了部分有创建要求的工程项目，了解其招标文件中的条款明示和后续按规定计取费用的情况，为进一步推动智慧工地建设提供了费用保障。

（4）开展工程总承包合同价格风险课题研究

开展工程总承包合同价格风险研究课题，分析工程总承包实施中存在的问题，辨析常见风险，确定造价控制的关键要素，编制工程总承包示范文本专用条款价格部分编写指南。

二、经济环境

1. 生产总值（GDP）突破 11 万亿元大关，经济总量跃上新台阶

首先，从经济实力看，2021 年江苏省生产总值迈上 11 万亿元台阶，稳居全国第二位，平均不到两年就增长 1 万亿元，年均增长 7.7%；人均 GDP 由 2012 年的 6.65 万元增加到 13.7 万元，连续 13 年位居各省（区、市）之首。这些年，江苏经济对全国经济的贡献保持在 10% 以上，为全国发展大局作出重要贡献。

其次，2021 年江苏省经济总量跃上了新台阶。初步核算，江苏省在 2021 年实现地区生产总值 116364.2 亿元，迈上 11 万亿元新台阶，比上年增长 8.6%。其中，第一产业增加值 4722.4 亿元，增长 3.1%；第二产业增加值 51775.4 亿元，增长 10.1%；第三产业增加值 59866.4 亿元，增长 7.7%。全年三次产业结构比例为 4.1∶44.5∶51.4。全省人均地区生产总值 137039 元，比上年增长 8.3%。

2. 固定资产投资稳步提升

全年固定资产投资比上年增长 5.8%。其中，国有及国有经济控股投资增长 3.1%，外商及港澳台商投资增长 7.2%。民间投资增长 6.3%，占全部投资比重达 69.2%。分类型看，项目投资增长 7.6%，房地产开发投资增长 2.3%。全年商品房销售面积 16551.8 万平方米，比上年增长 7.3%。其中，住宅销售面积 14361.5 万平方米，增长 3.7%。

3. 建筑业稳定健康发展

全年签订建筑合同额 61443.0 亿元，比上年增长 5.8%；实现建筑业总产值

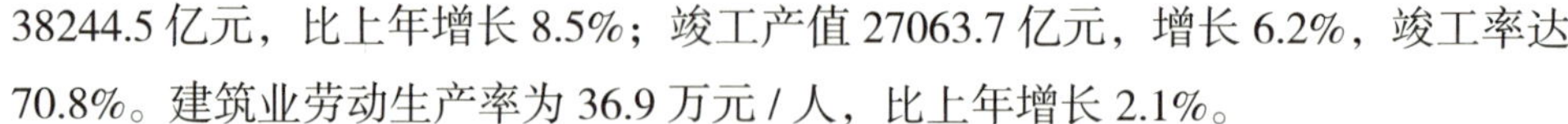

38244.5 亿元，比上年增长 8.5%；竣工产值 27063.7 亿元，增长 6.2%，竣工率达 70.8%。建筑业劳动生产率为 36.9 万元 / 人，比上年增长 2.1%。

三、市场监管环境

1. 修订发布《江苏省工程造价咨询业务指导规程》

根据住房和城乡建设部相关部令的修改，结合工作实际，对 2006 版的《江苏省工程造价咨询业务指导规程》进行修订，进一步规范工程造价咨询企业和注册造价师执业行为，提高工程造价咨询企业业务管理水平和成果质量。

2. 印发《关于加强工程造价咨询企业事中事后监管的通知》

从完善新型市场监管机制、加强事中市场主体监管、完善事后市场主体监管三个方面提出了具体措施，为资质取消后规范全省工程造价咨询企业和注册造价工程师的执业行为提出工作要求。

3. 建立工程造价专家库

完善工程造价专家推荐、认定、入库及日常管理机制，发布《江苏省建设工程造价专家库管理办法》。联合市级造价管理机构，共同建立江苏省建设工程造价专家库，充分发挥专业人才技术优势，为提升全省造价管理工作水平提供专业力量支持。

4. 完成网站系统升级改造

对江苏工程造价信息网、工程造价企业监管系统进行升级改造，并与政务网、部造价咨询企业数据库对接。2021 年 3 月，新网站及新系统正式上线运行。优化监管系统相关功能，实现企业业绩等对外公示，并生成二维码供社会查询。

5. 组织 2021 年“双随机”抽查

在江苏省工程造价专家库的基础上，建立“双随机”执法检查人员及辅助人员库。修订“双随机”检查标准，制定双随机抽查工作方案，随机抽取造价咨询企业、项目、检查人员。市级造价管理机构组织开展本地区的“双随机”检查和专项检查，通过检查，规范企业和造价从业人员的执业行为，提高造价咨询成果质量。

6. 发布网上填报工作情况通报

网上填报年度咨询项目情况是造价咨询行业管理的重要工作内容。2021 年，江苏省造价管理总站对造价咨询企业 2020 年度咨询项目网上填报工作进行了总结通报，对优秀的 70 家企业进行了通报表扬。

（本章供稿：沈春霞、王如三）

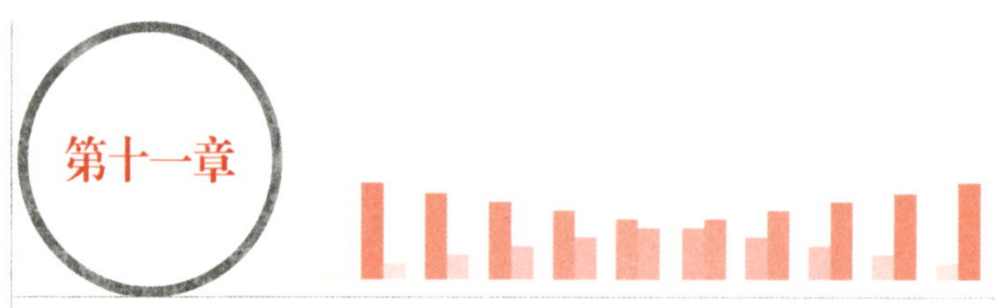

浙江省工程造价咨询发展报告

第一节　发展现状

一、企业发展现状

2021 年，浙江省共有工程造价咨询企业 810 家，新增企业数量 149 家。企业在各省市设立分公司（办事处）1065 家，省外造价咨询企业在浙江省设立造价咨询分公司 273 家。

2021 年，浙江省规模企业（工程造价咨询业务收入超千万元的）数量 207 家，占全省企业总数的比例为 26%，比上年增加 24 家，增长幅度 12%。工程造价咨询业务收入突破亿元的企业有 22 家，超过 2 亿元的企业有 5 家。

二、收入统计分析

2021 年，浙江省工程造价咨询企业完成的工程造价咨询项目所涉及的工程造价总额约 5.90 万亿元，较上年 6.19 万亿元减少了 0.29 万亿元。

2021 年，工程造价咨询企业的营业收入为 280.07 亿元。其中，工程造价咨询业务收入 105.64 亿元，比上年增加 18.49 亿元，增长幅度 21%。

三、从业人员情况

2021 年，浙江省工程造价咨询企业从业人员共 97571 人。其中一级注册造

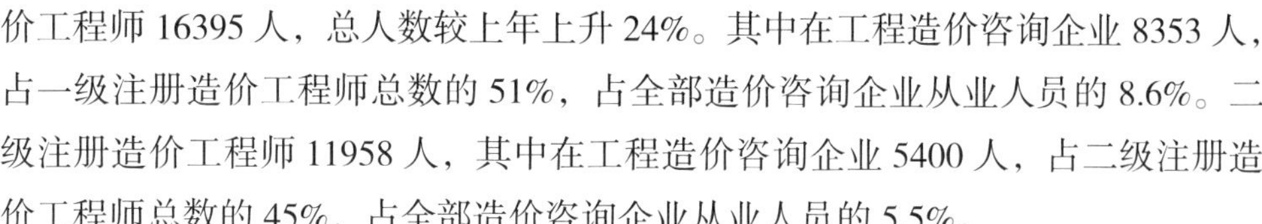

价工程师 16395 人，总人数较上年上升 24%。其中在工程造价咨询企业 8353 人，占一级注册造价工程师总数的 51%，占全部造价咨询企业从业人员的 8.6%。二级注册造价工程师 11958 人，其中在工程造价咨询企业 5400 人，占二级注册造价工程师总数的 45%，占全部造价咨询企业从业人员的 5.5%。

2021 年，浙江省参加一级造价工程师考试报考人数 29891 人，实际参考 19623 人，考试合格 2555 人。其中建筑工程实际参考 14775 人，考试合格 1572 人，合格率 10.6%；安装工程实际参考 3078 人，考试合格 633 人，合格率 20.6%。

四、行业工作情况

举办造价改革线上学习活动，累计学习突破 5 万人次；举办“工程总承包及法律实务专题研修学习班”；协助全国高职工程造价专业《教学标准》修（制）订工作研制组启动针对行业企业的调研工作；与浙江建设职业技术学院、浙江省工程造价行业联合学院共同开展优质师资拓展工作，从历届“金牌造价师”中选聘优秀专业人才组建“金牌导师团队”，辅导、带动造价行业后备新生力量；浙江省工程造价行业联合学院企业导师进校园第二季讲座顺利开展，并为导师颁发“双师培训基地工匠培训师”聘书；在宁波、杭州等地举办多期二级造价工程师考前精讲班、冲刺班，举办一级造价工程师考前培训班；配合浙江省建设工程造价管理总站在行业开展 2021 年度“最美造价人”活动，多家会员单位员工荣获浙江省总工会 2020 年度“浙江金蓝领”称号；举办 2022 届工程造价专业毕业生实习双选会，19 家省知名造价企业参会，需求岗位 340 余个；联合主办“中国数字建筑峰会 2021 · 浙江数字峰会”；参与“新形势下工程造价行业发展之路”专题研讨会及“深思造价专业生态、探索咨询行业发展”主题论坛；举办“无资质时代造价咨询企业如何经营与发展”首期企业开放日；举办为期两天的法律公益讲座，讲授招标投标常见问题、工程结算及签证、索赔争议处理、人力资源管理和《中华人民共和国民法典》等内容；承办首届浙江省工程造价改革数字应用技能竞赛；开展 BIM 建模在线公益培训；举办“数智造价，勇立潮头浙为先”技术开放日等。

第二节 发展问题与展望

一、行业发展趋势及影响因素分析

1. 多元化发展

工程造价咨询企业是知识密集型的智力服务行业，伴随着经济建设的快速发展以及“放管服”改革的逐步深化，工程造价咨询行业发展迅速。目前来看，专营单一工程造价咨询业务的企业数量有所减少，具有多种业务的工程造价咨询企业则呈现剧增态势。产生这种趋势的原因是多方面的，一个重要的因素是“双60%”取消后，与工程造价有业务相关和交叉的工程监理、招标代理、工程咨询企业进入工程造价行业的门槛降低。

“双 60%”的取消，彻底打破了工程造价咨询企业进入资本市场的限制，同时打开了国企进入工程造价咨询行业的大门，将加快资本进入工程造价咨询行业的步伐，催生新工程造价咨询产业的形成，助推 1+N+X 全资模式，推动工程造价咨询企业与勘察设计企业、工程监理企业等合并、重组为“新工程咨询”企业。

2. 市场化发展

2021 年 6 月 29 日，《住房和城乡建设部办公厅关于取消工程造价咨询企业资质审批加强事中事后监管的通知》发布，自 2021 年 7 月 1 日起，工程造价咨询企业资质正式取消。随着行业市场准入门槛的消失，上下游企业和其他社会资本将快速进入工程造价咨询市场，在为行业带来活力与新的生产要素的同时，必将冲击传统工程造价咨询市场格局。

由浙江省住房和城乡建设厅等部门联合颁布的《浙江省房屋建筑和市政基础设施项目工程总承包计价规则（2018 版）》是全国首个地方性工程总承包计价规则，已于 2022 年 1 月 1 日起施行。

综上，随着“放管服”的不断深化，建筑业各项改革举措的不断实施，政策环境对新技术与新项目模式的倡导和支持，工程造价咨询企业资质的取消更加速了造价行业市场化发展趋势的全面升华。

3. 数字化发展

随着大数据和人工智能时代的到来，推动传统行业数字化转型升级已成为社会共识。近年来，BIM（建筑信息模型）、云计算等新技术与建筑业深度融合，建筑业数字化、网络化、智能化不断取得新突破。工程造价行业作为建筑业的重要组成部分，掌握着庞大的人工、材料、机械等价格和造价信息，具有天然的大数据应用基础。数字造价也将是新时代工程造价行业转型发展的必然趋势。

另外，近年来，浙江省委也多次召开全省数字化改革推进会，明确要紧扣中心、服务大局，坚持重点突破和整体推进并重，以实战实用实效为导向，谋划建设一批实战实效的重大应用，要强化多跨协同，促进高效共享，真正实现数据、服务、治理高效共享，要注重迭代升级，打造硬核成果，更好发挥数字化改革赋能经济社会发展的重要作用。

二、行业发展目前存在的主要问题

1. 恶性低价竞争依然严重

作为困扰行业发展的恶性低价竞争问题，近年来愈演愈烈。在部分实行以最低价中标的政府投资工程造价咨询服务采购竞争中，个别企业报出明显低于服务成本的投标价格，严重扰乱了工程造价咨询市场的正常秩序，而一些采购方片面追求低价的心态亦助长了此类不良市场行为。

随着工程造价市场化改革不断深入，行业呼唤公平、公正的市场竞争环境，恶性低价竞争类不良市场行为终将被纳入信用体系管理，逐步引导工程造价咨询行业迈上健康有序的高质量发展之路。

2. 全过程咨询服务有待推进

近年来，国家积极推行全过程工程咨询，相关部门也发布政策性文件，全过程工程咨询已经成为行业发展的必然趋势，也是工程造价咨询行业转型升级的重要机遇。然而，现阶段还存在诸多问题阻碍其推进与发展。

（1）全过程咨询服务市场化程度不足。目前，全过程工程咨询正处在初步发展阶段，一方面，部分企业管理模式和管理理念还未能跟上时代发展的步伐，全过程咨询综合性服务意识和专业素质还有待提升；另一方面，多数企业内部没有建立符合市场机制的咨询服务体系，导致其不能满足市场发展的需求。

（2）行业供给需求匹配度不高。中介类服务机构对全过程咨询人员的知识和能力要求较高，但现阶段高水平技术人员的比例与行业未来的发展不匹配。一方面，市场发展需要高水平专业人员与企业现有造价人员专业素质之间存在差距；另一方面，全过程咨询综合性发展要求与造价咨询企业业务单一之间存在矛盾。

（3）造价咨询企业业务范围不够广泛。现有工程造价咨询企业总体实力偏弱，其突出表现是产业规模小，缺乏高素质专业人才，多数工程造价咨询企业只能开展比较单一的业务，缺乏综合性与规范性 PPP、EPC、全过程工程咨询等新业务。AI、BIM、云计算、大数据等新科技以及装配式建筑等新工艺的出现使得建筑业组织模式发生了巨大变化，传统的造价咨询服务已不能满足建筑业发展趋势。

3. 信息化水平有待提升

新常态下，企业信息化可以有效提高服务品质并提供差异化服务，但部分企业没有从根本上认识到信息化的重要性。信息化建设往往需要投入企业资源，且建设效果短期内难以体现，很多隐性效益亦不易观测，企业不愿投入精力和财力。从企业层面来看，一些咨询企业内部管理基础薄弱，信息技术与工程造价咨询结合度不足，尚未建立完善的信息服务体系。从行业层面来看，造价咨询行业缺乏既懂造价又懂信息化的复合型人才，加之信息化制度标准体系不完善，严重阻碍了行业信息化建设进程。难以推动“共建、共享、共管”格局的形成。

4. 行业诚信体系建设尚需加强

造价咨询行业的市场竞争日趋加剧，面对严峻的市场形势，不良竞争行为频频出现。除一些大中型企业采取改革创新、做大做强等发展方式外，个别小型企业因基础薄弱、资金不足、缺乏长远发展意识等原因，压价竞标、降低服务质量现象时有发生。工程造价行业整体服务水平不高、行业内未形成统一从业标准和规范、行业自律和约束机制不成熟等因素也在一定程度上造成市场竞争环境混乱。

自 2021 年 7 月 1 日起，在全国范围内直接取消对工程造价咨询资质的审批，没有了资质这道“门槛”，更多企业会涌入造价咨询行业之中，未来的发展走向无法预估。目前，还缺乏具体的配套改革措施来加强事中实质监管。此时，更需要完善诚信体系建设，引导企业自律，促进企业转型升级发展，向更高质量、更高层次的工程咨询服务转变。

5. 造价咨询人员知识结构和业务能力有待提升

工程造价咨询企业拥有的专业技术人员规模呈不断上升趋势，但不同层次工程造价咨询人员分布差异较大，高端人才比例偏低。由于行业的待遇水平不高，造价咨询企业对 985、211 类高校学生的吸引力不足。

造价咨询人员知识结构和业务能力有待提升，传统造价人员的专业单一性难以满足当下高端化、复合化、专业化的业务需求，已成为工程造价咨询企业进入新市场、从事新咨询的障碍。多数造价咨询从业人员往往依赖定额和软件，只关注计量计价，对于总承包、全过程工程咨询、算量智能化、BIM 运用等也知之甚少，缺乏站在业主角度的体系化思维及专业技能。业务人员习惯以审计思维去审视，缺少高效的管理手段及前后端贯通的经营手段，亟待在实践中摸索经验，提升沟通技能。

三、行业健康发展对人才的需求

新形势下，简单从事预决算的工程造价专业人员已无法满足市场实际需求，还需熟悉法律与投资、工程技术经济等多方面知识的专业人才。而当前，浙江省工程造价咨询业的专业人员大多背景单一、结构单一、技能单一，不能适应市场经济的进一步要求，一定程度上制约了行业的发展高度，急需培养一批综合型、复合型人才。

随着建筑业供给侧结构性改革的推行，工程造价市场化、国际化发展势在必行，造价咨询行业急需一批中坚力量及领军型人物带领行业转型升级，还需要一批熟悉国际惯例及掌握国际工程咨询能力的国际化人才和业务骨干。

这也对下一步树立人才优先战略、开展人才建设工作提出了具体要求：

1. 进一步加强行业人才规划和统筹实施

分析行业人才现状、新时期人才发展需求和教育培训内容及方式，逐步形成工程造价行业人才培养体系的思路、架构，以及改进人才培养工作的建设性意见，并提出积极构建以学历教育为基础、以职业教育为核心、以高端人才为引领的人才培养体系，促进学历教育与实践相结合，逐步形成行业梯队型人才队伍。行业积极探索工程造价行业高端人才培养机制，制定工程造价领军人才选拔方案和管理办法，研究高端人才建设规模、选拔办法、管理和使用机制，以期培养符合时代需求的工程造价行业高端人才。

2. 注重从业人员能力提升

进一步做好专业人才培养和储备，加强注册造价师执业管理，不断完善注册造价工程师管理制度；密切与高校沟通交流，充分发挥院校师资力量作用，强化对造价从业人员理论基础教育，不断提升自身竞争力，充分发挥团体综合力量；建立符合工程造价专业特点的继续教育和培训体系，采取多样化教育培训方式，提高继续教育质量；加强对新技术、新工艺、新规范的宣贯培训力度，推进信息化技术的培训及应用。努力建设一支规模适度、结构合理、素质优良的应用型、复合型工程造价专业人才队伍。

3. 推动行业领军人才队伍建设

引导高校、企业及行业管理部门吸引高学历人才加入造价咨询行业队伍，提升科研能力。加大与造价相关的基础理论研究力度，对国内外先进的工程造价管理理论、管理方法进行研究，提升工程造价管理水平。推动行业发展与人工智能、建筑信息模型、区块链、云计算、大数据、5G 等新技术的有效融合，及时转变传统工程造价思维模式，向工程造价数字化发展转变。改革工程造价高端人才培养机制，制定工程造价领军人才选拔方案和管理办法，加强梯度人才队伍建设，重视发挥高端人才引领带动作用。进一步推进人才的选拔和培养，造就一批高素质领军人才。

4. 引导高校专业人才培养

实施人才发展战略，培养与行业发展相适应的人才队伍，基于学习产出的教育模式理念指导，按照反向设计、正向实施的原则，引导高校优化工程造价专业人才培养方案，共同加强对高校工程造价专业学科建设和实践教学指导，推动教学改革，形成多层次人才培养结构。推进校企合作交流平台的搭建，探索产学研一体化机制，充分调动社会各界积极性，结合企业实际问题开展研究，引导企业在高校人才培养中发挥积极作用。

四、推动行业高质量发展的对策及建议

1. 强化工程造价咨询行业自律体系和诚信体系建设

工程造价咨询企业资质取消后，如何更好地规范工程造价咨询企业市场行为和造价工程师执业行为，特别是如何有效治理恶性低价竞争，是一项紧迫而重要的任务，强化工程造价咨询行业自律体系和诚信体系建设是治本之策。

为适应“放管服”改革，应在现有信用评价和行业自律基础上，研究构建行业信用管理新模式，多方位实行共享联通，构建各方协同、联合惩戒的工作局面，提高信用评价结果的社会公信力，激发企业参与信用评价工作的积极性。

此外，实现信用管理和行业自律的信息共享，以规范服务质量标准为理念，增强从业人员的契约精神，充分发挥企业诚信监督和行业自律管理作用，规范市场秩序，营造诚信健康的市场环境，引导市场良性竞争。

2. 拓展全过程咨询服务

我国经济已经进入高质量发展的新时代，工程造价咨询行业应主动适应供给侧结构性改革需要，积极拓展全过程工程咨询服务，实施以投资管控为主线的项目管理服务。全过程工程咨询能够从项目周期全过程的资源优化配置角度统筹考虑项目各项专业论证及方案策划工作，充分发挥工程咨询的价值增值作用。

目前，基于单价 DBB 模式的传统工程造价咨询业务逐步减少；基于总价 EPC 模式的工程造价咨询业务不断增加，将工程造价咨询服务从施工阶段延伸到设计和采购阶段；基于建设项目全生命周期的 PPP 模式则将工程造价咨询服

务扩展到建设项目前期的决策阶段。此外，新模式下工程造价咨询业务不断涌现，建设单位对全过程工程造价咨询的需求将逐步超过传统施工阶段工程造价咨询业务。

与此同时，部分造价咨询头部企业也开始涉足真正意义上的全过程工程咨询，从传统的单一工程造价咨询服务扩展到建设项目全过程的综合咨询服务，如工程咨询、勘察设计、工程监理、招标代理及项目管理服务等。造价咨询企业只有主动顺应市场需求变化，不断调整企业发展战略和经营策略，创新企业组织结构，才能适应行业发展变迁，提升工程造价咨询行业整体竞争能力。

3. 加速造价行业数字化与信息化建设

工程造价贯穿于工程建设的全过程，是一个以数据为核心的行业，工程价格的确定与控制、项目价值的提升、行业的监管都是以数据为核心，大数据信息化已经成为驱动工程造价行业向更高质量发展的重要技术路径。工程造价行业要紧跟造价市场化改革和企业数字化转型升级，适应、拥抱信息化变革趋势，在新形势下助力行业的可持续发展。

工程造价信息数据包含市场价格、计价依据、工程案例、法规标准和造价指数等。面对如此庞大且来源众多的海量数据，信息的科学整合研究势在必行。数据信息是否被充分挖掘主要体现在其实用性、时效性和精准度，重点是加工后的造价数据能用于评价和预测各类工程项目造价水平、消耗标准、成本收益等。

（1）积极制定工程造价行业信息化发展规划，加快信息化基础研究与建设

应注重行业信息系统技术架构、数据标准和网络安全建设，不断完善行业信息化建设基础体系，坚持“顶层设计、多方协同、分步实施、持续完善”的基本思路。顶层设计就是要进一步完善行业数据分类、采集、存储和交换等标准体系，引导市场主体按照统一标准共建数据库；多方协同就是要集聚管理部门、行业协会、市场主体等多方力量，按照共商、共建、共享原则，建立涵盖各地区、各行业、各类型的工程造价数据库；分步实施就是要制定好造价数据库建设的规划，逐步形成规模效应，发挥应有作用；持续完善就是要根据形势发展和改革进程，不断优化和完善相应测算标准，确保造价数据库能为工程建设各方主体科学决策提供数据支持。

(2) 注重工程造价信息管理平台和数据库建设

浙江省工程造价咨询行业应积极探索新时代、新形势下工程造价咨询行业信息服务内容，注重信息管理平台、工程造价信息数据库建设，利用企业数据库开展工程造价咨询服务，实现工程造价全过程数据累计，推进造价信息数据标准化工作，借助 BIM、人工智能、AI 技术在协同管理与信息集成上的优势，融合信息技术手段适应全过程工程造价咨询和工程总承包模式变化，推动信息技术与工程造价咨询行业深度融合。

（本章供稿：丁燕、陈奎）

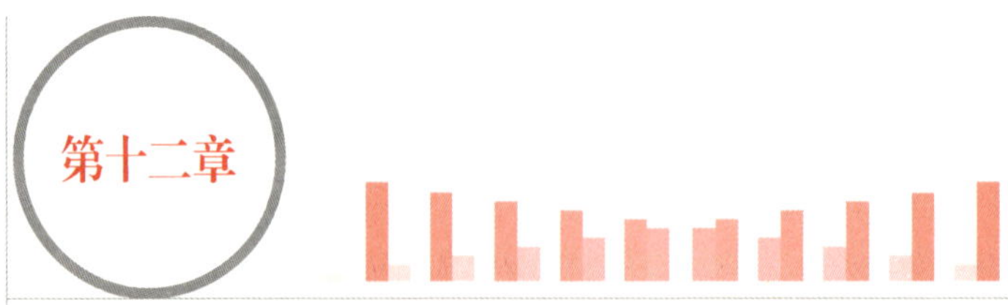

第十二章 安徽省工程造价咨询发展报告

第一节　行业现状

一、综合指标

2021 年，安徽省共有 766 家工程造价咨询企业，比上年减少 1.92%。企业整体营业收入为 86.06 亿元，比上年增长 11.33%。其中，工程造价咨询业务收入 32.09 亿元，比上年增长 18.46%，占全部营业收入的 37.29% 企业利润总额 7.05 亿元，上缴所得税合计 1.54 亿元。

企业从业人员 37165 人，比上年减少 0.94%。全省共有注册人员 12386 人，占造价咨询企业从业人员 33.33%。包含一级注册造价工程师 4223 人，较上年增加了 1.64%，占全省造价咨询企业从业人员 11.36%；二级注册造价工程师 2684 人，较上年增加了 24.66%，占全省造价咨询企业从业人员 7.22%；其他注册执业人员 5479 人，较上年增加了 13.13%，占全省造价咨询企业从业人员 14.74%。

二、工作情况

成功举办安徽省第二届建设工程造价技能竞赛，全省共有 6000 余人参赛，最终有 18 支代表队共 108 名参赛选手进入决赛，产生了团体和个人一、二、三等奖及最佳组织奖和最佳参与奖，部分参赛个人荣获“省五一劳动奖章”“省金牌职工”称号；规范开展工程造价咨询行业优秀成果评选活动，全省共有 159 家企业申报 290 个项目，最终根据评分情况确定了 114 个获奖项目；连续 7 年开展工程造价咨询企业营业收入排序工作，2021 年度共有 185 家企业申报排序，较去年同比增长 16%，排序结果同步推送至信用评价系统；联合举办第五届建筑信息模型（BIM）技术应用大赛，造价行业参与积极，共申报了 21 个项目，创历年新高，经专家评审，造价咨询类共有 10 个项目获奖；参加安徽省住房和城乡建设厅 2021 年度建设工程造价咨询企业及市场行为监督检查；参加 2021 年度省建筑工程质量安全（扬尘防治）“双随机、一公开”监督抽查；参与《2021 年度安徽省住房和城乡建设系统大气污染防治工作方案》编制。

三、发展环境

（1）造价咨询企业数量井喷式发展，监管难度加大。自 2021 年 7 月 1 日住房和城乡建设部取消工程造价咨询企业资质审批后，安徽省从事工程造价咨询业务的企业数量出现井喷式增长，全省营业执照经营范围登记有“工程造价咨询业务”的企业超过 2 万家。目前，《工程造价咨询企业管理办法》尚未修订出台，企业和人员信用管理覆盖面不够，给行业监管带来很大难度。

（2）疫情反复、房地产市场规范对造价咨询企业冲击较大。安徽省造价咨询企业普遍规模不大，实力不强，抗风险能力较弱。尤其是近年新冠疫情反复冲击，给企业带来较大压力，同时叠加房地产市场规范的影响，一定数量实力不强的造价咨询企业的造价业务呈现断崖式下滑。从造价咨询业务收入来看，造价咨询企业“马太效应”逐步显现，差距不断拉大。

（3）咨询企业加快融合，全咨业务发展“乍暖还寒”。鉴于上述情况，尤其是造价资质审批取消后，部分造价咨询企业已被设计、监理等企业合并，全过程咨询业务发展模式已成为大多数造价咨询企业发展方向。但受限于全过程咨询业务标准、收费方法及执业规范等政策性指导文件尚未完善，造价咨询企业整体实力较弱，全过程咨询管理人才缺失等因素导致造价咨询企业主导全咨业务仍有较大困难。

（本章供稿：洪梅、王磊）

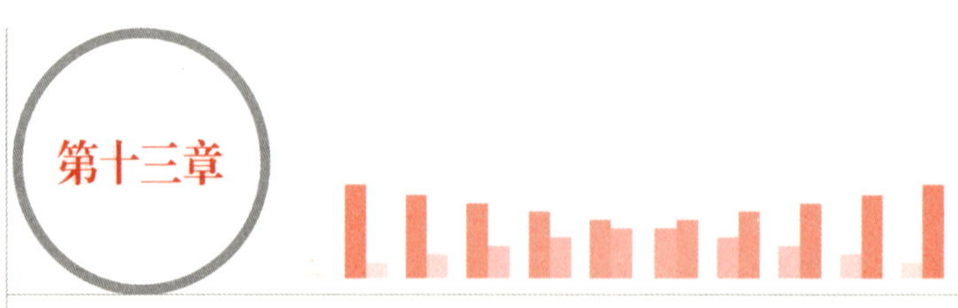

福建省工程造价咨询发展报告

第一节　行业发展现状

2021 年，福建省共有 327 家工程造价咨询企业，占全国的 2.87%，较 2020 年增加 27.24%。工程造价咨询企业营业收入为 47.59 亿元，其中工程造价咨询业务收入为 16.93 亿元。

2021 年，福建省工程造价咨询企业拥有从业人员 29199 人。其中，一级注册造价工程师 2612 人，占比 8.95%。一级造价工程师中，土木建筑专业造价工程师共 1908 人，占一级造价工程师总数的 73.05%；安装专业造价工程师 502 人，占比 19.22%；交通运输专业造价工程师 101 人，占比 3.87%；水利专业造价工程师 101 人，占比 3.87%。

第二节　行业发展环境

一、社会环境

2021 年是“十四五”规划的开局之年，也是新发展阶段新福建建设中具有重要意义的一年。习近平总书记在福建考察时，明确提出“一个篇章”总目标、“四个更大”重要要求和四项重点任务。福建省扎实做好“五促一保一防一控”工作，全方位推进高质量发展超越，各项工作取得新进展新成效，实现了“十四五”良好开局。

二、经济环境

2021 年，福建省地区生产总值 48810.36 亿元，比上年增长 8.0%，一般公共预算总收入 5743.84 亿元、增长 11.3%，地方一般公共预算收入 3383.38 亿元、增长 9.9%，居民消费价格上涨 0.7%，进出口增长 30.9%，城镇登记失业率 3.33%，城镇居民人均可支配收入 51140 元、增长 8.4%，农村居民人均可支配收入 23229 元、增长 11.2%。

2021 年，福建省重点项目完成投资 6331 亿元，新开工重点项目 441 个，众多基础设施和重大产业项目扎实推进。

三、技术环境

2021 年，福建省推动建造方式改革，发展新型建筑工业化，促进新型建筑工业化和智能建造、绿色建造协同发展，持续推进建筑工业化、数字化、智能化以及绿色低碳建设，以实现建筑业高质量发展目标。福建省住房和城乡建设厅联合 9 部门出台《关于加快推动新型建筑工业化发展的实施意见》（闽建筑〔2021〕20 号）。持续加强绿色建筑标准化体系建设，发布实施《福建省绿色建筑设计标准》DBJ/T 13-197-2017、《福建省绿色建筑工程验收标准》DBJ 13-298-2018、《福建省公共建筑节能设计标准》DBJ 13-305-2019、《福建省居住建筑节能设计标准》DBJ 13-62-2019 等 30 余项绿色建筑相关标准。组织实施省级重大专项课题研究，积极推广“四新”技术应用，先后征集海绵城市、绿色建材、污水垃圾处理、装配式建筑等适宜、先进的“四新”技术 130 多项并进行推广。开设全国首个优秀建筑设计永久性展示馆，举办 BIM 技术应用、装配式建筑、智能建造、城乡绿色低碳发展论坛暨绿色建筑主题展等活动。举办第十届热带、亚热带（夏热冬暖）地区绿色建筑技术论坛，第四届数字中国建设峰会新型城市基础设施建设分论坛，采用线上线下交流方式，深入解读政策动态、行业趋势、创新技术和优秀案例。

四、监管环境

规范建筑市场秩序方面，福建省住房和城乡建设厅印发《福建省工程建设领域整治实施方案》，针对工程建设领域设计、监理、施工、工程总承包招标过程中存在的突出问题进行重点整治，为福建省建筑业高质量发展营造良好市场秩序提供了有力保障。

加强工程造价管理方面，持续加强疫情期间的工程造价波动监测，实时反映人工、材料等方面的市场价格行情。福建省住房和城乡建设厅发布《关于房屋建筑和市政基础设施工程造价调整有关事项的通知》（闽建筑〔2021〕21 号），明确落实《保障农民工工资支付条例》，在工程概算造价中增加工程款支付担保费，明确贯彻落实《住房和城乡建设部办公厅关于印发房屋建筑和市政基础设施工程施工现场新冠肺炎疫情常态化防控工作指南的通知》（建办质函〔2020〕489 号），在建筑安装工程造价的总价措施费中增加疫情常态化防控措施费。同时要求各级住房和城乡建设主管部门加强招标文件的备案审查，审查招标文件是否按福建省相关政策和规范文件要求执行。

第三节　行业存在的主要问题及对策

一、行业存在的主要问题

1. 资质取消后，从事造价咨询的单位急增

福建省 GDP 规模不大，相应的固定资产投资较小，造价咨询市场规模也较小，难以培育出规模较大的造价咨询机构。造价咨询资质取消后，许多没有从事造价咨询业务的设计单位、监理单位、施工单位、业主（投资平台）增加了造价咨询业务板块，许多工作室也申请了造价咨询的营业执照，因此，短时间内增加了大量的专营或兼营的造价咨询单位，造成了造价咨询单位小而众的局面。相对于原本就不大的造价咨询市场，却有更多的造价咨询单位参与竞争，势必造成竞争激烈，不但难以造就出规模大的造价咨询机构，还会挤压原来较大造价咨询机构的规模。

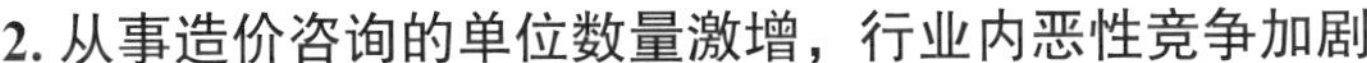

2. 从事造价咨询的单位数量激增，行业内恶性竞争加剧

为了抑制低价不良竞争，规范工程造价咨询企业服务收费行为，净化工程造价咨询市场环境，促进行业健康发展，福建省建设工程造价管理协会联合福建省招标投标协会、福建省建筑业协会联合出台了《关于招标代理、工程造价咨询行业服务收费的指导意见》（闽招协〔2021〕32 号），但是在实际的市场竞争中，业主以低价中标来选择造价咨询单位，甚至以超低价或接近零收费承接业务（特别是结算审核）的现象层出不穷。

由于许多国有企业或国有投资平台自行成立了造价咨询公司，自己投资的工程项目造价咨询业务由自己系统内的造价咨询公司完成，或者国有投资项目的造价咨询业务咨询费在必须招标的金额下，采用直接委托或邀请国有的造价咨询单位投标而排除了市场上的其他民营企业，这种现象持续或进一步发展，将严重挤压原有民营的造价咨询公司的业务，也促使民营造价咨询公司更加激烈地竞争，可能出现更多的低价竞争和违规竞争方式。

3. 由于资质取消后造价咨询单位激增，造成行业人才集聚度更差

福建省造价咨询单位规模绝大部分属于小规模，且以低收费的恶性竞争，造成造价咨询机构的职工加班多、压力大，收入与付出难以成正比，难以留住人才。福建省的造价咨询公司中绝大部分单位的在职职工都在 100 人以内，注册造价师在 20 人以内，人才集聚度不够，难以承接超大型项目的造价咨询业务。由于资质取消又激增了许多造价咨询单位也需要或多或少的专业造价咨询人才，特别是新成立的国有造价咨询单位利用其国有的优势，吸纳了原有的民营造价咨询企业的专业人才，使原有较大型的民营造价咨询企业人才流失，造成造价咨询行业人才聚集度更差。由于取消了资质，对从事造价咨询服务的单位没有一定的造价师人数要求，会造成承接的业务与其技术力量不成比例，严重影响其咨询质量和服务效果。

4. 造价行政管理部门和造价协会对造价咨询行业及单位的监管难度大

造价资质取消后，只公布了《工程造价咨询业管理办法》的征求意见稿，还没有正式的《工程造价咨询业管理办法》。该征求意见稿只要求取得的工商营业

执照营业范围涵盖有造价咨询业务，即可承接造价咨询业务；只要求承接业务应有相匹配的能力和注册造价工程师，没有具体约定与承接业务规模、难度相应匹配的造价工程师人员数量。这样就增加了造价行政管理部门和造价协会对造价咨询行业及单位的监管难度。资质取消而相应配套的法律法规及管理办法和细则没有出台，影响整个行业的有效监管和健康发展。

5. 委托方理念偏差，不利于造价咨询行业的良性发展

一是许多委托人不是采用择优选择造价咨询单位，而是以低价作为选择咨询人的标准，造成低价也低质的恶性竞争，不利于为咨询人提供优质服务，有些低于成本价而产生非法收取财物或受贿索贿的行为时有发生；二是有些委托人为了追求所谓的公平公正，采用抽签的方式来选择咨询人，造成一人挂靠多家参与抽签或几家联合参与抽签的类似于围标串标现象发生。这样，不利于调动和鼓励咨询行业提高自身水平和服务，甚至造成劣币驱逐良币的现象。

6. 从事造价咨询业务的单位技术力量差、管理水平不足，给行业带来不良影响

资质取消后，短时间内增加了大量的专营或兼营的造价咨询单位，有些新从事造价咨询的单位没有足够的技术力量和相应的管理能力，而是承接到业务后委托工作室或临时找外协人员来完成，没有相应的复核审核，最终提供的造价咨询成果质量低劣，有些临时外协人员不遵守执业操守，有意压低或抬高造价而非法获利。企业及个人信用意识及品牌意识较为薄弱，对相关从业技术人员未进行有效约束，缺乏应有的责任意识和风险意识，企业本身资产又无法承担项目实施过程中可能发生的各类风险，给省内造价咨询行业带来不良影响。

7. 造价咨询单位信息化程度低

由于福建省造价咨询机构普遍规模小，咨询收费低，没有足够的资金支撑建立适合本单位业务需求的信息化平台，而向软件公司购买标准的造价信息化平台软件往往适合不了福建市场及其自身公司业务运作的需求，所以除个别公司以外，大多没有建立自己的造价数据库和数据平台。由此造成省内大多数企业信息

化转型缓慢，传统模式下过程资料无留痕、无可追溯性，历史数据难以利用，企业经验仍然靠个人经验积累，企业运营及业务数据难以沉淀，无法实现数据协同、共享及增值。

二、行业应对策略

1. 加强执业过程的信用评价

通过大数据手段随时掌握从事造价咨询业务的单位和执业人员。加强企业与个人的执业信用评价，建立诚信机制。造价咨询资质的取消，降低了造价咨询行业的从业门槛，这就更需要加大事中事后监管。逐步建立事中事后监管制度，完善事中事后监管流程，加强事中事后监管力度。

出台相关规定对低于成本或其他违规违法方式承接业务的行为给予相应处罚，建立不良或非法执业的黑名单和处罚制度，净化造价咨询市场环境，逐步提高造价咨询的信誉度，促进行业的良性竞争。

2. 打造龙头企业，带动行业健康发展

通过搭桥或倡议，促进福建省内造价咨询企业强强联合或并购，形成几家规模大，业绩经验好，技术力量强的龙头企业。省内大型工程项目在合法合规的情况下优先选择省内信誉好、技术力量强的造价咨询公司，以培育省内几家大型造价咨询公司，提高福建省造价咨询行业在国内的竞争力，有利于促进大型咨询公司走向其他省市，甚至走向国外。

引导造价咨询委托方采用择优录取的办法选择造价咨询单位，摒弃低价中标或抽签的办法选择造价咨询单位，促进造价咨询单位以诚信与优质的服务取胜，减少不良的恶性竞争。

3. 建立多渠道多方式人才培养机制，促进从业人员整体素质提升

传统造价咨询企业向提供高附加值的咨询服务转型，需要培养具备项目管理、项目方案策划、设计方案优化、招标投标管理、合同风险管理、项目运营评价等全过程工程咨询综合能力的专业技术人员。完善造价从业人员的继续教育和企业培训工作，有针对性地开展系统化、规范化的培训考核、经验交流，提升造

价人员的从业素质。鼓励企业与高校联动，联合高校师资开展产学研互动，理论与实践相结合，建立人才培养长效机制。

4. 加快共有信息平台建设，推动行业信息化水平整体提升及数据的互通共享

在现有造价平台的基础上进一步研发，串联各企业造价数据，使其实现网状连接。引导企业进行标准化建设，使其做到制度标准化、要求标准化、流程标准化、成果标准化。尽快建立企业信息数据库，包括造价咨询评估概算指标库、人材机市场价格库、咨询全过程管控信息库等方面，提高咨询企业咨询服务的能力、效率和质量。

鼓励较大规模的造价咨询企业自行或联合建立数据库和信息化平台，并参与行业协会的数据库和信息化平台建设，逐步推进建成公共造价数据库和信息化平台，为中小造价咨询企业提供服务。

5. 造价咨询企业的业务创新

将 BIM 技术、大数据技术、互联网 +、区块链等现代信息技术带入咨询行业，促进组织变革和企业转型升级。鼓励企业多元化发展，在做大做强核心业务的同时，采用战略联盟、业务合作等形式，推动企业业务结构调整，逐步向开展投资管控、价值工程、项目管理为主线的全过程咨询服务转型。

（本章供稿：金玉山、谢磊、黄启兴、陈政、黄俊莉、林淑华）

江西省工程造价咨询发展报告

第一节　发展现状

一、从业人员

在取消造价咨询资质的大变革背景下，江西省工程造价咨询企业数量从2020年末的210家增加到2021年末的291家，增幅38.57%；从业人员数量从9657人增加到14917人，增幅54.47%。企业共有注册造价工程师2541人，占全部从业人员的17.03%，其他专业注册执业人员1450人，占比9.72%。

江西省不同地区工程造价从业人员分布差异较大，从业人员更愿意在经济状况良好且具有区位优势的地区就业，南昌市因区位优势、行业发展规模等原因，从业人员与专业技术人员总数均位居首位，远超其他地区。赣州市具有一定优势，萍乡市、九江市、上饶市次之。景德镇市和宜春市的从业人员、专业技术人员及注册造价工程师从总人数上看均排在全省倒数，发展缓慢。

二、营收情况

2021年，江西省工程造价咨询企业全部营业收入34.14亿元，比2020年增长25.79%。其中，工程造价咨询业务收入为15.41亿元，比上年增长19.18%，占全部营业收入的45.14%。企业平均营业收入为1173.20万元，人均营业收入为22.89万元。

各地区间发展极不平衡，南昌市各项数据均领跑全省，占全省整体营业收入的73.80%，赣州市占比为8.57%，地区差异显著。人均营业收入最高的前三位是萍乡市、景德镇市、南昌市，最低者为新余市，各地区人均营业收入极度不平衡。

三、学术研发能力

组织开展了2021年度学术研究活动，共收到论文209篇，获奖104篇，其中一等奖7篇、二等奖40篇、三等奖57篇；2021年8月，联合造价培训机构开展了线上公益讲堂——“建设工程施工合同案例实务解析”培训活动；主办了江西省第三届工程造价技能大赛，大赛团体冠、亚、季军分别由景德镇、宜春、九江3支代表队获得，8支代表队获得优秀组织奖，产生冠、亚、季军3人，9人获得“金牌造价师”称号，17人获得“优秀造价从业者”称号。

四、主要工作情况

组织开展2021年江西省工程造价咨询企业信用评价工作，全省共评出AAA企业38家，AA企业6家，A企业7家；开展先进造价咨询单位、先进单位会员、先进个人会员评选活动，共评选出先进造价咨询单位49家，先进单位会员8家，先进个人会员186人；组织制定了《江西省建设工程造价咨询业行业自律成本参考价》(试行)，有利于抑制行业违法低价恶性竞争和遏制腐败现象滋生；根据行业自律相关文件精神，对十家违反行业自律公约的企业给予记行业自律不良行为一次，予以通报并报送相关单位和部门；举办江西省2021~2022工程造价专业毕业生专场招聘会，为2022届600余名工程造价专业毕业生提供了200余个岗位；配合做好造价工程师注册、继续教育、教材印刷等相关工作。

第二节 发展环境

一、政策环境

1.取消工程造价咨询企业资质审批，加强事中事后监管

为深入贯彻落实《江西省推进法治政府建设工作领导小组办公室关于进一步

推进江西省“双随机、一公开”行政执法监督平台运用工作的通知》（赣法府建办字〔2021〕1号）精神，江西省住房和城乡建设厅开展了2021年度“工程造价咨询企业从事工程造价咨询业务活动”“注册造价工程师注册、执业和继续教育”的双随机抽查工作。

2. 加快推进全过程工程咨询服务发展

2021年6月4日，江西省住房和城乡建设厅会同省发展改革委联合印发了《关于加快推进我省全过程工程咨询服务发展的实施意见》（赣建建〔2021〕7号），强调要深化工程领域咨询服务供给侧结构性改革，重点培育发展投资决策综合性咨询和工程建设全过程咨询，破解工程咨询市场供需矛盾，创新工程咨询服务组织实施方式，大力发展以市场需求为导向、满足委托方多样化需求的全过程工程咨询服务模式，加快培育江西省全过程工程咨询服务市场，推动全过程工程咨询行业高质量发展。积极引导投资咨询、勘察、设计、监理、招标代理、造价咨询、项目管理等企业，采取联合经营、并购重组等方式发展全过程工程咨询。

二、市场环境

随着2020年房地产“三大红线”的出台，房地产市场整体降温，从国家统计局网站公布的江西省近5年房地产开发企业购置土地面积变化情况可以看出，2021年房地产开发企业购置土地面积明显少于2020年，降幅高达40.84%，与此直接相关的新开工面积也呈下滑趋势。

三、技术环境

1. 智能建造与建筑工业化协同发展趋势明显

2021年，江西省住房和城乡建设厅发布了《关于推动智能建造与建筑工业化协同和加快新型建筑工业化发展的实施意见》（赣建字〔2021〕1号），大力推进智能建造与工业化建筑发展配套需求的技术标准建设，建立科学的市场化工程造价管理体系，完善现有的工程计价依据和规则。实施意见要求积极做好相关工程造价指数、指标和计价材料、部品部件价格信息的采集、审核和及时发布工作，为工程计价工作的开展提供保障和支撑作用，确保全省智能建造与建筑工业化发展工作行稳致远。

2. BIM 技术在全过程造价管理中的应用更加充分

随着 BIM 技术深入发展，在 3D 模型基础上，增加时间和成本维度，即 BIM5D 技术，为项目各参与方提供了一个协同工作的平台，基于 BIM5D 平台，可以获取任意时间段内完成的工作量及其对应成本，可将成本控制细化到任何一个时间段内，随时分析相关的成本费用，从源头上避免项目完工后才发现超预算的情况。利用 BIM 技术进行全过程造价管理，能及时对工程中出现的突发状况进行协调与控制，避免出现实际成本超预算的情况。随着工程造价改革工作的持续推进和 BIM 技术在工程项目全过程应用的要求，BIM 技术与造价管理的联系必将更加紧密，搭建工程造价基础数据库和 BIM 云服务平台，实现 BIM 技术在工程造价管理全过程的集成化应用是今后的主要发展方向。

第三节 主要问题及对策

一、行业存在的主要问题

1. 恶性低价竞争现象突出

在省网上中介服务超市，存在不合理地以下浮率 100% 的零服务收费报价中选问题。江西省住房和城乡建设厅于 2021 年 7 月 14 日发布了《关于我省工程造价咨询业一起以恶意压低收费进行不正当竞争行为的通报》(赣建城镇〔2021〕17 号)，江西省工程造价协会分别于 2021 年 7 月 22 日、2021 年 8 月 30 日发布了通报。

2. 全过程造价咨询的综合技术服务能力亟待提升

造价咨询同质化竞争明显，经营范围狭窄，业务单一，业务范围主要集中在房屋建筑、市政工程领域，业务收入主要来源于控制价编制、施工阶段造价控制、预结算审查。能为业主提供项目全寿命周期的咨询服务，包括项目价值研究及管理、风险分析及管理、项目投资估算、合同管理、投资收益分析等内容的企业较少，企业外向度偏低，企业核心竞争力亟待提升。

3. 高素质复合型造价人才紧缺

从事工程造价管理的技术人员普遍存在知识面较窄，技术水平不足的问题。绝大多数从业人员只能单纯地开展招标控制价、投标报价、工程结算的编制及审核业务，对于项目经济评价、工程设计造价分析、设计方案优化、全寿命周期造价管理及索赔、风险管理等真正意义上的造价智力服务则很少涉及。因此，大部分工程造价人员主要集中于计量计价的基础性业务，缺乏综合运用技术、经济、管理、法律、信息等知识提供增值服务的能力。

4. 工程造价信息化建设不足

在工程造价信息化建设中，信息质量和数量非常重要，不少工程造价信息采集和管理技术较为落后，使得实际信息量比较少，且消耗时间多，难以及时做到信息更新、采集和加工。不同的计价软件和计量软件之间无法实现数据的无缝对接，使得行业内的造价信息互联互通、数据共享及数据间的交换较差。

二、应对策略

1. 加快行业信用体系建设及强化成本参考价管理

加快构建以信用管理为核心的新型市场监管机制，建立工程造价咨询企业和造价工程师信用信息。完善以工程量造价咨询企业和从业人员执业行为及执业质量为核心的动态信用评价机制，积极纳入整体信用建设体系，促进造价咨询企业规范执业、有序竞争。

对网上中介服务超市库内企业加大线上和线下同步核查力度，确保入库企业的人员、场所与入库申请信息一致；引入类似政府采购平台的围标串标检测技术，对网上竞标过程中由同一台电脑或者同一序列 IP 终端参与竞标进行技术甄别、判定；引导各委托方在选取服务机构时，对低于成本参考价中标企业审慎考量；对于恶性低价中标企业进行通报，列入不良信用甚至黑名单，限制参与项目竞标。

新政策下造价咨询管理部门最紧迫的任务，就是建立一个良好的市场竞争秩序，杜绝恶性竞争、投机执业，让市场真正拼的是公平的实力。

2. 提升企业综合服务水平

造价资质取消后，行业“隔离墙”被打破，造价、招标代理、监理等产业融合，甚至转型全咨企业成为企业发展的主流方向，多元化经营势在必行。咨询企业应逐步建立一套完整的造价管理体系，形成涵盖各阶段业务指导书，保证造价人员在标准流程指导下规范工作。在造价管理过程中，应用价值工程、限额设计、合同管理、信息管理等方法，使全过程造价管理的深度满足项目管理要求，准确把握市场需求，为业主提供专业化、有针对性的服务。

3. 加强复合型人才队伍建设

随着经济体制的完善和投资主体多元化，新项目建设对全过程造价的需要，注定对造价人员会提出更高的要求，造价工程师要更加深入和全面进入建设项目全过程造价管理的研究和工程实践。造价咨询企业应高度重视全过程工程咨询的项目负责人及相关专业人才的培养，建立和完善与全过程工程咨询服务相适应的规章制度，通过校企合作、行业研究、开展国际交流等方式培养和引进高素质人才，融政策性、技术性、经济性、实践性为一体，打造多层次高水平复合型造价咨询人才，为开展全过程工程咨询服务提供必要的人才支撑。

4. 强化造价管理信息化和大数据积累及应用

在大数据背景下，加强造价信息化建设，有效发掘和利用数字化技术，对工程造价数据进行预处理，构建完善的数据库系统，完成数据处理之后，在相关数据库中存储，做好应用转化，最大限度地提高工程项目经济效益和社会效益。大力开发和利用建筑信息模型（BIM）、大数据、物联网等现代信息技术手段和资源，努力提高信息化管理与应用水平，为开展全过程工程咨询业务提供保障。

（本章供稿：邵重景、赖星华、花凤萍、许方强、米映应、刘盛华）

山东省工程造价咨询发展报告

2021年，山东省工程造价咨询行业积极拥抱行业变革，继续保持良好发展态势。企业数量持续增加、企业规模不断壮大、技术力量逐步增强、行业收入稳步增长、业务范围进一步拓展，行业转型升级和高质量发展平稳有序推进。

第一节　发展现状

一、企业年报数据分析

1. 企业规模不断壮大，技术力量持续增强

2021年，山东省工程造价咨询企业数量871家，同比增长14.01%。工程造价咨询行业从业人员50974人，同比增长13.06%。其中，一级注册造价工程师8362人，同比增长12.63%，占全部造价咨询企业从业人员的16.40%；其他注册执业人员7726人，同比增长28.47%，占全部造价咨询企业从业人员的15.16%。

2021年，山东省工程造价咨询企业营业收入为150.63亿元，同比增长20.12%。其中，工程造价咨询业务收入76.69亿元，占行业总收入的50.91%，同比增长22.70%。

2. 工程造价咨询企业发展向大企业集中

2021年，山东省工程造价咨询企业从业人员超过300人的有33家，占总数

的 3.79%，同比增长 17.86%；从业人员在 100~300 人之间的有 84 家，占总数的 9.64%，同比增长 7.69%。

2021 年，山东省工程造价咨询企业造价咨询业务收入超过 5000 万元的企业 28 家，数量占 3.21%，造价咨询业务收入合计 26.67 亿元，占行业收入的 34.78%；造价咨询业务收入 1000 万元以上的企业 180 家，数量占 20.67%，造价咨询业务收入合计 58.55 亿元，占行业收入的 76.35%；造价咨询业务收入 100 万元以下的企业 232 家，数量占 26.64%，造价咨询业务收入合计 9455 万元，占行业收入的 1.23%。

二、市场公开招标投标数据分析

1. 招标投标项目及成交价格成增长趋势

从公开招标项目的总体数量统计，2020 年共 842 个项目，2021 年共 1021 个项目，2021 年招标数量较 2020 年增长约 21%。从公开招标投标的总体成交价格统计，2020 年共计 27.02 亿元，占总收入的 43%；2021 年共计 39.87 亿元，占总收入的 52%，公开招标的项目呈增长趋势，总成交金额增长 47.56%。

2. 房屋建筑工程和市政项目占主要地位

公开招标投标项目涉及房屋建筑、市政、公路、铁路、轨道交通、水利、电力及其他行业，房屋建筑和市政类项目数量占比最大，其中房屋建筑项目约占 43%，市政约占 18%，其次为电力、水利、公路、铁路、轨道交通等。

房屋建筑行业成交金额约占总成交额的 43%，市政行业约占 33%，水利行业约占 13%，公路行业约占 4%，电力行业约占 3%，铁路行业约占 1%。

3. 全过程咨询业务公开招标投标的比例最高

对 2020 年和 2021 年公开招标项目按专业划分统计，专项造价咨询服务类项目有 373 个，占比 19.98%；全过程造价咨询服务类项目有 820 个，占比 43.92%；全过程工程咨询服务类项目 308 个，占比 16.5%；评审服务类项目 324 个，占比 17.35%；其他类服务类项目 42 个，占比 2.25%。

全过程工程咨询业务成交金额占总成交金额的 50%，全过程造价咨询业务占 33%，专项造价咨询业务占 8%，评审业务占 8%，其余占 1%，全过程工程咨询业务与全过程造价咨询业务成交金额较高。

4. 财政资金和国投投资项目占公开招标投标项目的主导地位

公开招标财政资金对应项目数量占比为 64%，国有资金占 21%，民营资金占 15%，财政资金对应项目数量占比最高，民营资金对应项目数量占比最低。

财政资金对应成交金额占 50%，国有资金占 29%，民营资金占 21%，全过程造价咨询业务、专项造价咨询业务、评审类业务及全过程工程咨询业务中财政资金均占比最高。

5. 公开招标投标项目本地企业中标比例大

通过对中标企业注册地的统计，造价咨询业务公开招标项目中标企业注册地集中在山东省境内，外省企业参与本省招标投标的中标数量较低。

通过对中标企业中标项目情况的统计，公开招标项目中标企业集中在当地，公开招标项目数量越少本地企业的中标率越低。

三、工作情况

搭建校企合作平台，组织企业参加高校毕业生双选会；举办多种形式的培训会议，结合造价工程师继续教育，开展专业人员技能提升培训，采用线上线下相结合的方式，开展高端专题讲座；成立标准化工作委员会，修订《标准化工作委员会团体标准管理办法》，2021 年立项编制 4 项，立项修订 1 项，完成发布 4 项《装配式建筑预制混凝土构件生产标准化管理规程》T/LESC-01-2021、《陶瓷粉加气混凝土墙体保温系统建筑构造》T/LESC-02-2021、《陶瓷粉加气混凝土砌块墙体自保温系统应用技术规程》T/LESC-03-2021、《建设工程造价争议评审规范》T/LESC-05-2021；创刊《山东造价工程师》会刊，每季度发行 1 期，2021 年 3 月底完成首刊编辑，到 2021 年底发行至第 3 期。

创新提出“调评裁一体化”纠纷解决模式，得到山东省高级人民法院的肯定和推广：截至 2021 年底，共接受法院委派调解案件 218 起，调解成功 50 件；接受历城法院法官的技术咨询 11 件，专业应用率百分之百；自行承接来自于社会的调解申请 41 件，调解成功 35 件；处理争议评审申请 54 件，出具评审决定的 51 件。成功化解争议金额超过 10 亿，所有案件结案后无上诉，起到判后息诉的作用。

第二节　发展环境

一、社会环境

为深入学习贯彻习近平新时代中国特色社会主义思想，全面贯彻落实党的十九大和十九届历次全会精神，认真落实习近平总书记对山东工作的重要指示要求，山东省委、省政府研究确定了三批《2022 年“稳中求进”高质量发展政策清单》，在投资和消费领域同时发力，以点带面，支持扩大有效需求。内容包括适度超前开展基础设施建设、支持农业农村经济发展、支持开展新型城镇化建设三个方面。

为推动城乡建设绿色发展，按照山东省委、省政府工作部署，省住房和城乡建设厅会同相关部门，广泛征求各方意见建议，形成了《山东省人民政府办公厅关于推动城乡建设绿色发展若干措施的通知》，以省政府“鲁政办发〔2022〕7 号”文件予以发布。内容包括构建城乡绿色发展空间载体、推动基础设施绿色升级、推进建造方式绿色转型、推动形成绿色治理模式等方面。

为全面贯彻新发展理念，推动新型建筑工业化全产业链发展，促进建筑业转型升级和高质量发展，2022 年 5 月 8 日，山东省住房和城乡建设厅等 6 部门发布《关于推动新型建筑工业化全产业链发展的意见》，内容涵盖加快发展工业化建造、协同发展智能化建造、积极发展绿色化建造、推动产业集聚化发展、创新组织管理模式、强化支撑能力建设、保障措施七个方面。

二、经济环境

《山东省住房和城乡建设事业第十四个五年规划（2021—2025 年）》正式发布。“十四五”规划提出的发展总体目标是：住房市场体系和住房保障体系建设取得新成效、城市品质实现新提升、产业升级实现新突破、改革攻坚迈出新步伐、乡村建设达到新水平。“十四五”期间，全省开工改造城镇老旧小区 240 万户，改造棚户区 50 万套，住宅小区物业服务覆盖率达到 90%；新增城市道路 6000 公里，新增公共停车位 12 万个，新建改造修复城区污水管网 5000 公里、雨水管网 5000 公里；城市（县城）再生水利用率达到 50%，人均公园绿地面积达到 17.5 平方米，生活垃圾焚烧处理率达到 85%，清洁取暖率达到 80% 以上；全省施工综合资质企业达到 60 家，年产值过 100 亿元企业集团达到 40 家，新增绿色建筑 5 亿平方米，新开工装配式建筑 1 亿平方米。

三、技术环境

山东省住房和城乡建设厅、山东省发展和改革委员会、山东省财政厅共同印发了《山东省工程造价改革实施方案》，主要目标是到 2025 年，基本形成覆盖各阶段、包含各专业、来源市场化、服务信息化的工程计价依据体系，初步建立市场决定价格的工程造价形成机制，进一步完善与之相适应的监督管理制度。包括完善市场化工程计价规则、搭建工程造价大数据服务平台、引导市场主体转变计价模式、严格合同履约和价款结算管理、提高政府投资项目造价管理水平、推动造价咨询行业转型升级六个方面。

四、监管环境

山东省住房和城乡建设厅对工程造价咨询企业实行“双随机、一公开”部门联合检查。2021 年 5 月 31 日前，各市住房和城乡建设局建立市级检查对象库，登录山东省政府部门联合“双随机、一公开”监管平台（以下简称“平台”）发起检查任务，随机抽取不少于 5% 的检查对象。2021 年 6 月 8 日前，各市住房和城乡建设局、市场监督管理局分别登录平台，录入检查人员名单，完成人员的随机分组、抽取工作。2021 年 7 月 8 日前，检查人员根据工作职责，对检查对象进行现场检查。2021 年 7 月 31 日前，检查人员按照“谁检查、谁录入、谁公示”的原则，将检查结果录入平台，对外公示，接受社会监督。

第三节 主要问题及对策

一、主要问题

1. 缺乏前期策划能力，无法规避后期风险

建筑项目工程开发前期咨询的策划工作在整个项目中占据着重要地位，可以有效整合建筑工程中的资源，减少项目运行中出现的偏差，建筑项目工程能否获得预期的收益，是由建筑工程前期阶段的策划方案、规划设想、项目定位、操作模式等决定的。全过程工程咨询服务阶段从项目可研立项到项目竣工，然而，目前大多数造价咨询企业更多侧重于施工阶段的投资目标控制，对建设工程项目前期阶段的咨询工作并不熟悉，缺乏前期策划能力，往往存在重预算、轻估算、概算的情况，对于项目可行性研究及技术经济方案比选不能做出准确预估，甚至在施工图纸不全的情况下，进行招标投标签订施工合同，导致图纸后期变更较多，使通过竞争签订的施工合同价格流于形式，为业主规避后期可能因“三超”而引发投资失控问题的水平还有待提高。

2. 从业人员水平不齐，风险责任意识有待提高

造价咨询业从业人员的专业水平参差不齐问题非常突出。业务知识比较单一，计算分析时出现的错、漏、缺、不熟悉人材机的市场价格等问题，将直接降低工程造价成果文件质量，也影响造价从业人员的专业形象。从业人员在职业道德方面的问题也较为突出，风险意识淡薄，责任意识差，成为影响工程造价咨询企业健康发展的一大制约因素。

3. 全能型人才匮乏，传统思维难以转变

传统造价咨询企业侧重于项目造价人员的培养，项目人员也是由造价工程师、造价员等组成，但随着全过程工程咨询模式的推广，从项目立项到项目竣工及运营阶段的全过程管理人员十分匮乏，无法做到对项目的全过程管控。全过程工程咨询要求对项目全过程（立项—竣工）进行管控协调，无疑对造价咨询人员提出更高的要求，某些多年从事造价咨询业务的人员更多侧重于技术层面，对于

管理协调等缺少经验，且因循守旧，缺乏探索精神，不利于造价咨询企业为发展全过程工程咨询业务培养全能型人才。

4. 中小造价咨询企业由于自身限制，缺乏核心竞争力

全过程工程咨询业务开展如火如荼，某些造价咨询企业已意识到转型升级的风口，实力较强的造价咨询企业依据自身实力因素逐步开展全过程工程咨询业务；然而，对于中小造价咨询企业，本身就在造价行业中生存艰难且行业竞争激烈日益激烈，致使中小造价咨询企业只能通过降低收费来获取造价业务，为缩减业务成本，提高盈利，企业只能缩减单个项目人员配备数量，增加人员工作量，不利于增加企业人员的工作积极性，往往造成人才流失。在此情况下，中小造价咨询企业无自身的核心竞争力，只能靠压低报价来增加业务量，长此以往，造成行业的恶性循环，导致工程造价咨询企业盈利能力大幅下滑。全过程工程咨询业务更强调人才的重要性，而中小造价咨询企业人才的缺失，管理制度的不完善，组织架构的不合理都将成为限制其转型发展的重要因素。

二、应对措施

1. 发展全过程工程咨询业务，提供全过程造价咨询服务

随着业主对造价工程师服务质量的要求日益提高，对造价咨询出具的成果精度要求也在不断提高，传统的造价咨询业务已不能满足业主日益提升的需求，造价工程师需从项目前期介入，深入一线，熟悉项目建设程序、项目特点、项目重难点、项目管理过程等，进行全过程的造价咨询服务。

2. 建立风险责任机制，实行失信惩戒制度

建立风险责任机制，健全行业自律制度、执业保险制度。实行风险责任制，强调个人责任，淡化单位的专业责任。加强工程造价企业的日常监督管理，推动工程造价企业履约能力和诚信建设，引入信用评级机构，根据工程咨询机构及其从业人员的履约纪录、执业记录等进行信用评级。以促进造价咨询人员自觉遵守市场经济秩序，形成良好的职业道德，严谨认真地完成工作任务。

3. 整合互补资源，积累项目业绩

大部分造价咨询企业受限于企业的资质、服务范围、人员业绩等，单独承接全过程工程咨询业务存在一定难度。为拓展业务市场，可优先选择与其业务互补的企业组成联合体进行投标，共同承接全过程工程咨询业务，可避免短时间内由于其自身限制条件无法开展全过程工程咨询业务的问题，还能在项目开展过程中更好地积累项目经验，为进一步拓展服务范围打下基础。整合互补资源是积累全过程工程咨询业绩的一种方法，更是造价咨询企业开展全过程工程咨询业务的重要手段。

4. 重组企业架构，提供组织保障

造价咨询企业因其服务范围的有限性，服务模式单一，不克服这一问题无法真正做到全过程工程咨询，实力强劲的造价咨询企业可通过企业兼并重组，补充完善前期、设计、监理等业务版块，完善相应部门设置，为后续开展全过程工程咨询业务提供组织保障。

5. 优化培训体系，培养全能性人才

高效能的培训体系，不仅能够促使员工增加企业绩效，还有利于吸引留住人才。目前，越来越多的人才选择企业会更多地关注学习和未来发展等因素。因此建立有效的企业人才培训机制是吸引人才、留住人才的重要保障。为有效解决造价咨询企业人才流失问题，企业内部应构建有效的培训机制，充分了解培训需求，制定人才发展通道，针对不同人群制定不同的培训计划。

造价咨询企业转型升级成全过程工程咨询企业，不仅要培养各专项业务人才，更需要培养企业全能型管理人才。全过程工程咨询业务涉及前期咨询、设计阶段、发承包阶段、施工阶段、竣工及保修阶段等阶段管控内容，项目总负责人不仅要具备各阶段的业务能力，更要具备统筹协调能力，才能做到真正对项目总体进行把关。因此培养全过程工程咨询项目负责人，一方面可以培养造价咨询企业项目负责人向项目负责人转变；另一方面可以引进企业外综合型管理人才。积极组织相关专业知识培训，不断提升服务能力。为今后开展全过程工程咨询业务，储备更多集管理、经济、法律、技术于一体的多层次、高水平、综合型人才。

6. 构建企业数据库，提升信息化管理水平

随着政策导向日趋明显，建设方的成本管控需求也逐渐加强，数据库的建设，不仅能积累经验数据使工作提质增效，还可以避免因经验人员工作调动等带来的数据丢失问题。因此构建企业数据库是造价咨询企业转型升级的重要步骤。

随着信息化技术快速发展，大数据、互联网、云计算、BIM 等技术也逐渐成熟，数据分析积累系统及智慧工地等先进的信息技术也在工程建设及服务过程中不断被应用及创新，依托这些先进的信息管理技术及工具，对项目进行全过程管理工作，便于提升工作效率。

企业数据库的构建及信息化管理水平的提升，将为造价咨询企业开展全过程工程咨询提供真实有效的经验数据，也为今后进行深层次的数据分析奠定基础。

（本章供稿：于振平、张倩、杨宝峰、孙夏）

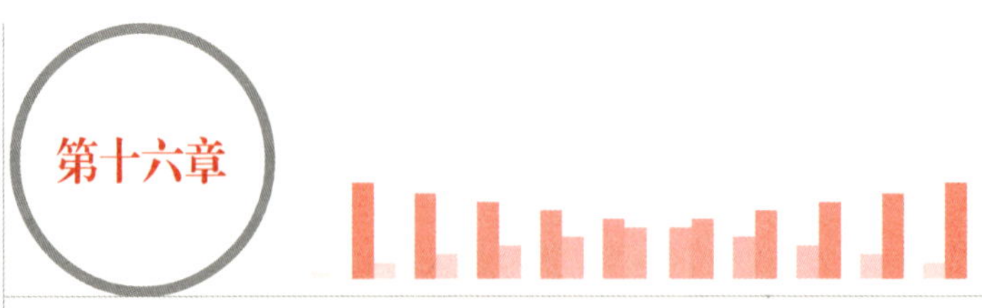

河南省工程造价咨询发展报告

第一节　发展现状

2021 年，河南省工程造价咨询企业共有 455 家。企业的工程造价咨询业务收入为 29.86 亿元，比上年增加 4.32 亿元。企业完成的工程造价咨询项目涉及的工程造价总额约 17349 亿元，比上年增加 1394 亿元。

收入排名前 30 位的工程造价咨询企业造价咨询业务收入合计 13.68 亿元，占全部工程造价咨询业务收入比例 45.8%。工程造价咨询企业收入 1 亿元以上有 2 家，占比 0.4%；工程造价咨询企业收入 1000 万元以上有 80 家，占比 17.6%；工程造价咨询企业收入 500 万元以上有 139 家，占比 30.5%。

2021 年，河南省工程造价咨询企业从业人员合计 41254 人，其中一级注册造价工程师 4064 人，占从业人员总数的 9.9%，比 2020 年增加 107 人，增长 2.7%。2021 年，河南省一级注册造价师考试通过 3527 人，其中土建安装工程 3116 人、交通运输工程 283 人、水利工程 128 人。

第二节　发展环境

一、专业政策环境

1. 推进工程造价市场化改革实施方案

2021 年 8 月，为充分发挥市场在资源配置中的决定性作用，建立通过市场竞争

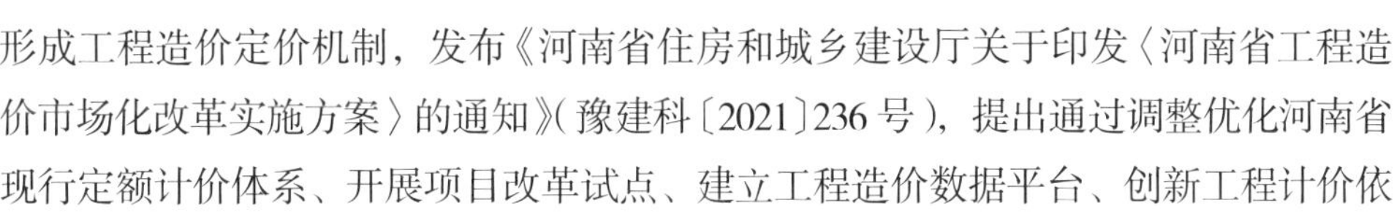

形成工程造价定价机制，发布《河南省住房和城乡建设厅关于印发〈河南省工程造价市场化改革实施方案〉的通知》（豫建科〔2021〕236号），提出通过调整优化河南省现行定额计价体系、开展项目改革试点、建立工程造价数据平台、创新工程计价依据管理监督机制、建立工程造价纠纷行政调解机制等措施，积极推进工程造价改革。

2. 深化“证照分离”改革

2021年7月15日，《河南省人民政府办公厅关于印发河南省“证照分离”改革全覆盖实施方案的通知》（豫政办〔2021〕30号）发布。“证照分离”进一步激发市场主体发展活力，为河南省造价咨询企业带来了重大机遇与挑战。

3. 落实工程建设标准化改革要求

2021年12月，发布《河南省住房和城乡建设厅关于印发2021年工程建设标准编制计划的通知》（豫建科〔2021〕408号），启动了43项标准编制工作。

4. 河南省政府出台措施及政策支持灾后恢复重建

2021年7月，河南郑州受“7·20”特大暴雨灾害和新冠肺炎疫情影响，不少企业生产经营面临很大困难，为加快推动灾后重建和全面复工复产，帮扶受灾企业渡过难关，快速全面恢复市场主体活力，河南省人民政府办公厅印发了《河南省支持企业加快灾后重建恢复生产经营十条措施》，同时河南省财政、税务、发展改革、住房和城乡建设等部门也相继出台了支持灾后恢复重建的有关措施及政策。

二、经济环境

1. 宏观经济环境

2021年，河南省生产总值58887.40亿元，同比增长6.3%。其中，第一产业增加值为5620.82亿元，同比增长6.4%；第二产业增加值为24331.65亿元，同比增长4.1%；第三产业增加值为28934.93亿元，同比增长8.1%。

固定资产投资（不含农户）比上年增长4.5%。其中，第一产业投资下降10.4%，第二产业投资增长11.6%，第三产业投资增长2.4%。基础设施投资增长0.3%，民间投资增长4.4%，工业投资增长11.7%。

2021年，全省亿元及以上固定资产投资在建项目10324个，完成投资比上年增长7.0%。

2. 建筑与房地产业经济形势

2021年，全省建筑业总产值达到14192.01亿元，比上年增长8.1%。建筑企业新签合同额17164.96亿元，增长7.7%。

2021年，房地产开发投资7874.35亿元，比上年增长1.2%。其中，住宅投资6696.09亿元，增长3.8%。全年房屋施工面积62688.17万平方米，增长7.3%；新开工面积13652.89万平方米，下降3.3%；商品房销售面积13277.19万平方米，下降5.8%；年末商品房待售面积2766.98万平方米，比上年末增长5.3%。城镇保障性安居工程住房基本建成21.30万套，新开工15.86万套。

三、技术环境

1. 完善工程计价依据

为服务河南省老旧住宅小区综合整治工程及灾后恢复重建工作，满足房屋修缮工程计价需要，河南省定额站启动了《河南省房屋修缮工程计价依据》编制工作。

2. 重视造价行业人才培养

为快速提高工程造价行业新人的业务水平，开展“河南省工程造价行业新人职业技能培训”；为弘扬建设工程造价行业工匠精神，提升造价从业人员专业水平，河南省建设工会、河南省建筑工程标准定额站和河南省注册造价工程师协会联合举办了“河南省第四届工程造价技能大赛”。

3. 专业技术助力行业发展

河南省标准定额系统组织开展了以“千名造价师工程造价技术服务下基层”活动为主题、以造价技术服务为重点的工程造价技术服务下基层活动。活动期间，工程造价技术人员深入贫困偏远地区和一线施工企业，帮助解决施工企业技术力量薄弱问题，化解施工期间造价技术问题。

四、监管环境

1. 创新完善监管方式，加强事中事后监管

2021 年 3 月，发布《关于动态开展 2021 年河南省工程造价咨询企业信用评价工作的通知》（豫价协〔2021〕1 号），进行动态信用评价，加强了河南省工程造价行业自律体系建设。

2021 年 8 月，发布《河南省住房和城乡建设厅关于开展 2021 年度工程造价咨询企业随机抽查的通知》（豫建科〔2021〕243 号），开展工程造价咨询企业随机抽查工作，营造了公平竞争、诚信守法的市场环境。

2. 开展计价软件动态考核，提高软件服务水平

2021 年 9 月，发布《河南省建筑工程标准定额站关于开展建设工程计价软件 2021 年度动态考核的通知》（豫建标定〔2021〕31 号），进一步加强建设工程计价软件行业的监督管理，保障计价软件内容符合国家规范，规范计价软件企业市场行为，提高计价软件企业的服务水平。

3. 推广应用工程造价职业保险

2021 年 8 月，发布《河南省住房和城乡建设厅关于印发〈河南省推广应用工程造价职业保险工作方案〉的通知》（豫建科〔2021〕235 号），引导工程造价咨询企业积极参与工程造价职业保险。

第三节　主要问题及对策

一、面临的主要问题

1. 全过程工程咨询业务推进缓慢

2021 年，河南省公开招标的全过程工程咨询项目约占总体招标项目的 1%，工程造价咨询企业参与约 30%，总体数量偏少。部分政府投资类项目由于受到项目概算列支不清晰、财政支付规则等问题影响，采用全过程工程咨询招标的项

目数量少，降低了工程咨询企业参与的积极性。

2. 综合型专业技术人才缺乏，制约企业咨询服务升级

工程造价咨询企业大部分从业者知识结构比较单一，仅擅长算量和计价，不能在项目全过程的投资管控、成本管理方面为业主提供更有价值的服务。在全过程工程咨询服务和基于BIM的项目管理中缺乏综合型管理人才，制约了企业咨询服务升级。

3. 数字化转型落地困难

河南省工程造价咨询企业规模普遍较小，企业投资数字化平台或系统费用较高，不利于实现数字化商业模式。同时数字化转型缺乏成功案例和标杆效应，导致中小型企业数字化转型落地困难。部分工程造价咨询企业搭建了企业数据库，但由于单一企业业务量少、业务类别有限，且工程造价数据库缺乏统一数据标准，使工程造价数据共享难以实现。

4. 造价咨询行业竞争加剧

工程造价资质取消，市场更加开放，企业数量增长较快，加剧了市场竞争。特别是受疫情影响，一些企业为了维持经营，竞相压价，甚至有企业恶性低价竞争，严重影响了整个行业的良性发展。

5. 工程造价咨询企业发展受阻

由于疫情和建筑市场增速放缓，建筑行业普遍出现延期支付各类费用的现象，对工程造价咨询企业的经营活动产生了较大影响。部分造价咨询企业通过裁员、控制发展规模等措施来降低经营成本，进一步阻碍了咨询企业的发展。

二、应对措施

1. 积极引导全过程工程咨询发展

全过程工程咨询发展需要多方支持，政府部门引导政府投资项目率先采用全过程工程咨询服务，行业主管部门鼓励工程决策和建设阶段采用全过程工程咨询

模式，通过示范项目的引领作用，促使企业探索和开展全过程工程咨询，及时总结和推广经验，积极引导全过程工程咨询发展。

2. 培养综合型专业人才队伍

企业应树立拓展业务范围的意识，深挖内部人员潜力，引入多领域专业人才。行业协会搭建平台，促进不同专业人员相互学习、深度配合，加强企业间交流，培养综合型专业人才队伍。

3. 鼓励企业数字化转型，实现工程造价数据共享

通过树立数字转型标杆企业，出台相关政策支持措施，推广大数据、AI算量、人工智能、BIM等技术，为建设项目增值。鼓励造价咨询企业在市场营销、业务管理、运营管理中，积极采用数字化技术，做好客户管理、业务数据的收集和应用，推动行业的数字化转型。鼓励企业建立自己的企业数据库，逐步形成区域大数据库。推进工程中人工、材料、施工机械分类标准及编码规则、工程经济技术指标采集标准、工程造价成果数据交换标准的编制及推广，实现工程造价数据互联、共享。

4. 加强行业自律，营造良好的市场环境

深入推进行业信用体系建设，建立完善行业自律管理办法、自律规则以及造价从业人员职业道德守则等自律制度。研究搭建统一的自律信息、信用信息平台。加强与行业主管部门沟通协调，充分运用信息化手段实行动态监管，加强自律制度的执行和监督，提高工程造价咨询企业诚信意识，促进行业规范发展。

5. 完善工程造价纠纷调解机制

建立健全河南省工程造价纠纷调解机制，组建河南省工程造价行业纠纷调解专家委员会，培育一批具有专业素质的工程造价纠纷调解员，发挥造价行业的专业优势，及时化解行业纠纷，切实维护市场各方的合法权益。

（本章供稿：康增斌、金志刚、韩江涛、刘红霞、王书定、王新民、李杨、郭嘉祯）

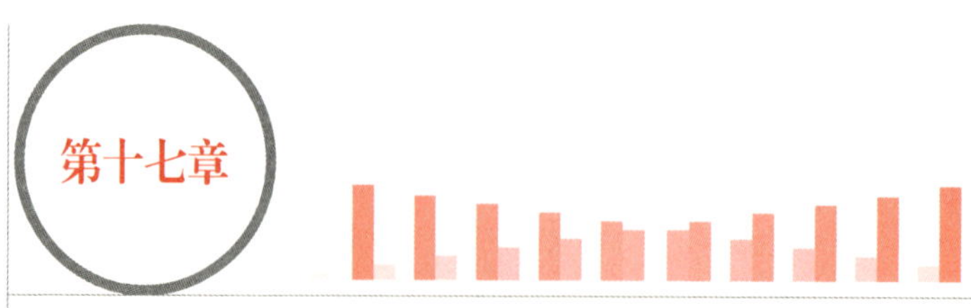

湖北省工程造价咨询发展报告

第一节　发展现状

一、基本情况

2021 年，湖北省工程造价咨询企业共 402 家，各企业分类分布如下：

企业注册资本。500 万元以下（含 500 万元）共计 302 家，500 万 ~1000 万元（含 1000 万元）49 家，1000 万元以上 51 家。

企业设立分公司情况。402 家企业中有 125 家企业设立了分公司，其中设立 1 家分公司的有 47 家，2 家分公司的有 21 家，设立分公司最多的有 66 家。

企业从业人员数量。总从业人数 17563 人，50 人以下（含 50 人）企业 325 家，50~100 人（含 100 人）企业 54 家，100~200 人（含 200 人）企业 14 家，200 人以上企业 9 家。

企业注册工程师数量。一级注册造价工程师 3310 人（其中，土木建筑工程专业 2829 人，占比 85.47%；安装工程 414 人，占比 12.51%；交通运输工程 32 人，占比 0.97%；水利工程 35 人，占比 1.05%）；二级注册造价工程师 524 人（其中，土木建筑工程专业 402 人，占比 76.72%；安装工程专业 120 人，占比 22.9%；交通运输工程 2 人，占比 0.38%）；其他专业注册执业人员 1637 人。

实现工程造价咨询业务收入 30.70 亿元人民币，较上年增长 13.08%，全员劳动生产率 17.48 万元。其中，公有经济形式的造价咨询企业营业收入总额 1.16 亿元，从业人数 456 人，全员劳动生产率 25.51 万元。非公有经济形式的造价咨询企业营业收入总额 29.54 亿元，从业人数 17107 人，全员劳动生产率 17.27 万元。公有经济形式的咨询企业与非公有经济形式的造价咨询营业收入之比约为 3.79∶96.21。

二、主要工作

与武汉仲裁委员会举行《关于建立健全建设工程纠纷调解衔接工作机制备忘录》签字仪式，开展仲调对接合作；组织资深造价工程师召开有关治理低价竞争座谈会；参与制定并完成地方标准《建设工程造价咨询质量控制规范》DB42/T823–2021 宣贯工作；通过线上举办《数字经济驱动造价行业变革》公益讲座；举办“投身建设工程造价改革，迎接咨询业高质量发展”的第二届行业发展论坛；组织 102 家造价咨询企业取得 AAA 信用评级。

第二节　发展环境

一、政策环境

2021 年，受新冠疫情持续影响，为刺激经济增长，优化营商环境，湖北省委、省政府制定了大量推动经济发展的政策文件，其中对建筑行业直接有利的是新型城镇化及农村小型建设管理文件，对工程造价咨询企业直接有利的是支持小微企业政策文件。

湖北省住房和城乡建设及相关行业管理部门也制定了推动建筑行业发展的一系列政策文件：《湖北省房屋建筑和市政基础设施项目工程总承包管理实施办法》（鄂建设规〔2021〕2 号）、《省发改委 省住建厅关于加强全过程工程咨询服务工作指导的通知》（鄂发改投资〔2021〕419 号）、《关于印发〈聚焦高效办成一件事优化住建领域营商环境工作方案〉的通知》（鄂建文〔2021〕4 号）、《湖北省住房和城乡建设厅等部门关于推动新型建筑工业化与智能建造发展的实施意见》（鄂建文〔2021〕34 号）、《湖北省“十四五”建设科技发展指导意见》（鄂建文〔2021〕48 号）、《关于发布〈湖北省装配式建筑标准体系〉（2020 年版）的通知》（鄂建文〔2021〕5 号）等。

2021 年度，全省新建装配式建筑预计超过 2500 万平方米，统计显示，截至 2021 年 10 月底，作为重要载体，全省新建装配式建筑面积 2210 万平方米，建成生产基地 81 个、在建 18 个。全省新建建筑的两成将为装配式，同比增长 77%，大幅超额完成今年新建 1500 万平方米的既定目标。

自 2016 年以来，湖北省建筑业总产值从 1.18 万亿元起步，到 2020 年跨越 1.9 万亿大关，达到 19031.55 亿元，多年保持全国前三（2020 年、2021 年受疫情影响排名全国第四），稳居中部第一，成为湖北的重要支柱产业。2020 年至 2021 年，全省建设工程项目获得鲁班奖 14 项、国家优质工程奖 31 项、中国质量奖提名奖 1 项，获奖数量创历史新高；全国工程勘察设计大师人数达到 44 名，居全国第三。2021 年，全省市政基础设施建设项目累计完成投资 2631.48 亿元，同比增长 24.5%，较 2019 年增长 11.6%。

2021 年，面对百年变局和世纪疫情交织的严峻考验，面对“补回来”“追回来”的艰巨任务，湖北省坚持以习近平新时代中国特色社会主义思想为指导，在省委坚强领导下，坚持稳中求进工作总基调，全年投资增速高开稳走，同比增长 20.4%，超额完成既定目标任务。2021 年，全省上下深入贯彻落实省委、省政府工作部署，坚持近施远谋、蓄势积能，完善投资和重大项目系列制度性安排。2021 年 1~10 月，全省固定资产投资增长 26.4%，完成投资总量恢复到 2019 年同期的 90.6%，恢复程度比 2021 年 1~9 月提高 3.0 个百分点。湖北省 2021 年省级重点建设计划共安排项目 307 个，年度计划投资 2067.01 亿元；据统计，2021 年省级重点建设计划年度投资完成率为 110.94%。

二、工程造价改革

湖北省是《住房和城乡建设部办公厅关于印发工程造价改革工作方案的通知》（建办标〔2020〕38 号）确定的五个省级造价改革试点单位之一；武汉市是《商务部关于印发全面深化服务贸易创新发展试点总体方案的通知》（商服贸发〔2020〕165 号）确定的四个推进工程造价深化改革试点城市之一。为贯彻国家赋予湖北省的改革重任，湖北省住房和城乡建设厅印发《湖北省建设工程造价改革试点实施方案》，提出了指导思想、工作目标、实施部门、改革主要内容、实施步骤、保障措施；武汉市城乡建设局印发《武汉市建设工程造价改革试点实施方案》，提出了总体要求、主要改革任务、计划安排、保障措施。

湖北省发布了《省人民政府关于印发湖北省进一步深化“证照分离”改革实施方案的通知》(鄂政发〔2021〕30号)、《省市场监管局关于印发“证照分离”涉企经营许可事项改革清单的通知》(鄂市监注〔2021〕19号)、《湖北省住房和城乡建设领域进一步深化“证照分离”改革工作方案》(鄂建文〔2021〕50号),工程造价咨询企业对国家取消工程造价咨询企业资质的预期不足,经过一段时间学习和提高认识,已逐步适应现状。

第三节　行业发展

工程造价咨询资质取消,市场竞争更加剧烈,市场秩序规范与开放并进,加剧实现资源合理配置,促进造价咨询市场优胜劣汰和转型升级。面对建筑市场开放与市场准入壁垒取消,造价咨询企业应紧跟政策风向,转变企业战略布局,积极投身以投资为主轴的建设项目全过程生命周期的咨询服务。人成为工程咨询的核心与关键,企业应注重人才培养,提升造价工程师的专业技能、综合素质与管理水平,建立信用评价体系,树立企业品牌形象,培育企业核心竞争力,全面推行差异化创新服务,创新运用智能化技术,利用BIM、大数据、云计算等网络信息手段的结合,实现设计、施工、造价、招标代理、工程监理融合一体化的模式,贯穿于建设项目生命周期全过程咨询。

联合经营、并购重组等方式承接业务,由单一咨询逐步衍生为综合咨询,通过造价咨询企业的收购、合并、重组、参股等方式,谋求造价咨询企业做大、做强、做全,造就一批专精并进且具有特色的造价咨询企业服务于全过程生命周期的建设项目。

工程造价咨询企业资质取消,是市场化改革的必然选择,是激发市场活力的必由之路,同时有利于工程造价咨询业形成新发展格局,结合自身优势,向专业化、数智化、多元化方向发展。建设项目全过程生命周期咨询服务(涵盖投资决策咨询、勘察、设计、招标采购、监理、检测、项目管理、造价咨询、竣工验收、维修维护、会计审计、法务、税务)融合时代来临;公有经济形式的造价咨询企业与非公有经济形式的造价咨询企业分化愈加严重(收入、全员劳动生产率、市场占有绝对值指标等)。造价咨询企业应根据企业的自身优势特点,紧跟政策，制定企业发展规划、应对措施，推进转型发展。

造价咨询企业应苦练内功，提升整体综合执业素质，拓展合规业务范围，以专精为基础，稳步拓展建设项目全过程生命周期咨询服务的市场占领，行业协会应发声社会立法赋予造价工程师的法律归属，打通部门、行业壁垒，建立以造价咨询作为投资主轴咨询业的服务牵头人，为造价咨询企业拓展建设项目全过程生命周期咨询服务提供法律保障。

（本章供稿：恽其鋆、张其涛、陶茂蓉、杨军莲、温雅）

湖南省工程造价咨询发展报告

第一节　发展现状

一、行业发展水平

截至 2021 年底，湖南省共有工程造价咨询企业 428 家。工程造价咨询业务收入 27.62 亿元，较上年度同比增长 1.69%。其中，湖南省工程造价咨询业务收入超千万元的规模企业数量 72 家，占企业总数的 16.82%，产值突破亿元的企业 2 家，接近亿元的 1 家。规模企业工程造价咨询业务收入总额占湖南省工程造价咨询行业收入总额的 71.47%。

截至 2021 年底，湖南省工程造价行业从业人员共 31676 人，较上年度同比增长 34.61 %。从业人员中，共有全国注册一级造价工程师 3436 人，较上年度同比增长 8.43%，二级造价工程师 435 人。

二、工作情况

举办“EPC 项目造价管理最佳实践活动”；举办以“信息技术在咨询企业的应用”和以“造价为主导的全过程工程咨询”为主题的分享交流会；先后举办了两期“EPC 项目造价管理能力高级进修班”专题培训；分阶段、分专业举办了 4 场二级造价工程师执业资格考试考前培训；举办了 2021 年度一级造价工程师线上直播培训；对已注册的全国造价工程师和考试合格但尚未初始注册的人员开通了网络教育学习，共有 4362 名学员参加学习；组织开展行业论文评选征集活动，共收到有效论文60篇，评选出一等奖2篇、二等奖9篇、三等奖19篇、优秀奖13篇，组织奖2个，将获奖论文编印了论文集；全年编印6期《定额与造价》，刊登事关行业发展的重要文件30余篇，报道活动40余次，刊发论文10余篇、征文15余篇；配合湖南省建设工程造价管理总站完成每期市场材料价格的采集、发布，全年共采集材料价格信息29500余条，经筛选后实际发布材料价格信息11200余条，编制全省主材预算价格走势图400余个。

第二节　发展环境

一、政策背景

（1）省内投资环境进一步优化。《湖南省国民经济和社会发展第十四个五年规划和二〇三五年远景目标纲要》提出，要扩大有效投资，发挥投资对优化供给结构的关键作用，完善投资要素保障，优化投资结构，促进投资合理增长，提高投资效益，创新投资机制，激发民间投资活力。

（2）智能建造驱动建筑行业转型升级。着力建设区域协调化发展的现代化新湖南，住房和城乡建设部印发《“十四五”建筑业发展规划》，指出要以推动智能建造和新型建筑工业化协同发展为动力，加快建筑业转型升级，实现绿色低碳发展，切实提高发展质量和效益。

（3）造价企业利益保障得到密切关注。全国政协委员和省政协委员均强调收费标准在造价市场中的重要性，提出要编制新版工程造价收费指导标准，鼓励市场基于质量选择咨询服务，避免不良低价竞争，确保造价行业健康可持续发展。

二、经济环境

（1）总体经济形势保持稳定增长。2021年，省内全年生产总值46063.1亿元，比上年增长7.7%；两年平均增长5.7%，高于全国平均水平。其中，第一产业增长9.3%；第二产业增长6.9%；第三产业增长7.9%。

（2）固定投资呈较快增长态势。2021年，全省固定资产投资（不含农户）同比增长 8.0%，高于全国平均水平 3.1 个百分点；以 2019 年为基期，两年平均增长 7.8%，呈较快增长态势。其中，一、二、三产业投资分别增长 10.1%、14.0% 和 4.3%。

（3）建筑业继续保持平稳增长。2021 年，建筑业增加值 3973.4 亿元，比上年增长 2.0%。资质以上总承包和专业承包建筑业企业利润总额 339.4 亿元，增长 1.4%。房屋建筑施工面积 76367.9 万平方米，增长 12.3%。房屋建筑竣工面积 24029.1 万平方米，增长 13.1%。

三、技术环境

（1）计价依据体系逐渐健全。印发《湖南省城市轨道交通工程消耗量标准》《湖南省城市照明设施维护工程消耗量标准》《湖南省城市雕塑工程消耗量标准（试行）》《湖南省房屋改造加固及维修工程消耗量标准》。持续发布相关计价基础文件，计价体系更加完备，已逐渐形成具有湖南特色的建设工程计价依据体系。

（2）信息化建设持续推进。有重点、分步骤地采取一系列举措推进信息化建设。推动“互联网＋智慧工地”系统 2.0 版升级；制定发布《房屋建筑和市政基础设施工程 BIM 技术全流程应用三年工作计划》，开展一体化应用试点示范；编制全省《“十四五”智慧住建数字化发展规划》，建立健全各类行业管理信息系统，深入开展智慧住建试点工作；推动建立以国有投资项目为主的工程造价数据库，开展自主编制招标控制价改革试点等。

（3）开拓创新，统筹兼顾专业技术研究。召开相关课题讨论会，积极研究探索解决工程造价数据库建设中工程材料、造价指标数据库建设的相关标准与关键技术问题；组织数字造价管理推进会，加快行业数字化转型，培育数字化新生态，实现数字造价赋能新发展。

四、监管环境

定期开展工程造价咨询成果文件质量检查，确保项目成果文件的合法性、规范性、准确性，并积极协助市（州）进一步强化造价咨询企业诚信评价工作，持续构建健康发展、公平竞争、诚信守法的市场环境。

第三节　存在的问题及应对策略

一、存在的问题

（1）内外夹击下造价咨询企业面临窘境。新冠疫情仍在蔓延，经济形势复杂严峻。叠加“双 60%”和降低资质政策的实施，造价咨询企业数量激增，“粥少僧多”，行业竞争愈演愈烈。

（2）咨询服务市场收费标准不明。原咨询服务收费管理办法废止，交易双方自主议价的权限被不断放宽，委托方对服务费有主要决定权，服务费不断低走，低价现象屡见不鲜。

（3）咨询企业寻求转型升级。全过程工程咨询全面展开，设计、监理单位陆续向造价咨询业务板块拓展，造价咨询单位生存空间遭到严重挤压，企业急需寻找新的突破口。

（4）行业诚信建设制度仍待完善。“谁委托，谁付费”背景下，委托人对造价成果的干预越来越大，行业诚信建设制度急需进一步巩固。

（5）企业复合型人才储备不足。全过程工程咨询开展下，行业急需一批既懂造价又懂技术、法律、财务和管理的复合型人才。

二、应对策略

（1）为企业平稳运营保驾护航。将减轻中小微企业负担的政策落到实处，牵头组织会员代表，逐步与软件公司商谈议价，降低企业软件使用费。

（2）持续推进咨询服务费收费管理办法编制。以办理政协委员提案为契机，逐步依法依规开展《建设工程造价咨询服务收费管理办法》编制工作。

（3）积极探索企业服务附加值。企业既在已有服务上发挥自身优势，也积极探索服务附加值，不断牵引拓展服务内容，逐步实现向全过程工程咨询服务过渡。

（4）制定并实施造价行业自律办法和实施细则。为促进造价咨询行业的信用体系建设和健康有序发展，不断提供各项规范性文件支撑。

(5) 注重造价人才梯队建设。增大宣传，实行适当奖励措施，鼓励各企业及业务人员积极参与协会培训及竞赛，积聚建设以专业技术为核心的行业新优势。

（本章供稿：谭平均、关艳、刘艳萍、颜佳鸿）

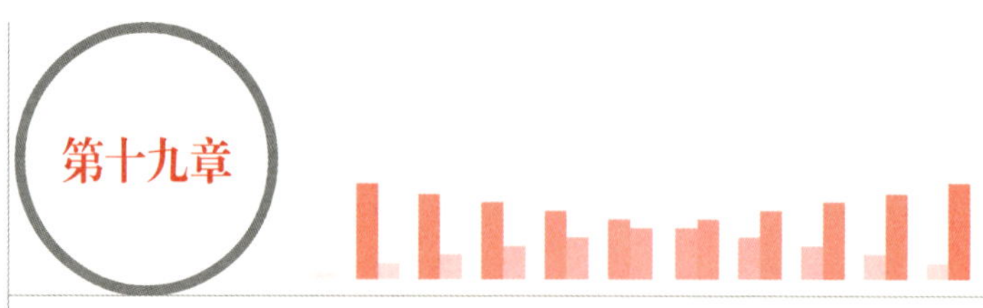

第十九章

广东省工程造价咨询发展报告

第一节　发展现状

一、行业总体情况

1. 企业总体情况

2021 年，广东省工程造价咨询企业 568 家，同比减少 12.88%。全省工程造价咨询业务收入为 98.19 亿元，较上年增长 19.92%。

年造价咨询业务收入 1000 万元以上的企业有 174 家，占 31%，年造价咨询业务收入 1 亿元以上的企业为 17 家，占 3%，有 394 家企业年造价咨询业务收入不足 1000 万元，占总数的 69%，其中年造价咨询业务收入少于 500 万元的有 324 家，占总数的 57%。

造价咨询业务收入排名前 33 名的企业收入合计为 49.55 亿元，占全省造价咨询收入的 50.46%。前百名造价咨询企业的营业收入之和达 76.10 亿元，同比 2020 年上升 21.31%，占全省造价咨询总收入 77.50%。

2. 从业人员情况

2021 年，广东省工程造价咨询企业有从业人员 70459 人，较 2020 年减少了 8.20%。

企业有注册执业人员 15739 人，较 2020 年减少了 1.02%。其中，一级注册造价工程师为 5937 人，占行业注册执业人员总数的 37.72%，人数较 2020 年下降了 1.13%；二级注册造价工程师为 1243 人，占行业注册执业人员总数的

7.90%，人数较 2020 年上升了 356.99%；其他注册执业人员为 8559 人，占行业注册执业人员总数的 54.38%，人数较 2020 年下降了 11.07%。

二、信用体系情况

2021 年，根据《工程造价咨询企业信用评价管理办法》《工程造价咨询企业信用评价标准》，分 4 次开展全省工程造价咨询企业信用评价，共对 208 家工程造价咨询企业进行评价，其中获得 3A 级 167 家，2A 级 25 家，1A 级 16 家。

三、信息化建设情况

1. 建立建设工程定额动态管理系统

2021 年，广东省住房和城乡建设厅公布工程造价改革首批试点项目名单，落地两批共 59 个试点项目，实行清单计量、市场询价、自主报价、竞争定价等工程计价方式，探索工程造价市场竞价机制。同时，广东省建设工程标准定额站（以下简称“广东省标定站”）统筹搭建了建设造价改革试点项目全过程造价动态监控专板，便于反馈过程信息。

2. 建立建设工程造价纠纷处理系统

广东省标定站搭建建设工程造价纠纷处理系统，把线下争议化解工作机制搬至线上，依托纠纷处理系统，联合行业专家团队在线解决计价争议。

3. 建立劳务用工市场价格信息监测系统

广东省标定站搭建劳务用工市场价格信息监测系统，每月定期发布劳务用工市场价格和走势分析，发挥工程造价在建筑工程建设过程中的重要指导作用。

4. 建立基础性建材市场价格监测系统

广东省标定站搭建基础性建材市场价格监测系统，目前已覆盖全省 21 个地级以上市共 140 余个监测点，已囊括钢材、砂、石、水泥、混凝土等基础性建材。每月定期剖析价格走势，能有效引导各方增强事前管控能力，对材料价格波动有应对对策。

第二节 发展环境

一、政策环境

1. 广东省建筑业高质量发展加快

2021 年,《广东省人民政府办公厅关于印发广东省促进建筑业高质量发展若干措施的通知》(粤府办〔2021〕11 号),从完善建筑业产业体系、升级建造方式、健全工程质量安全体系、增强建筑业企业竞争力、支持建筑业走出去、优化发展环境六个方面,提出 18 项具体政策措施,构建广东省建筑业高质量发展的实现路径。

2. 用工监管信息化

2021 年,广东省住房和城乡建设厅《关于新版广东省建筑工人管理服务信息平台上线运行的通知》,自 2021 年 12 月 15 日起正式运行。

3. 城市更新将全面步入转型期

广东省作为先行先试省份,已开展城市更新十余年,2021 年,广东省紧随中央步伐,积极做出调整,重新锚定城市更新高质量发展、精细化运营作为未来方向,并为此制定或修订了一系列城市更新配套政策,城市更新将全面步入转型期。

二、经济环境

1. 宏观经济发展稳定

2021 年,广东省生产总值为 124369.67 亿元,同比增长 8.0%。其中,第一产业增加值为 5003.66 亿元,同比增长 7.9%;第二产业增加值为 50219.19 亿元,同比增长 8.7%;第三产业增加值为 69146.82 亿元,同比增长 7.5%,全产业增速较 2020 年有明显增长。

2. 固定资产投资稳步增长

2021 年，广东省固定资产投资同比增长 6.3%。分产业看，第一产业投资同比增长 31.8%；第二产业投资同比增长 19.4%；第三产业投资同比增长 2.2%。民间投资活力增强，投资额同比增长 7.8%；民间投资占整体投资比重 52.9%，其中，制造业民间投资占制造业比重 70.4%。

3. 建筑业总产值增速回涨

2021 年，广东省总承包和专业承包建筑业企业完成产值 2.13 万亿元，同比增长 15.8%。年度人均产值 54.31 万元，首次突破 50 万元，同比增长 9.9%，土木工程建筑产值同比增长 12.1%，两年平均增长 15.6%，增速高于整体建筑业总产值 2.3%。

4. 重点项目建设计划超额完成

2021 年，广东省计划重点建设项目合计 1395 个，年度计划投资 8000 亿元，全省重点项目完成投资约 10439 亿元，为年度计划投资的 130.5%，比 2020 年低 1.9%，比 2019 年高 9.7%，超额完成年度投资任务，有力支撑全省固定资产投资稳增长。

三、技术环境

1. 广东省工程造价改革进程加快

2021 年，《广东省住房和城乡建设厅关于印发广东省工程造价改革试点工作实施方案的通知》（粤建市函〔2021〕502 号），确定引导试点项目创新计价方式、改进工程计量和计价规则、创新工程计价依据发布机制、强化建设单位造价管控责任、严格施工合同履约管理、探索工程造价纠纷市场化解决途径、完善协同监管机制 7 项改革任务。

全省试点项目得到有利指导，其中改革最高投标限价编制方法、探索造价指标分析与整理方法以及完善施工过程结算相关规则等初见成效。还主导新增试点市场化投标报价、探索工程项目投资目标动态管控模式两项改革任务。新增深圳市推行多层级工程量清单改革和佛山市新增工程保函替代保证金改革两项任务。

2. 数智化项目管理模式

新型城市基础设施建设是具有信息化、数字化、智能化特点的基础设施建设，BIM 技术应用进程的加快，能为之注入新动能。

四、人才环境

1. 造价专业技术人员增速下滑

广东省 2021 年度一级造价工程师职业资格考试全科成绩合格人数共计 3195 人，相比 2020 年合格人数 3516 人，减少 9.13%；二级造价工程师职业资格试点考试全科成绩合格人员共计 6202 人，相比 2020 年合格人数 7609 人，减少 18.49%。

随着工程造价咨询企业资质取消，工程造价咨询事中事后监管措施的健全，对造价专业技术人员的需求将持续增大。

2. 着重综合人才培养

全过程工程的发展的市场急需管理人才，全过程工程项目的实施与管理，目前处于起步阶段，因社会资源限制，缺乏相应的人才储备。无论作为设计方、建造方还是咨询服务方，都急需相应的管理人员，尤其是既熟悉设计又精通施工过程且对成本管控精通的专业技术管理人员。

3. 工程造价纠纷调解员的培养

积极推动工程造价纠纷调解机制建设，2021 年 1 月“广东省第一批工程造价纠纷调解员培训班”开班，并从中选聘广东省首批工程造价纠纷调解员。

4. 人力资源及社会保障制度的完善

2021 年，《广东省人民政府办公厅关于印发广东省人力资源和社会保障事业发展“十四五”规划的通知》（粤府办〔2021〕32 号），规划了“十四五”期间广东省人力资源和社会保障事业发展方向、主要目标和重大举措。人力资源及社会保障制度的完善对人才吸引落户有积极影响。

第三节　主要问题及对策

一、面临的主要问题及原因分析

1. 行业发展方面

（1）造价咨询企业数量急剧增加。由于取消工程造价咨询企业资质，很多设计企业、监理企业、施工企业等也开始涉及工程造价咨询业务，带来了行业竞争加剧，同时必然会给监管增加难度。

（2）行业信息共享困难。工程造价信息没有统一数据标准，全过程造价数据碎片化，由于各造价信息管理系统的数据存储格式不一致，给信息的互联互通、共享、交换造成了很大困难。

2. 企业服务方面

（1）复合型人才缺乏。随着造价咨询企业数量增加，造价从业人员队伍不断壮大，部分人员综合素质跟不上市场需求，主要表现在专业知识掌握不全面；对新技术、新工艺、新材料、新工具、合同管理等不够熟悉；沟通、应变、抗压等能力不足，复合型人才短缺。

（2）公平竞争机制缺乏。造价咨询企业低价竞争严重，个性化竞争力不足，缺乏对工程造价的确定与控制，项目价值的提升，互联网、BIM、工程大数据新技术应用等核心竞争力。

（3）企业创新动力不足。企业业务同质化严重，自身提高竞争能力的理论研究不够，缺少适合自身发展的业务创新能力或运营模式。企业自主投入创新人才资源普遍偏弱。

二、行业发展展望

1. 完善新型监管机制，推动行业健康有序发展

以“双随机、一公开”监管为基本手段，探索以重点监管为补充、以信用监管为基础的新型监管机制；利用互联网 + 行政执法平台和信息化技术，形成行

业监测大数据，逐步实现联合监管、智慧监管和精准监管，营造公平公正的营商环境，推动行业健康有序发展。

2. 引导行业企业改革创新，发挥市场主导作用

引导行业企业尽快适应工程造价市场化改革，支持行业企业创新发展。开展共建协作任务，倡导造价数据资源共建共治共享。引导行业企业按照统一规则建立自身项目造价数据库，统一造价指标指数和发布工程造价信息，提升建设主体单位适应市场化计价所要求的能力。

3. 强化建设单位造价管控责任

引导建设单位结合工程实际，综合运用自身形成的或第三方提供的工程造价市场价格信息和工程指标指数，有效控制设计限额、建造标准、合同价格。推动建设单位采用工程总承包和全过程工程咨询服务模式，以目标成本管控为核心，按照《广东省建设项目全过程造价管理规范》DBJ/T15-153-2019 要求，实施全过程造价管控。

4. 改进工程计量和计价规则

借鉴国际通行做法，修订工程量清单计价规则，统一工程项目划分、计量规则和计算口径，构建与建设项目实施各阶段相适应的多层级工程量清单，逐步实现建设全过程不同阶段的工程造价指标体系。探索更接近市场实际的计量计价模式，利用工程造价大数据和造价指标指数动态调整等方式编制造价成果文件的计量计价规则。

5. 创新完善工程计价依据发布机制

加快转变政府职能，搭建市场价格信息发布平台，统一信息发布标准和规则，鼓励有条件的企事业单位和行业组织根据市场实际和有关规定修订、完善和补充工程计价依据，逐步形成"规则统一、行业共编、数据共享、动态调整"的计价依据体系。

6. 加强工程造价数据的积累和应用

组织采集政府投资、国有投资招标项目建设工程造价成果，采用信息化技术对造价数据进行整理、测算、编制，探索建立建设工程造价数据库，逐步积累工程造价行业大数据，为政府投资、国有投资工程项目决策和造价控制提供支撑与依据。

7. 推进工程造价咨询企业国际化

充分利用粤港澳大湾区建设区域优势，加强粤港澳工程建设服务的交流与合作，鼓励造价咨询企业开拓国际市场，探索通过新设、收购、合并、合作等企业运作方式参与国际咨询业务，提高企业属地化经营水平和走出去能力。

8. 探索高效的人才培育体系

应对从业人员的现有素质作分析研究，分门别类，使素质培养计划能够针对不同人群的特点有的放矢，加强专业针对性，减少盲目性，减少教育资源浪费，提高素质培养的效果，从而建立一套完整动态的造价从业人员素质评价体系，明确相应的评价指标和专门的评价机构。通过综合评分，由专门的评价机构对从业人员进行素质评价。

（本章供稿：许锡雁、叶巧昌、王巍、黄士显、孙权、张瑛）

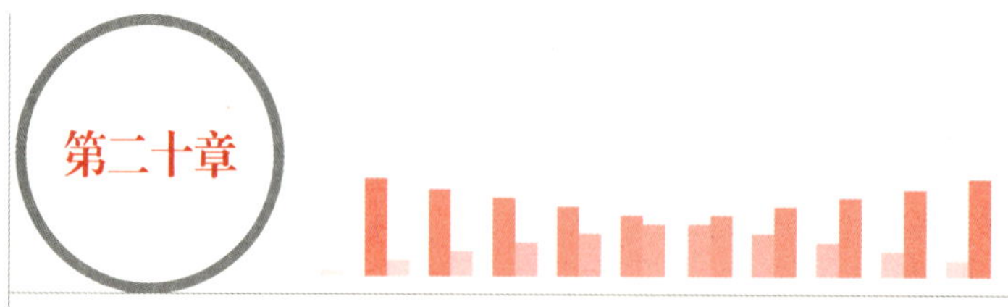

广西壮族自治区工程造价咨询发展报告

第一节 发展现状

2021 年，广西工程造价咨询企业继续保持整体向好的态势，各企业内部控制机制不断完善，执业人员技术水平不断提升；多数企业经营状况良好，咨询业务收入稳中有升。

一、基本情况

2021 年，广西共有 190 家工程造价咨询企业，同比增长 22 家，增长率为 13.10%。企业营业收入为 33.49 亿元，其中工程造价咨询业务收入 11.44 亿元，增长率为 9.26%。企业完成的工程造价咨询项目所涉及的工程造价总额约 6592.29 亿元，同比增长 48.28%。

工程造价咨询业务收入在 5000 万元以上的咨询企业 3 家，合计收入 1.88 亿元，占市场份额 16%；收入 1000 万元到 5000 万元的咨询企业 31 家，合计收入 5.76 亿元，占市场份额 50%；收入 100 万元到 1000 万元的咨询企业 98 家，合计收入 3.53 亿元，占市场份额 31%；其余 58 家企业工程造价咨询业务收入在 100 万元以下，合计收入 0.26 亿元，占市场份额 3%。

2021 年，广西工程造价咨询企业从业人员 14407 人。共有一级注册造价工程师 1538 人，占全部工程造价咨询企业从业人员 10.68%，二级注册造价工程师 1130 人，占全部工程造价咨询企业从业人员 7.84%。

二、重点工作

开展动态管理信用评价工作，2021 年参评单位 46 家，其中 AAA 级 35 家，AA 级 7 家，65 个单位编制的成果文件分别获得 2021 年度工程造价优秀成果奖；举办 2021 年广西第三届综合造价技能大赛，网上关注度突破 4 万人次，参加线上、线下学习达到 3000 多人，比赛覆盖到 200 多家企业、586 人；组织开展《工程造价计价及工程总承包等政策解读》、司法鉴定专题培训等形式多样的学术交流，全年培训达 1600 余人次。

第二节　发展环境

一、政策环境

在资质取消、各项改革举措全面推进的新形势下，对广西工程造价咨询行业的发展产生了重大影响，为提高工程造价咨询企业诚信意识，进一步规范工程造价咨询企业执业行为，维护建筑市场公平、公正、公开的竞争秩序，营造守法诚信的市场环境，发布《广西壮族自治区工程造价咨询业诚信评价管理办法》（征求意见稿），营造诚信守法的市场环境，加强事中事后监管工作。

发布《广西壮族自治区园林绿化及仿古建筑工程消耗量定额》及配套费用定额。稳步推进 3 部定额和 2 个关于工程建设项目估算、概算办法的编制工作。

二、经济环境

1. 宏观经济环境

2021 年，全年全区生产总值 24740.86 亿元，按可比价计算，比上年增长 7.5%，两年平均增长 5.6%，高于全国 0.5 个百分点。主要经济指标保持增长，GDP、第一产业、第三产业、规模以上工业、工业投资、进出口、财政收入等均实现预期目标，经济增长保持平稳。

全年固定资产投资（不含农户）比上年增长 7.6%，其中，第一产业投资增长

13.7%；第二产业投资增长 26.0%，其中工业投资增长 27.5%；第三产业投资增长 2.0%。基础设施投资增长 15.6%。民间固定资产投资增长 8.0%。基础设施建设持续发力，其中交通运输设施日趋完善，2021 年全区高速公路里程 7339 公里，比上年末新增 536 公里。

2. 建筑业经济环境

全年全社会建筑业增加值比上年增长 3.1%。具有资质等级的总承包和专业承包建筑业企业实现总产值 6699.59 亿元，比上年增长 14.5%。其中国有控股企业 2896.11 亿元，比上年增长 8.1%。

3. 房地产业经济环境

全年房地产开发投资 3733.93 亿元，比上年下降 2.9%。其中住宅投资 2902.89 亿元，下降 2.7%；办公楼投资 75.35 亿元，增长 5.6%；商业营业用房投资 256.20 亿元，下降 10.9%。商品房销售面积 6178.26 万平方米，下降 8.2%，其中住宅 5281.50 万平方米，下降 12.1%。年末商品房待售面积 1461.10 万平方米，比上年末增加 179.89 万平方米，其中，商品住宅待售面积 730.03 万平方米，增加 61.21 万平方米。

三、技术发展环境

1. 进一步深化工程造价改革工作

广西壮族自治区住房和城乡建设厅研究制定了适用于改革试点项目的建设工程工程量清单计价规范、招标文件示范文本；并组建广西建设工程造价改革专家组，发布《自治区住房和城乡建设厅关于建设工程造价改革试点项目招投标及计价规定调整的通知》（桂建标〔2021〕6 号）和《自治区住房和城乡建设厅关于确定广西建设工程造价改革试点项目的通知》，第一批确定的 7 个试点项目已完成 4 个招标投标工作，其他 3 个项目招标前期工作正在稳步推进中。

2. 推进做好全区建筑信息模型（BIM）技术应用

探索 BIM 一体化平台建设。针对全区 BIM 行业现状提出搭建 BIM 一体化平

台，推进建筑信息模型（BIM）与大数据、移动互联网、云计算、物联网、人工智能等技术在设计、施工、运营维护中的全过程集成应用。搭建BIM部品部件模型库，正式上线命名为“广西BIM云构件库”。

第三节　主要问题及对策

一、低价竞争呈常态

造价咨询企业提供的是智力服务，在服务同质化、市场竞争激烈的双重作用下，不可避免地陷入了低价竞争的局面。表面上看低价竞争使报低价的企业争取到了业务，实质上从长期来看低价竞争拉低了整个行业的利润，使得企业无力对人才队伍建设、企业文化建设等长远发展进行投入，进而影响企业服务质量，品牌效应难以形成，致使行业竞争在低价水平上恶性循环。

需引导造价咨询委托方采用择优的办法选择造价咨询企业，促进造价咨询企业以诚信取胜，减少不良的恶性竞争，进一步调整优化造价咨询收费标准，制定行业自律及超低价（低于成本价）承接业务的处罚办法，促进行业良性竞争。

二、人才队伍建设外引内培机制有待完善

目前，造价咨询行业较低层次的服务内容对高学历人才吸引力不足，相对单调的业务使得从业者的知识和技能较为狭窄，加上企业生存压力和从业人员的工作压力都比较大，使得企业和个人过多关注眼前利益而放弃花时间去参加培训，从而阻碍了从业人员综合素质的提升。此外，大多数造价咨询企业信息化手段仍处于较低水平，无法充分利用自己的经验数据和海量知识，这些都造成企业在开展创新业务时力不从心。应健全企业人才培养和储备机制，加强与政府、高校、行业协会的协作，注重从业人员专业能力、管理能力、全过程服务能力的培养，推进从业人员综合素质提升，适应企业转型发展需求。

（本章供稿：唐家球、温丽梅、王燕蓉、张婷）

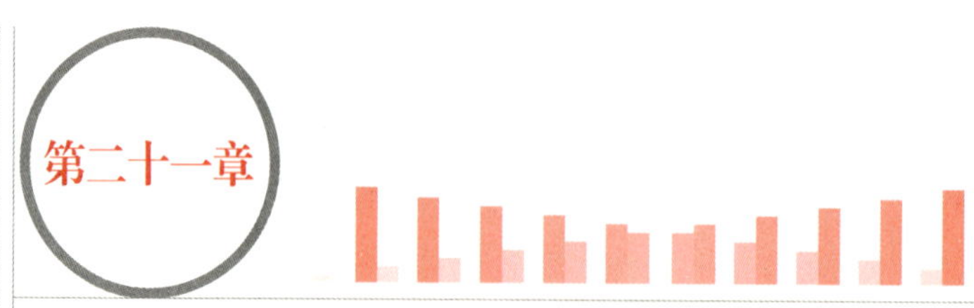

第二十一章 海南省工程造价咨询发展报告

随着海南自由贸易港建设步伐加快，各项基础建设投入也随之增加，而工程造价管理作为贯穿项目管理工作全程的重要环节，对降低工程成本、提高企业生产效率、优化资金利用效率具有重要意义。工程造价咨询行业需要进一步深化改革，加强行业信用体系建设，紧紧围绕发展大局，调整结构，不断适应新业态，更加科学、客观、公正地确定与控制工程造价，确保政府和业主投资的高效使用。

第一节　行业发展现状

一、基本情况

2021 年，海南省经统计的工程造价咨询企业 69 家。登记备案的省外工程造价咨询企业驻琼分支机构 645 家，比 2020 年增加 238 家。一级注册造价工程师 1320 人（含施工企业和建设单位等注册人数），较 2021 年 1272 人增加 3.8%；二级注册造价工程师 885 人（2021 年度通过考试）。

海南省多数工程造价咨询企业组织机构设总经理（企业法人），下设项目经理（合作伙伴）、专业组长、从业人员和办公室行政人员。根据企业业务量按专业均匀分配任务。采用企业内部平台化电子管理系统，设三级管理模式，业务分配后，责任分明。专业技术人员（原造价人员或二级造价工程师）负责编制、平台提交初稿，项目经理（一级造价工程师）和专业组长（一级造价工程师）分别负责对专业项目的初稿质量进行审核，经总经理（企业法人、一级造

价工程师）完成复审，按相关计价程序规定，分别盖执业章、出具成果文件。这种管理模式，能够做到自主创新，有利于企业业务开拓及持续发展，也符合计价相关规定。

二、工作情况

协助编制房屋建筑工程、安装工程、市政工程和园林绿化工程概算定额；协助完成海南省造价咨询企业成果质量检查评分标准编制工作；完成《2021 年海南省房屋建筑工程和市政工程典型案例技术经济指标》编制工作；完成《海南工程造价信息》刊发工作；发布《海南省建筑信息模型（BIM）技术应用费用参考价》（琼价协〔2021〕02 号）；举办《建设项目工程总承包合同（示范文本）》GF-2020-0216 专题解读班；举办“工程造价改革研讨班”“大数据时代于工程造价管理改革”专题讲座班，“守正出新，大道至远—造价改革百堂课（第 13 讲）”“数字造价赋能研修”讲座班和海南省二级造价工程师职业资格考前培训班（土木建筑工程和安装工程）等相关活动；举办海南省第三届工程造价行业“海南造价杯”专业技能大赛活动。

第二节　发展环境

一、经济总量及结构

2021 年，海南省地区生产总值 6475.20 亿元，按不变价格计算，比上年增长 11.2%。其中，第一产业增加值 1254.44 亿元，增长 3.9%；第二产业增加值 1238.80 亿元，增长 6.0%；第三产业增加值 3981.96 亿元，增长 15.3%。三次产业结构比例为 19.4∶19.1∶61.5。预计全年人均地区生产总值 63707.00 元，比上年增长 9.8%。

2021 年，海南省工程造价咨询业务总收入为 44980.6723 万元，比去年增长 0.67%，招标代理业务、项目管理业务、工程咨询业务、建设工程监理业务等其他业务收入 14704.7113 万元，勘察设计业务、其他等收入 10371.0052 万元，合计营业收入 70056.3888 万元。

2021 年末，公安部门统计海南省人口户数 270.31 万户，人口数 1020.50 万人。常住人口城镇化率为 60.97%。

全年城镇新增就业 17.74 万人，城镇登记失业率 3.06%。农村劳动力转移就业 11.70 万人。

全年居民消费价格比上年上涨 0.3%，工业生产者出厂价格比上年上涨 13.5%，工业生产者购进价格比上年上涨 16.5%。

二、固定资产投资

2021 年，海南省固定资产投资比上年增长 10.2%。其中，房地产开发投资增长 2.8%，非房地产开发投资增长 14.9%。按产业分，第一产业投资增长 4.4%，第二产业投资增长 15.2%，第三产业投资增长 9.6%。按地区分，海澄文定综合经济圈投资增长 7.6%，大三亚旅游经济圈增长 13.2%，东部地区投资增长 9.8%，中部地区投资下降 0.8%，西部地区投资增长 14.5%。全年投资项目数量增长 9.2%，其中本年新开工项目数量增长 9.1%。

2021 年，海南省房地产开发投资 1379.62 亿元，其中住宅投资 897.13 亿元，比上年下降 5.2%；办公楼投资 89.10 亿元，增长 25.9%；商业营业用房投资 166.27 亿元，增长 0.4%。房地产项目房屋施工面积 8938.51 万平方米，增长 3.9%，其中本年新开工面积 1341.14 万平方米，增长 25.9%。全省房屋销售面积 888.92 万平方米，增长 18.3%；销售额 1559.24 亿元，增长 26.6%。

三、建筑业投资

2021 年，海南省建筑业增加值 560.67 亿元，比上年增长 2.4%。全省具有资质等级的建筑企业单位 291 个，增加 31 家。全省资质内建筑企业全年房屋建筑施工面积 1700.28 万平方米，下降 6.8%；房屋建筑竣工面积 475.84 万平方米，增长 58.9%。全省资质内建筑企业实现利润总额 21.96 亿元，增长 56.1%；上缴税金 19.44 亿元，下降 1.7%。

第三节　行业发展

一、存在的问题

1. 专业技术人员水平差异大

海南省工程造价从业者的构成和来源比较简单，专业技术人员水平差距较大。实践经验较为丰富的年长技术人员对新工艺和新技术接收能力不够强，对专业软件的运用也不够熟练；理论知识稍强的年轻技术人员，往往对施工的具体做法掌握不够，实践和理论断层比较大。有些技术人员，虽然通过了注册造价工程师职业资格考试，但对工程项目管理、工程造价司法鉴定、合同管理以及工程索赔等相关方面知识的综合运用能力还是比较差，不足以满足造价管理工作的实际操作要求。

2. 本土企业服务内容单一，缺乏市场竞争力

海南长期以来固定资产投资规模较小，人才储备不足，本省企业以20~40人以内的规模居多，技术力量较薄弱，尤其是高素质的复合型人才严重缺乏，导致业务咨询服务长期停留在单纯的项目编制和审核层面上，难以满足建设单位需求。

3. 省外入琼企业数量激增，市场竞争激烈

自海南省设立自由贸易港以来，省外工程造价咨询企业纷纷入琼设立分支机构，在市场份额没有成倍增加的情况下，从业企业数量激增，导致市场竞争以恶意压价承揽业务的现象时有发生。在低价恶性竞争的情况下，部分企业诚信经营意识和行业自律意识不足，不按合同履行约定的责任与义务。这些行为导致造价咨询服务效率低下，工程项目的完成质量受到影响，其结果不仅使造价咨询企业的诚信度受损、服务质量降低，而且使得企业把主要精力放在争揽业务、维持日常经营运转上，滞缓了造价咨询企业做精做细、做大做强的步伐，给工程造价咨询行业的健康发展造成了一定阻碍。

二、行业发展策略

1. 加强专业人员培养，提升企业综合竞争实力

工程造价咨询企业可持续发展的关键是不断提高工程造价人员的素质，能够提供全面、优质、高效、专业的造价咨询服务是造价咨询企业人才培养的根本要求。人才队伍培养，一是业务能力培养，主要包括造价咨询企业传统业务能力和新型业务能力的培养；二是政策水平的培养，主要体现在熟悉法律法规和行业规范，了解国际造价咨询行业发展的现状及前景，熟练运用专业技能解决问题，并能为委托方提供全面、科学、专业的合理化建议；三是服务精神的培养，作为咨询行业，造价咨询企业的服务精神主要体现在遵守职业道德和诚信执业等方面，在执业过程中体现行业自律的要求。

2. 参与全过程造价咨询，拓宽企业业务范围

无论工程咨询服务市场如何变化，作为工程项目建设的成本、投资控制始终是项目不可或缺的组成部分。随着技术的进步和管理水平的提高，特别是各项工具软件的成熟，造价管理会向更全面、更深入、更细致的方向发展，与质量、进度等融合会更加紧密。工程造价咨询企业可利用在多年传统造价咨询业务上的深厚积累，创新造价咨询服务实施方式，大力发展以市场需求为导向、满足委托方多样化需求的全过程工程咨询服务模式。探索工程造价在全过程咨询中的关键作用，结合行业特点，发挥专业优势，拓展服务内容和服务范围，引导成本咨询、技术咨询和管理咨询的紧密结合，摆脱服务内容单一的现状，为企业从单纯的工程造价咨询企业向大型综合性的咨询企业转型发展寻求路径。

3. 强化大数据积累，打造企业核心竞争力

数据是工程造价咨询企业的核心竞争力，造价咨询企业通过对以往数据整理、挖掘、提炼，把咨询从业人员的经验转化为企业数据，降低对造价从业人员个人水平的依赖；通过建立起造价咨询企业自己的项目造价数据分析存储、业务流程、工作模板等标准，帮助企业提升业务管理及执业水平，进行造价咨询成果数字化，形成企业数字化资产，提高工作效率和质量管理水平；通过对造价咨询成果数据的分析应用升级，为价值工程的运用、全过程造价管理、全

过程工程咨询提供基础，最终形成基于数据的企业核心竞争力，形成品牌优势，提升企业利润。

4. 发挥行业自律作用，规范企业执业行为

进一步贯彻落实国务院、住房和城乡建设部关于社会信用体系建设的工作部署，加强信用监管，完善工程造价咨询企业信用体系建设，规范工程造价咨询行业执业行为，发挥协会行业自律作用，引导会员遵守职业准则，避免恶意低价竞争，推动工程造价咨询企业依法依规开展工程造价咨询活动。建立高校人才培养体系，创新教学模式凝聚人才。强化企业内部系统管理，提高专业人员技术水平。可通过对员工开放股权来激励员工成长、建立内部淘汰机制来促进团队整体素质提升。提高造价工程师的执业能力和执业道德素养，提升海南工程造价咨询行业的社会公信力，促进工程造价咨询行业健康发展。

（本章供稿：王禄修、林海、林崴、欧琼飞）

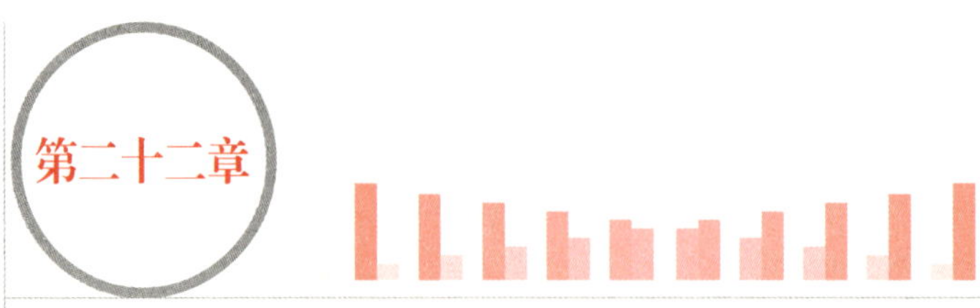

重庆市工程造价咨询发展报告

第一节　发展现状

一、行业基本情况

2021年，入驻重庆市网上中介服务超市的工程造价咨询企业达1755家，其中重庆本地企业956家，1年时间新成立企业数量数倍于造价咨询企业资质取消前的323家。

报送的重庆本地工程造价咨询企业共240家。企业营业收入为40.3亿元，其中工程造价咨询业务收入为25.97亿元。企业从业人员合计14186人，其中，一级注册造价工程师2278人，占工程造价咨询企业从业人员16.1%，二级注册造价工程师682人，占4.8%。

重庆工程造价咨询企业收入在5000万元以上共7家，2000万元（含）至5000万元共36家，1000万元（含）至2000万元共38家，500万元（含）至1000万元共33家，100万元（含）至500万元共97家，100万元以下29家。

营业收入1000万元以上的81家咨询企业占重庆市建设工程造价咨询收入总量的80%，1000万元以下的159家企业仅占重庆市建设工程造价咨询收入总量的20%。

二、主要工作

受重庆市发展改革委重大项目服务中心委托，编制完成《重庆市重大项目投资控制信息化平台建设思路研究》课题；组织编写《重庆市建设工程造价鉴定执业指引》；开展第五届重庆市工程造价咨询行业自律综合信用评价，225家咨询企业参评，共评出44家5A级企业、68家4A级企业、115家3A级企业；开展第五届“十佳造价工程师”竞选活动；参与2021年首届川渝住房城乡建设博览会（分会场）暨第七届重庆房地产博览会；举办“国风雅韵，造价流芳”国际劳动妇女节主题活动；开展重庆市建设工程造价行业“巾帼造价能手”选拔等活动。

第二节　主要问题与对策

一、经评审的最低投标价法实施对行业产生影响

采用经评审的最低投标价法在遏制围标串标行为、简化招标投标监督管理活动、促进公平公正竞争市场秩序的形成、节约建设投资、倒逼咨询企业强化内部管理、提高咨询企业市场风险意识等方面有明显的益处，但也出现了是否低于成本价难以界定、企业配备人员素质与业主要求相关较大、咨询成果质量的“优质优价”不能呈现、阻碍咨询行业市场创新和技术进步等诸多问题。因此，不仅造价咨询行业乃至整个工程建设领域都急需建立更加适合于“经评审的最低投标价”中标项目的建设管理体系；一要修正完善招标投标制度和实施细则，做实对“低价”的评审工作；二要完善合同体系、风险承担机制，设置更加匹配最低价中标模式的合同条款，设置低价中标承包商承担更多价格风险的风险机制；三要持续规范市场管理，打造公平公正竞争秩序。

二、资质取消后配套措施不完备对行业产生影响

随着“放管服”改革的不断深化，资质“门槛”取消，社会各方都涌入造价行业之中，行业面临巨大挑战，行业管理部门应尽快出台相应的配套改革措施，形成完备的管理体系。除加强事中事后监管外，还应思考如何提高事前预警，及时处置突发状况以及建立联动机制等问题。同时，面对挑战还应引导企业转型升

级，资质取消后业主单位注重以业内口碑、完备的专业队伍、以往业绩、专业特长等为选择。咨询企业以“小而精”或“大而全”的模式突破点：“小而精”即以为某项专业领域为突破点，做专做精做透，树立专业特长做出品牌效应；“大而全”即以横向与纵向兼并扩大企业规模，开展全过程工程咨询，为业主单位提供一站式工程咨询服务。

三、工程造价专业人才体系构建的建议

工程造价专业的发展，对专业人才的职业领域提出了从传统的算量套价拓展到以工程价款为核心的项目管理的转变，工程造价咨询边界不断扩展，服务内容与形式向外延伸，也对工程造价专业人才的能力范围和标准提出了新要求。

建议在原造价工程师分级基础上，打造行业“权威”品牌，设立如“总咨询师”“资深会员”等，建设具备可研策划、设计咨询、合同管理、招采咨询、成本管理咨询、施工阶段咨询、竣工阶段咨询、运维阶段咨询、风险管理咨询、质量管理咨询、EPC 咨询服务等能力顶层的工程造价专业人才队伍。

（本章供稿：邓飞、宋欣逾）

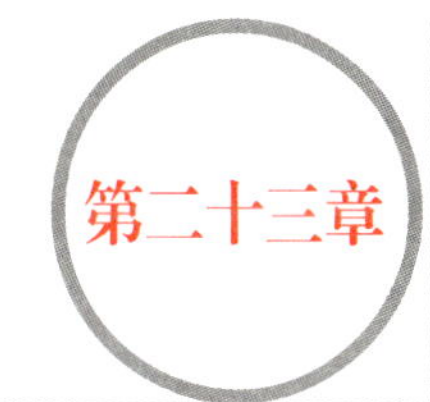

四川省工程造价咨询发展报告

第一节 发展现状

一、行业基本情况

2021 年，四川省共有工程造价咨询企业 545 家，比上年增加 46 家，增长 9.22%，较 2020 年的增幅 12.64% 有所回落。企业总体营业收入总额为 168.82 亿元，比上年增长 20.77%（高于全国水平 18.37%）；企业平均营业收入 3097.61 万元 / 家，比上年增长 10.57%；人均营业收入 31.23 万元 / 人，比上年增长 9.35%。

企业造价咨询业务收入总额为 76.44 亿元，占比 45.28%；其他业务收入 92.38 亿元，占比 54.72%。虽然造价咨询营业收入占比较 2020 年下降 4.10%，仍高于全国水平 37.39%。

其中，企业营业收入总额超过 2 亿元的 21 家，占企业总量的 3.85%；1 亿 ~ 2 亿元的 19 家，占比 3.49%；5000 万 ~1 亿元的 22 家，占比 4.04%；2500 万 ~ 5000 万元的 69 家，占比 12.66%；1000 万 ~2500 万元的 114 家，占比 20.92%；营业收入总额在 1000 万元以下的 300 家，占比 55.04%，企业间营业收入差距较大，中小企业数量较多，营业收入在 5000 万元以上的企业仅占 11.38%。

2021 年，四川省工程造价咨询企业共有从业人员 54061 人，较上年增加 5107 人，增速 10.43%。一级注册造价工程师 6531 人，占从业人员总数的 12.08%；二级注册造价工程师 1727 人，占从业人员总数的 3.19%；期末其他专业注册执业人员 11938 人，占从业人员总数的 23.40%。所有一级、二级注册造价工程师中，仍以土木建筑工程专业为主，占比接近 80%，安装工程专业注册造价工程师占 15.1%。

二、参与重点项目概况

2021 年，四川省工程造价咨询企业共参与 1300 多个重点项目的咨询服务工作，其中造价金额 1 亿元以上的重点项目 115 个。按项目造价金额统计，造价金额在 100 亿元以上的重点项目 2 个，10 亿 ~100 亿元的重点项目 55 个，5 亿 ~10 亿元的重点项目 22 个，1 亿 ~5 亿元的重点项目 36 个。按项目营业收入统计，单项目营业收入在 1000 万元以上的重点项目 11 个，500 万 ~1000 万元的重点项目 13 个，100 万 ~500 万元的重点项目 42 个。咨询服务的内容主要包括工程估算、概算、预算价格的编制与评审、招标工程量清单及招标控制价编制、跟踪审计、过程控制、全过程咨询、竣工结算及审核等工作。其中代表性项目有：①乐山至西昌高速公路（马边至昭觉段）项目的阶段性过程控制审计，项目造价金额 265.21 亿元；②四川大渡河双江口水电站工程建设项目的全过程造价咨询，项目造价金额 85 亿元；③成都市金牛区杜家碾片区凤凰山体育中心项目的概预算编制，项目造价金额 64.3 亿元；④环球中心沙湾店项目的施工过程审计，项目造价金额 60 亿元；⑤天府国际机场资阳临空经济区产业新城 PPP 项目（二期）的工程量清单编制，项目造价金额 49.57 亿元；⑥独角兽岛园区二批次项目的全过程造价咨询，项目造价金额 36 亿元；⑦高效晶硅太阳能电池网络协同制造智慧工厂项目和光伏单晶硅片建设项目的全过程跟踪造价控制，项目造价金额 10 亿元；⑧民航科技创新示范区一期工程项目的控制价审核和过程管理审计，项目造价金额 44.03 亿元。

三、学术研发情况

2021 年，四川省 545 家工程造价咨询服务企业科研投入约 4290 万元，全年科研经费投入超过 100 万元的企业仅有 7 家，共发表学术论文 66 篇，申请专利 14 项，承担学术课题 25 项。其中代表性的学术课题包括：《装配式建筑成本分析与设计深化》《BIM 技术应用研究》《数字仿真系统平台开发》《EPC 项目造价管理研究》《智慧工地的定制化开发》《造价指标数据库研究》《四川省工程造价指标数据库建设》《基于投资管控的建设项目全过程咨询应用指南研究》《材料价格库课题研究》等。由此可见，当前四川省造价咨询企业在标准编订、BIM应用、EPC项目服务、全过程工程咨询、数据库和材料库建设以及智慧工地建设等方面均积极参与，主动迎接行业和科技变革带来的机遇和挑战。

四、重点工作成果

举办"十四五"新征程数字化赋能新发展主题峰会；举办"四川技能大赛——第三届工程造价专业技术人员职业技能大赛"，三位获奖人员获"四川省技术能手"称号；开展工程造价论文征集和评选活动，共征集论文212篇，评出优秀论文一等奖10篇、二等奖20篇、三等奖30篇；开展《四川省造价工程师协会工程造价指标数据库建设》课题研究，基于收集的工程造价指标数据开发了四川省典型工程造价指标数据库系统；修订并发布《四川省工程造价咨询企业信用综合评价办法》(2021版)，落实信用综合评价工作，约400家企业参评，373家获得信用等级，357家获AAA级；参与10多项规范标准的编制或修订工作，包括：①《四川省工程建设项目招标代理操作规程》DBJ51/T040–2021修编；②中价协《建设工程造价鉴定工作指南》编制；③中价协《中国工程造价团体标准体系研究》编制；④中价协团体标准《建设项目工程总承包计价规范》编制；⑤《公共工程变更管理审计作业标准》编制；⑥《四川省工程造价咨询企业信用评价办法》修订；⑦中价协团体标准房屋、市政、城市轨道交通工程总承包工程量计算规范编制；⑧《四川省建设工程工程量清单计价定额》(2020)编制；⑨《基于投资管控的建设项目全过程咨询应用指南的研究》等工作。

第二节　发展环境分析

一、政策环境

1. 西部大开发和成渝经济圈建设等为四川省建筑业带来新的机遇和挑战

《西部大开发"十四五"实施方案》和《成渝地区双城经济圈建设规划纲

要》，为四川省建筑业带来新机遇、新思路和新的业务空间；《成都平原经济区“十四五”一体化发展规划》和《四川省“十四五”新型基础设施建设规划》，提出以数字技术赋能交通、能源、水利、市政、物流等传统设施升级，建设智能新型绿色的现代化基础设施建设，提升产业智慧化应用水平；《关于加快物业服务业转型升级发展助推城市基层治理能力提升的指导意见》《四川省物业管理条例》和《四川省建筑管理条例》，有助于促进四川省建筑业的健康、可持续、高质量发展；《四川省人民政府办公厅关于印发四川省深化“放管服”改革优化营商环境2021年工作要点的通知》（川办发〔2021〕17号）提出深化“放管服”改革，通过信用数据共享构建新型监管，优化营商环境，规范造价咨询企业市场行为，促进造价咨询行业持续健康发展。

2. 进一步规范工程造价咨询业主体行为和市场秩序

2021年4月，四川省住房和城乡建设厅和四川省发展改革委联合印发了《四川省房屋建筑和市政工程工程量清单招标投标报价评审办法》，进一步规范招标投标相关各方主体行为，引导公平、诚信、有序竞争。2021年10月，住房和城乡建设部制定《工程造价咨询业管理办法》（征求意见稿），有助于进一步提高工程造价咨询服务质量，维护建筑市场秩序和社会公共利益。2021年12月，四川省住房和城乡建设厅发布《关于建设工程合同中价格风险约定和价格调整的指导意见》，有助于维护建筑市场秩序，引导合理分担价格风险，维护发、承包双方的合法权益，妥善处置风险争议；并出台《关于进一步加强全省房屋建筑和市政基础设施工程总承包监督管理的通知》，推动工程总承包市场健康发展，鼓励全过程工程咨询单位参与工程总承包招标文件的编制。

二、经济环境

1. 经济概况

2021年，四川省GDP为53850.8亿元，同比增长8.2%，三大产业对经济增长的贡献率分别为9.8%、33.0%和57.2%。GDP增速为过去5年来最高，总体发展态势良好。

2. 固定资产投资概况

2021 年，全国固定资产投资 552884 亿元，增速 4.9%。其中，四川省全年固定资产投资 37422.80 亿元，占全国 6.77%，增速 10.1%，高于全国平均水平。

3. 建筑业概况

2021 年，四川省建筑业总产值为 17351.19 亿元，同比增长 1738.49 亿元；建筑业劳动生产率 420179 元 / 人，同比增长 22.8%；建筑业增加值 4662.4 亿元，同比增长 1.7%。具有资质等级的施工总承包和专业承包建筑业企业利润总额 502.5 亿元，同比增长 0.9%。对比全国数据，四川省建筑业增加值增速 1.7%，略低于全国水平 2.1%；有资质等级的承包企业利润增速 0.9%，略低于全国平均水平 1.3%。虽然 2021 年四川省建筑业增速略低于全国平均水平，但劳动生产率快速增长。

三、技术环境

1. 四川省住房和城乡建设厅为行业高质量发展营造良好环境

2021 年，四川省住房和城乡建设厅为进一步规范房屋建筑和市政工程工程量清单招标的投标报价评审行为，引导投标人合理报价，维护公平市场环境，印发《四川省房屋建筑和市政工程工程量清单招标投标报价评审办法》，与 2020 年《四川省建设工程工程量清单计价定额》配套执行。此外，为加快推动四川省全过程工程咨询行业高质量发展，与四川省发展改革委联合拟制了《关于加快推进全过程工程咨询服务发展的实施意见（征求意见稿）》并向社会征求意见。

2. 行业协会为行业高质量发展提供多方位技术支撑

组织编写《工程造价鉴定意见书（示范文本）》（试行），有利于规范四川省工程造价鉴定意见书的制作，提高工程造价鉴定水平；举办《建设项目工程总承包合同（示范文本）》GF–2020–0216 和“2020 定额”及配套的工程量清单招标投标报价评审办法宣贯会，帮助工程建设各方主体适应工程总承包项目合同管理；举办“踏浪前行，数领未来”青岛数字考察交流活动，探讨咨询企业数字化发展的路径以及智慧城市、园区建设带来的机遇与挑战；主办《中国数字建筑峰会2021·四川》共探新形势、新技术、新机遇下建筑产业的机遇与挑战；开发四川省典型工程造价指标数据库系统，并于2021年11月运行。

第三节　主要问题及对策

一、行业发展因素分析

任何一个行业的发展都会受到宏观、中观和微观因素的影响，也离不开人才、技术、经济、管理和政策等方面的支撑，工程造价咨询行业也不例外。宏观层面，良好的宏观经济环境、健全的政策法规和良好的行业生态环境是造价咨询服务行业健康发展的基础；中观层面，造价咨询企业的有序管理和核心竞争力构建是工程造价咨询行业健康发展的重要保障；微观层面，复合型、高层次工程造价咨询服务人才培养是造价咨询行业可持续发展的必要条件。

西部大开发和成渝经济圈建设，为四川省造价咨询行业发展营造了良好的宏观环境；协会通过政策标准编制、峰会交流、各类竞赛和优秀案例评选等活动，不断规范市场秩序、促进企业管理水平提升和核心竞争力构建；四川省工程造价从业人员数量不断增加，为造价咨询行业的可持续发展提供了人才保障。

二、行业面临的主要问题与产生原因

1. 行业层面

（1）市场竞争激烈，低价竞争现象普遍。一方面建筑业增速放缓、企业数量不断增加，行业竞争进一步加剧；另一方面咨询服务成果难以量化和标准化，导致服务成果差异性大、低价竞争现象普遍，不利于行业可持续发展。

（2）服务工具方法不够成熟。造价咨询服务属于智力服务，成熟适用的工具不够成熟，不但制约了咨询服务质量的提升，由于现有软件的垄断性强价格高，也加重了造价咨询企业的运营成本。

（3）行业标准化有待完善。首先，咨询服务成果、服务流程的标准化是规范服务市场，提升服务水平的关键；其次，随着建设规模的不断扩大和复杂程度的不断提高，咨询服务的业务内容较过去有很大不同，服务流程、服务成果、服务收费标准等不完善阻碍了咨询服务的顺利开展。

（4）数字化转型亟待推进。数据作为新型生产要素，将成为企业核心竞争力的关键。建筑业作为数据密集型行业，数据价值尚未被充分认识，工程造价咨询作为最有潜力进行数据挖掘应用的领域，数字化转型尚未真正开始。

2. 企业层面

（1）企业管理有待进一步规范。当前针对造价咨询企业的管理有待进一步提升和完善。挂靠、加盟现象普遍存在，企业自律管理能力不足，严重阻碍了造价咨询企业的可持续发展。

（2）综合业务能力和核心竞争力不足。造价咨询企业数量虽多，同时具备造价、咨询、监理和设计资质的企业很少，年营业收入在1000万元以下的企业数量居多，且以传统的房建、市政业务为主，多数企业无法提供全生命周期的高质量服务，企业间同质化低价竞争现象严重。

（3）创新能力有待提升。面对新技术、新模式、新局面的挑战，造价咨询企业主动拥抱变化的能力相对不足，在BIM、大数据、EPC、全过程咨询、绿色低碳等领域的推动有待进一步加强。

3. 人才层面

（1）从业人员素质总体偏低，缺乏高层次复合型人才。一级注册造价工程师数量占从业人员总数的比例很小。业务能力主要集中在传统的计量、计价服务，项目前期策划、投融资策划、成本优化、全过程咨询等业务服务能力相对不足。

（2）对持续学习和能力提升的重视度不够。当今社会技术发展日新月异，面对BIM、大数据、EPC、全过程咨询、绿色低碳等冲击，从业人员疲于应对传统业务，很难与时俱进提升个人综合业务能力和管理水平，面对新技术和新变化的主动性和适应性仍显不足。

三、行业应对策略与发展趋势

1. 加强行业环境治理与政策标准完善

（1）进一步规范企业管理、提升企业自律管理能力和水平，逐步健全市场环境，规范市场竞争和市场收费，为工程造价咨询服务提供良好的生态环境。

（2）进一步加强数字化转型方面的引导和推进，在数据平台搭建、数据标准制定、数字化转型整体规划和具体的数据应用业务实现等方面积极推进，构建科学合理的数据收集、存储、处理和分析应用系统。

（3）加强行业标准建设和标准化成果文件的提交，逐步提高服务成果、服务流程的标准化水平，提升企业的咨询服务水平和服务成果质量。

2. 加强企业管理水平提升和核心竞争力构建

（1）加强企业数字化转型的上层规划和底层业务落地。推进数字化技术在工程咨询行业中的应用、加强企业数据收集和存储平台建设，探讨数据安全问题，加强典型工程的数字化技术应用并积极宣传推广。

（2）加强企业知识库建设。通过数据库、案例库、材料库、标准库建设等建立企业知识库，通过历史数据挖掘、典型案例复盘等提升企业管理水平和业务水平，建立企业的核心竞争力。

（3）加强企业人才队伍建设。一方面通过继续教育培训，提升在职人员的综合业务能力和业务水平，另一方面积极从社会招募优秀人才拓展当前业务范围。

3. 加强从业人员业务能力和管理水平提升

（1）继续通过技能竞赛、优秀案例评选、优秀论文评选、峰会举办等活动，加强工程咨询知识库建设，为从业人员提供良好的职业教育环境、资源和渠道。

（2）加强全过程工程咨询服务能力培养和其他特色咨询服务能力培养，建立T字型人才培养目标，为造价咨询服务提供坚实的人才保障。

（3）提供更多面向新技术、新方法和新理念的行业交流和培训机会，引导从业人员树立大数据思维、全过程咨询服务的意识，适应行业变化和技术变革。

（本章供稿：陶学明、潘敏、董娜、闵弘、潘欣雨）

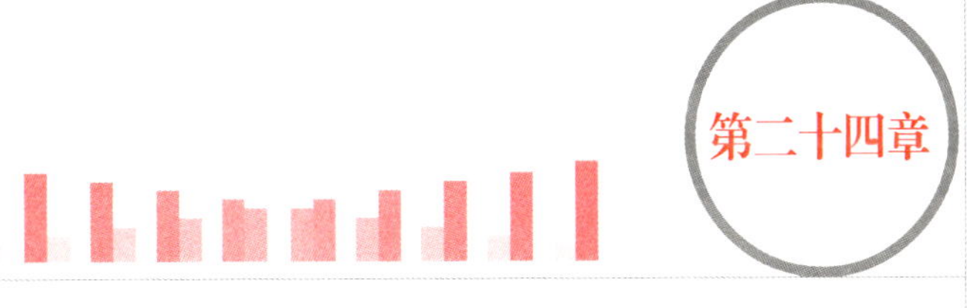

云南省工程造价咨询发展报告

2021年，面对繁重复杂的疫情防控任务和多重困难挑战叠加的经济发展环境，以及房地产项目大部分工程建设停缓实施，市场需求急剧缩减，运营压力空前巨大等艰难局面，云南省工程造价咨询行业积极提升挖潜，在全行业共同努力下，取得了业绩、人员平稳发展的成效。

第一节 发展现状

一、基本概况

2021年，云南省参与2021年度统计申报的企业161家，从业人员共计9067人，较上年增长3.28%。工程造价咨询企业整体营业收入为33.24亿元，其中，工程造价咨询业务收入23.95亿元，较上年增长4.91%，占全部营业收入的72.1%。企业营业利润2.96亿元，较上年下降21.9%，上缴所得税0.55亿元。

二、重点工作

组织开展2021年度云南省工程造价咨询企业信用评价工作，共有97家企业参评，71家企业评定为AAA级、16家企业评定为AA级、8家企业评定为A级；积极推动建设工程造价纠纷调解工作，妥善化解社会矛盾，2021年度完成了3宗服务；开展工程造价咨询企业职业责任保险制度的学习研究和宣传工作：一是研究学习《关于推动工程造价咨询企业职业责任保险的工作方案》和《工程造价咨询企业责任保险条款》；二是在开展宣传及调查；三是总结反馈推进工作。

第二节　发展环境

一、政策环境

2021 年 7 月 15 日，云南省住房和城乡建设厅发布了《云南省住房和城乡建设厅关于贯彻取消工程造价咨询企业资质审批加强事中事后监管文件的通知》，明确了取消造价咨询资质行政审批，推进企业信用体系建设，加强事中事后监管的改革措施。

2021 年 8 月 9 日，云南省人民政府印发了《云南省人民政府办公厅关于印发云南省深化“放管服”改革服务“六稳”“六保”实施方案的通知》，进一步优化就业环境，减轻市场主体负担，扩大有效投资，激发消费潜力，稳定外贸外资，优化民生服务。紧扣项目投资，明确从动态调整投资项目审批事项清单、推进企业投资项目承诺制改革、持续深化工程建设项目审批制度改革、降低项目用地成本、压缩供地时间、优化审批流程等方面，系统性、全链条推进改革。

2021 年 10 月 25 日，云南省住房和城乡建设厅牵头编制了《云南省“十四五”建筑业发展规划》，提出推广全过程工程咨询，加快建立行业、企业层面全过程工程咨询服务技术标准、合同体系和管理体系，出台配套政策支持全过程工程咨询服务行业发展，促进全过程工程咨询服务科学化、标准化、规范化。建立完善建设项目实现价值增长综合评价及激励机制，支持工程咨询服务企业拓宽服务领域，开展多种类型的全方位工程咨询服务，形成与国内外市场接轨的工程咨询服务体系。加快推进咨询服务市场化进程，建立全过程咨询监管体系，强化单位和个人从业服务行为监管等指导造价行业发展的方向和措施。

二、经济环境

1. 2021 年云南省经济情况

2021 年，云南省全年实现地区生产总值（GDP）27146.76 亿元，比上年增长 7.3%，两年平均增长 5.6%。其中，第一产业增加值 3870.17 亿元，比上年增长 8.4%；第二产业增加值 9589.37 亿元，增长 6.1%；第三产业增加值 13687.22 亿元，增长 7.7%。三次产业结构为 14.3∶35.3∶50.4。全省人均地区生产总值 57686 元，比上年增长 7.5%。非公有制经济增加值 12759.39 亿元，增长 7.8%，占全省地区生产总值比重为 47.0%，比上年提高 0.4 个百分点。全年全员劳动生产率 9.40 万元 / 人，比上年提高 7.5%。

2. 固定资产投资情况

2021 年，云南省全年固定资产投资（不含农户）比上年增长 4.0%。分三次产业看，第一产业投资增长 30.0%，第二产业投资增长 2.8%，第三产业投资增长 2.1%。民间固定资产投资比上年增长 5.3%，占全省固定资产投资的 44.0%；工业投资增长 2.7%，占比 15.3%；基础设施投资增长 7.5%，占比 41.7%。全年房地产开发投资 4309.93 亿元，比上年下降 4.3%，其中，商品住宅投资 3175.11 亿元，下降 4.3%；办公楼投资 174.99 亿元，增长 14.3%；商业营业用房投资 427.74 亿元，下降 13.5%。全年商品房施工面积 29148.14 万平方米，比上年增长 13.0%；商品房屋竣工面积 2540.97 万平方米，增长 55.1%；商品房销售面积 3880.84 万平方米，下降 20.1%；商品房销售额 2962.52 亿元，下降 25.4%。

3. 建筑业基本情况

2021 年，云南省全年全社会建筑业增加值 3040.43 亿元，比上年增长 2.8%。全省具有资质等级的总承包和专业承包建筑业企业完成总产值 7336.58 亿元，增长 9.1%；实现利润 180.36 亿元，下降 22.3%；上缴税金 141.55 亿元，下降 28.7%。

三、技术环境

1. 拓展全过程咨询领域

近两年来，云南省工程造价行业，新申请资质的单位约 60% 以上属于已在建设领域其他咨询服务中有一定发展，为响应国家推行全过程咨询服务的政策导向，积极扩展造价类咨询业务。原有的造价咨询企业中，中等以上规模有一定条件的企业，也在充分发掘自身在全过程咨询服务中的潜力，一面主动开拓全过程咨询业务，一面通过培养储备人才，调整组织结构，更改企业名称等，积极切入或准备介入全过程咨询服务业务中。

2. 探索“造价 +”服务的融合发展

投资建设模式的日益多元化也带来建设咨询需求存在多重不同组合需求，为满足此类咨询需求，并在竞争日益激烈的造价行业中，探索新业态，开发行业蓝海，拓展持续发展生存空间，工程造价咨询业也在不断与相关行业紧密融合，积极将造价咨询服务同相关咨询服务或现代信息技术相结合，实现造价咨询服务的价值提升。

3. BIM 技术应用逐步普及

对于工程造价咨询行业，BIM 技术的普及应用对传统工程造价工作模式将产生更新换代的影响。仅仅从事算量与组价的现有工程造价从业人员将面临被 BIM 技术一定程度替代的危机。对于造价高端人才，以前被工程量计算、核对占据的大部分工作精力将被释放，更多投入到进行限额设计的造价控制、全过程造价管理等技术含量更高的业务中。

4. 信息技术的应用逐渐深化

工程造价咨询行业信息技术的应用从辅助计价计量到管理信息化系统，从单机软件应用到网络技术整合，多年来逐渐深化发展。随着互联网技术的发展，特别是在现代化信息技术的推动下，建筑业已经表现出了较为明显的全球化发展趋势。人工智能为代表的数字技术是未来科技的主旋律，数字建筑是未来建筑业的发展趋势。工程造价咨询企业作为工程建设领域的重要主体，如何主动适应数字技术的发展要求，满足建筑工业化和未来建设的产业变革需求是必须要破解的命题。充分利用云计算、大数据、物联网以及 AI 等信息技术，为行业创新发展提供有力工具，必将开启新时代的工程造价咨询技术革命。

四、市场环境

云南省工程造价咨询行业整体市场规模 2021 年在 25 亿元左右，正常情况年增长约 10%，原甲级单位占有 90% 的份额，原乙级单位占有 10% 左右份额；市场规模在全国居于中段前列，低于临近的四川，高于贵州、广西；在阶段类别分布方面，全过程造价业务占比份额最高，且呈渐增趋势，前期决策阶段和结算阶段业务占比份额呈下降趋势；在专业分布方面，房屋建筑占比约 40% 为居首，但近年来呈下降趋势，公路、市政和水利依次居于其后，占比分别约 15%、13% 和 6%，近两年呈上升趋势，其余专业占比较小，仅为 1% 以内；在区域分布方面，中部省会昆明占比 85% 以上，各州（市）中曲靖、大理、德宏、红河、楚雄份额和占比相对在前列；在不同营收级次单位间分布方面，造价业务营业收入 2000 万元以内的三个级次只占 35% 左右份额，且呈逐年下降趋势，造价业务营业收入在 1 亿元内和 1 亿元外两个级次占比约在 64%，逐年提升的速度较快，呈现出明显的向高营收级次集约发展的趋势。

第三节　问题对策

一、面临问题

1. 行业规范方面

国家“放管服”的各项政策逐步落实，工程造价咨询资质行政审批权已取消，但新的行业规范管理办法还需一段时间才能调整到位，并逐步落实，在目前过渡期间，行业的规范自律将面临极大考验，同时在缺少行政主导后，行业的“十四五”发展规划目前也无明确的机构和组织在推进，会使行业内单位和人员对行业发展的前景和方向产生更多分歧，势必会对行业长期稳定发展造成不利影响；行业多年推行的信用评价制度调整为动态管理模式后，相应的评价和管理办法只做了修补微调，实际中如何能真正起到既简便易行，吸纳更多的从事工程造价咨询服务的单位踊跃参与，又能及时、准确、客观、真实地反映参评单位的情况，进而起到引导企业规范自律的作用，需要行业认真思考完善。

2. 企业发展方面

新增企业数量增加，特别是设计、监理，招标代理、项目管理类企业的进入，对现有以单一造价业务为主的中小微企业造成较强冲击；现有企业分层演化趋势增强，头部企业综合集聚效应明显，大部分中小咨询企业综合服务能力和经营效益提升缓慢，小微企业业务单一生存压力增大；省外咨询机构通过项目先导逐步渗入占据省内咨询服务市场份额的情况增加。

3. 企业管理方面

部分中小企业各项管理制度的实际运行不够到位，业务成果质量受主办人员专业水平和责任意识影响较大；大部分企业应收款占比趋增，经营回款放慢，少数项目拖欠严重；造价业务相关人工费用和软件工具费用增长较快，经营成本压力增加。

4. 人员能力素质方面

整个行业队伍中，新进入人员虽有一定专业知识基础，但实际工作能力普遍需要两至三年培养，能力提升效率较低；具备一定综合业务能力的中、高级人才普遍缺乏；创新型领军人才凤毛麟角。多数从业人员专业知识浅窄，能力相对单一，骨干从业人员的素质和能力具备一定深度的领域主要是工程造价、招标投标、BIM 技术应用等方面，但在广度上，如项目管理、设计优化、财务管理、税务策划、政策研究、绩效评价等还有所欠缺。难以胜任拓展传统咨询范围、提升服务价值等复合型要求。对全过程工程咨询、综合咨询所需要的复合型人才和领军人物的需求较为急迫，企业或行业的转型升级难度较大，急需加强人才队伍建设。

5. 业务拓展方面

现有造价咨询企业开展的全过程造价咨询主要精力集中在项目实施阶段，对项目前期和设计阶段介入深度不够、对项目运营阶段涉及更少，难以提供贯穿建设项目全生命周期的造价咨询。传统造价咨询主要围绕估概算、控制价、结算的编审，以及时准确地计量计价、审减或节约投资、提出与造价管理相关的咨询建议等方式来体现价值，对客户除投资外更为关注的进度、质量和安全、品质等方面的建设目标响应程度太低。大多数客户体验到的只是一个造价确定和控制的流程，难以真正感受到物超所值的服务体验。新业务开拓极为艰难，各企业承接的新咨询业务很少，尚未能形成行业发展的有效支撑。

二、对策措施

1. 行业规范方面

针对行业政策变革的过渡期，行业协会、各会员单位和个人，一方面要积极学习国家和行业的相关改革政策，领会指导精神，思考政策落实中可能存在的情况，主动向有关方面反映，以期下一步落实政策的具体措施能够更加切实有效。另一方面要进一步完善行业信用体系建设和成果宣传推广，一是推进信用评价工作的覆盖面，以全省从事造价咨询业务的单位为对象，争取最大范围地参与到行业信用评价中来；二是根据动态管理的需要，进一步完善信用评价办法，努力提高信用信息的全面性、时效性和可溯性；三是加快信用信息共建共享，拓展信用评价结果的影响力和社会认可度；四是宣传构建以信用为核心的新型市场评价和制约机制，切实发挥好行业信用评价“奖诚治劣”的自律作用，维护好来之不易的行业发展环境。

2. 企业发展方面

行业协会要向各企业和个人宣介和传递行业近年来的发展情况，帮助行业单位和个人结合自身情况，做好未来发展方向和转型模式的选择。后疫情时代，工程造价企业须立足自身情况，识变求变应变，开阔思路，顺势而为，积极探索转型发展途径。具备规模发展的头部企业可依托已有的能力和资源优势，将造价咨询服务由产业链向多专业合作的方向发展，加快企业规模化进程，强化企业商誉和品牌培植，努力发展为有活力、有竞争力的本土建设咨询龙头企业，带动云南工程造价行业迈上新台阶，提升云南工程造价行业的整体水平；对于中小型企业，在行业细分市场中找准定位，向专精方向发展，凸显自身的比较优势，进而在某一细分市场中找到企业的核心竞争力，通过深入强化核心竞争力，实施服务差异化战略，降低替代品的竞争性，保证企业顺利成长。

3. 企业管理方面

深化企业规范管理，在组织结构、运营流程、绩效考核等方面建立科学系统的规章制度，重视企业定额的编制，使企业的每项工作做到“有规可依、有规必依、执规有据、违规可纠、守规可奖”，用开放、公正的管理制度，促进企业凝聚力和向心力形成。同时，充分运用BIM、云技术等现代信息技术，加快企业管理信息化进程，通过推广运用工程造价咨询企业资源管理系统，帮助企业按照集成化、共享化、可控化、协同化的管理要求，实行数字化及精细化管理，有利于及时、准确、完整地传递、存储数据信息，加强数据分析能力，为企业进行科学、有效地管理决策提供依据，进一步提高管理效率。

4. 人员能力提升方面

统筹发挥学校、社会培训机构和行业整体的力量，探索建立适应工程造价改革发展需要的人才培养新模式。一是加强与高等院校工程造价专业学科建设的协同，进一步深化专业教学改革，开展高等院校工程造价专业创新大赛和技能大赛，引导学校积极开展应用型人才的培养，促进工程造价实践教学，积极开展校企横向协作，协同探索构建产学研一体化发展模式；二是加强造价工程师继续教育，丰富和完善造价工程师继续教育的内容和方式，创新专业人员继续教育模式，形成多层次的继续教育体系；三是探索高层次人才培养机制，与社会培训机构合作，重点地培养适应全过程咨询服务业务的高端人才和有发展需求的专项精深人才，通过能力提升培训，成果审鉴确认，荣誉颁授宣传等措施，助力有能力、有实绩的行业才俊成为专业领军人才。

5. 业务拓展方面

一是引导工程造价咨询企业突破原有以房建、市政、公路等专业作为主营收入来源的局面，顺应国家发展方针，积极进入水利、轨道交通、能源、航运等专业领域及城市更新、新能源、智慧化改造等新基建市场，寻求新的收入增长点。鼓励企业要结合自身优势，将业务从工程实施阶段、竣工结算阶段分别向前及向后延伸，同时加大创新投入，积极引入价值管理等先进理念，熟练运用信息化技术手段，凝聚高端人才，避免同质化竞争，提供差异化服务，满足高端造价咨询业务的咨询精度和深度要求。二是学习领会《住房和城乡建设部办公厅关于印发工程造价改革工作方案的通知》（建办标〔2020〕38 号）精神，密切关注试点地区经验和成效，积极研究探索与市场相适，科学合理的工程计价规则和方法，拓展业务发展方向。三是推进多元化纠纷解决机制在工程造价领域发挥作用，构建完善工程造价多元化纠纷调解机制，搭建工程造价纠纷调处经验交流平台，探索“造价 + 法务”的复合型咨询服务模式，积极开展纠纷调解工作。

三、发展展望

1. 行政监管和引导方面

在促进行业发展方面，一是在建筑业转型升级发展的宏观背景下，加强对工程造价咨询企业跨界融合和纵向发展的政策引领，为工程造价咨询企业开展跨界融合和纵向延伸提供政策保障；二是在多元化发展战略层面，鼓励企业结合自身资源禀赋，积极探索跨界融合方向和可行路径；三是引导行业立足主业，向建设项目工程咨询的前端和末端延伸，积极开拓诸如 PPP 咨询和项目管理服务等工程咨询市场；四是及时总结咨询实践中涌现出来的成功开展跨界融合和纵向发展企业的经验做法，为其他工程造价咨询企业提供典型案例和对标样板；五是建立数据共享的网络信息服务平台，将企业经营信息、信用信息等登记入库，对企业入库信息做到一次审核、多次使用，通过各部门数据互联互通，提高工程造价咨询行业信息服务水平。

2. 行业自律方面

在取消行政审批管理的情况下，进一步加强工程造价咨询行业诚信体系建设，完善信用评价体系是行业有序健康发展的重要保障。通过建立定期发布企业不良行为记录的制度，完善工程造价咨询企业行业自律体系，公开揭示工程造价咨询单位的不良行为。积极充实工程造价咨询企业信用评价平台，完善工程造价咨询企业信用评价指标体系。依托信息化技术手段及大数据支持，获取单位及从业人员的履约记录、营业记录等情况，通过定性与定量分析相结合的办法，对企业及从业人员进行信用评价，并将结果予以公示，以促进工程造价咨询企业自觉遵守市场经济秩序，形成健康的行业氛围，培养从业人员的良好职业道德意识。修订行业协会相关自律文件，提高注册造价师守信意识、工程造价咨询企业诚信经营意识及自律意识，利用电子信用平台，完善失信惩戒守信激励机制。对于具有多个分公司的工程造价咨询企业，企业内部应加强分公司的信用管理力度，从而实现分公司与总公司的共同进步。利用多种媒介宣传推广信用评价结果，加大信用评价结果的宣传力度。将工程造价咨询企业的数据报送情况与信用等级评价管理挂钩，对于未报送或未按要求报送数据的企业，依规定纳入企业信用记录并予以公开，扩大信用评价结果的应用领域及覆盖面，不断提升行业公信力。此外搭建工程造价咨询企业社会监督平台，充分发挥社会监督的正向作用，建立社会监督员制度，搭建从委托方到大众传媒的社会监管渠道，形成完善的咨询企业诚信服务反馈机制，并及时依托大众传播媒介，将反馈信息告知广大公众，让公众了解行业动态、企业诚信状况，形成影响广泛的强大社会压力，在产生特殊监督制约效果的同时提升行业的认知度及社会影响力。

3. 企业发展方面

现有工程造价咨询企业除要守住自己传统的“五算”和对基本建设各阶段的投资管控能力，运用定额预测投资数量协助建设单位科学决策的能力，利用自身专业优势消除建设单位相对施工企业信息劣势的专家能力，协助建设单位招标采购到最适合项目的设计、施工供应商的采购能力等优势外，还要努力利用自身积累的巨量已完工程项目的技术经济指标与数据满足业主的高端需求，充当业主的投资与实施顾问，对建设项目实施全面管控并实现项目增值；形成对新型的发承包与投融资模式（PPP、EPC、IPD、CM、投建营、TOD）进行有效的投资管控，运用性价比指标对建设项目进行限额设计和设计优化，运用 LCC、VM、BIM、数字孪生、AI 和区块链对建设项目进行数字化管理等适应新时期和新基建的新优势。工程造价咨询企业既要更加专注于在互联网时代的组织再造、投融资平台、服务质量管控、人员晋升系统、员工持股及奖励计划、企业文化核心理念等组织与管理战略，进而在经营能力和组织的抗打击能力、抵御风险能力、扩张能力等方面全力做大做强，保障夯实生存发展基础，又要在咨询产品方面打造精准满足业主需求的能力、运用新技术的能力和适应变化的能力，努力做专做精，培育持续发展的核心竞争力。

4. 业务发展方面

工程造价传统的基于计量的DBB模式咨询业务，随着建设组织管理模式的变化、建筑业的转型升级以及造价市场化改革推进将逐步减少，基于总价的EPC模式工程造价咨询业务增加，PPP、投建营、CM、TOD、“造价+”咨询等新模式工程造价咨询业务不断涌现。以投资管控为核心的全过程工程咨询的需求将慢慢超过传统工程造价咨询业务。工程造价咨询企业应主动发现新的咨询业务增长点，主动创新，主动进行战略调整，主动再造企业业务流程，主动应对委托方需求变化，主动学习并掌握新技术，在创新的基础上做大做强。

5. 从业人员层面

业务内容和形态的变化对从业人员的综合能力和技术深度同时提出了更高的要求，企业整合后，集约化管理和效率的提升，初级基础人员将面临更大的能力提高和裁减压力，对项目负责人级的中层业务骨干综合要求和项目管理能力将更加明确，通过一定时间的竞争和经历积累，目前的缺口会得到缩减，但较高的离职概率使得人才缺口仍会是企业需要构建长效机制解决的问题。在专精人才和行业创新性人才方面，有能力和远景规划的头部大型企业的重视将促进其快速成长脱颖而出，但成长需要形成一定数量相近水平群体相互促进才能持续，避免仅仅一枝独秀或是昙花一现。单位资质弱化和取消后，对从业人员的个人资格、业务和基本信息的监督成为行业行政主管部门增强监管的主要抓手，对违规“挂证”“人证分离”等违规行为的整治工作将在持续保持高压的基础上，逐步形成深入性、常态化的检查抽查模式。行业组织吸纳从业人员个人会员，开展针对性评价和服务的趋势会逐步显现。

（本章供稿：马懿、金长城、王蕊、郝吉、杨敏、王艳华）

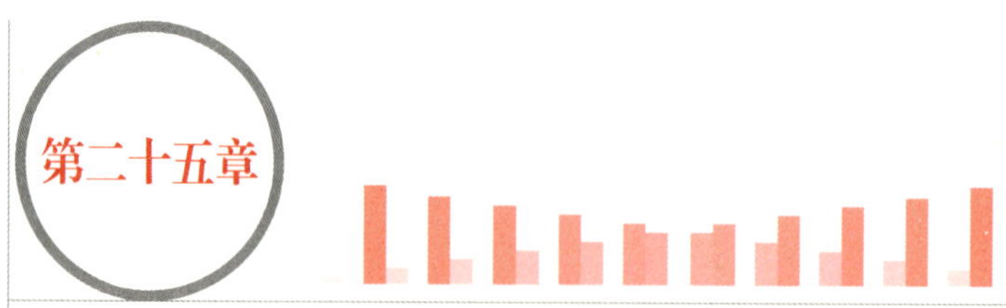

陕西省工程造价咨询发展报告

第一节　发展现状

一、全省企业总体情况

2021 年，陕西省共有工程造价咨询企业 274 家，较上年度的 256 家增加 7.03%。企业营业收入为 80.11 亿元，比上年的 67.86 亿元增长 18.05%。其中，工程造价咨询业务收入 42.89 亿元，比上年的 34.75 亿元增长 23.42%，占全部营业收入的 53.54%。

2021 年，陕西省工程造价咨询企业从业人员 19609 人，比上年的 19159 人增长了 2.35%。共有一级注册造价工程师 2912 人，比上年的 2687 人增长了 8.37%，占全部造价咨询企业从业人员的 14.85%，较上年增加了 0.83 个百分点。一级注册造价工程师占全部专业技术人员的 25.75%，较上年提高了 1.01 个百分点。二级注册造价工程师 757 人，比上年的 712 人增长了 6.32%，占全部造价咨询企业从业人员的 3.86%，占全部专业技术人员的 6.69%，两个占比均较上年提高了 0.14 个百分点。造价咨询企业中其他专业注册执业人员 2247 人，较上年的 1792 人增加了 25.39%。

二、主要工作

开展陕西省工程造价咨询行业 30 强和先进企业的首次评价，经公示后发布了 30 强和 70 家先进企业名单；开展 2021 年度信用评价工作，61 家单位申报，评为 3A 的有 58 家，评为 2A 的有 1 家，评为 A 的有 2 家。截至目前，全省共有 151 家造价咨询企业获得信用评价等级；研究制定《陕西省建设工程造价管理协会会员自律公约》；起草《关于工程造价咨询企业数字化转型的指导意见》，并以现场直播，主、分会场联动的方式举办了发布会；收集省内造价咨询企业全过程工程咨询项目的情况，为推进省内全过程咨询业务提供指引；开展线上线下不同形式的教育培训工作，全年共制作 30 多个网络课件；充分发挥专家委员会的技术优势，举办了三次“专家大讲堂”，并对积极贡献的 21 名专家委员进行通报表扬。

第二节　今后实现高质量发展的对策

全面深化工程造价改革，其核心在于实现“市场配置资源”和“市场决定工程造价”。我国推行工程量清单计价改革，虽然已经走过了 20 个年头，但总体上仍处于一种“政府指导价”到“市场决定造价”的过渡期，全面深化工程造价改革的任务还十分艰巨。国家将发布新版工程量清单计价标准，陕西省将启动现行计价依据的修编工作。修编工作的重点，是让新版计价依据充分体现“市场配置资源”和“市场决定工程造价”这一改革的基本要求。政府发布的计价依据，对于这一改革的基本要求体现得越充分，市场主体的计价自主权就越充分，市场竞争形成工程造价的机制就越具有活力，以工程造价为核心的全过程工程咨询，就越具有发展前景。

数字化转型，是深化工程造价市场化改革的发展要求，也是全行业和所有专业技术人员共同的历史使命。陕西省造价管理协会《关于工程造价咨询企业数字化转型的指导意见》的制定发布与逐步落实，必将促进陕西省工程造价咨询行业快速融入数字经济建设发展进程，引导企业数字化转型，增强竞争力、创新力、影响力和抗风险能力。数字化转型的成果，也必将为全过程工程咨询提供最强大、最便捷、最精准、最高效的技术支撑。

陕西省开展全过程工程咨询试点以来，各有关方面围绕建立全过程工程咨询服务标准，已经或正在采取相应的措施，也取得了一些成效。但从总体上来看，不尽人意。无论有关团体还是有关企业，目前围绕全过程工程咨询服务标准所做的工作，还基本上处于“1+N”的简单叠合状态，这种简单叠合，在一定时期内是需要的，也是可行的。但缺乏将现行投资咨询、工程设计、造价咨询、招标代理、工程监理等各咨询业务板块的具体服务内涵，依据全过程工程咨询的服务流程，进行深度融合。

计划发布“陕西省建设工程造价咨询行业全过程工程咨询示范项目”，鼓励和引导工程造价咨询企业，在立足本企业实际的前提下，以全过程工程咨询的视野，制定、执行和完善企业全过程工程咨询标准，以高水平的标准化服务，努力打造全过程工程咨询的规范化服务成果，以赢得更大的市场。

（本章供稿：杨洁、冯安怀）

第二十六章

甘肃省工程造价咨询发展报告

第一节 发展现状

一、行业基本情况

截至2021年末，全省工程造价咨询企业共有215家，工程造价咨询企业整体比上年增加47家，增长率28%。全省工程造价咨询行业整体营业收入为17.30亿元，其中工程造价咨询业务收入7.27亿元，占全部营业收入的42%，其他业务收入10.04亿元，占比58%。

全省工程造价咨询企业从业人员15842人。从业人员比上年增加5752人（增加比率57%）。2021年末工程造价咨询企业共有一级注册造价师1276人，比上年增加169人（增加比率15%），占全部造价咨询企业从业人员8%；共有二级注册造价师507人，比上年增加430人（增加比率558%），占全部造价咨询企业从业人员3.2%。

二、工程造价管理改革与推进

根据住房和城乡建设部发布的《工程造价改革工作方案》，为进一步深化甘肃省工程造价市场化改革，主要从完善工程计价依据发布机制，加强工程造价数据积累等方面进行了工作推进，具体举措如下。

一是发布《甘肃省市政工程预算定额》《甘肃省装配式建筑工程预算定额》《甘肃省农村建筑工程人、材、机消耗量指标》《甘肃省文物建筑保护修缮工程预算定额及基价》等定额和地区基价，填补了市政工程中生活垃圾和隧道工程、新型装配式制品安装工艺、农村建筑工程、文物建筑保护修缮工程等方面计价依据的空白，对积极推广装配式建筑、加快新型城镇化的发展、服务国家及丝绸之路沿线文物保护等工作提供了有效助力，其中文物建筑保护修缮定额更是填补了省内外文物建筑保护修缮工程计价依据的空白，助力“一带一路”发展。

二是发布《甘肃省建设工程计价规则》DBJD 25-98-2022，明确房地产开发项目工程造价由发承包双方根据市场实际情况自主确定，弱化定额依据作用，推进人工、材料、机械价格市场化，“材料指导价”更名为“材料信息价”，取消二类材差系数，按照实物法调整材料价差。

三是引导企业编制企业定额、开展数据积累，引导社会力量编制有关新技术、新工艺、新材料、新设备等应用的工程定额，引导企业开展数据收集和分析，掌握典型工程有效指标；各市（州）及时发布建设工程人工、材料指导价格，真实反映了当前建筑市场人工、材料价格水平。

四是发布《施工合同中涉及工程价款的风险点梳理及预警提示》，为维护建设市场各方合法权益，向建设各方在签订施工合同时提供风险点预警，提高建设各方风险防控意识，有效控制和合理规避建设各方工程价款风险，从根源上减少和避免建设各方因施工合同约定不清或约定不合理而产生的合同纠纷。

第二节　发展环境

一、社会经济环境不断向好

全年全省固定资产投资比上年增长 11.1%。按三次产业分，第一产业投资下降 3.1%；第二产业投资增长 39.9%，其中工业投资增长 40.8%；第三产业投资增长 6.1%。基础设施投资增长 4.2%。民间固定资产投资增长 16.1%。

全年房地产开发投资比上年增长 12.6%，其中住宅投资增长 14.7%。房屋施工面积 13197.6 万平方米，增长 16.5%，其中住宅施工面积 9337.4 万平方米，增长 19.3%。在房屋施工面积中，房屋新开工面积 3369.8 万平方米，下降 4.7%，其中住宅新开工面积 2553.4 万平方米，下降 2.6%。房屋竣工面积 1463.1 万平方米，增长 66.0%，其中住宅竣工面积 1074.6 万平方米，增长 64.1%。商品房销售面积 2224.1 万平方米，增长 13.0%，其中住宅销售面积 2118.4 万平方米，增长 13.7%。

二、工程造价市场环境不断优化

甘肃省积极制定调整建设工程规费计取方法等政策，进一步深化建筑业“放管服”改革，提高效率，减轻企业负担；出台《甘肃省建设工程竣工结算备案管理办法》《甘肃省住房和城乡建设厅 甘肃省发展和改革委员会 甘肃省财政厅关于在房屋建筑和市政基础设施工程中推行施工过程结算的实施意见》等文件，着力解决工程结算久拖不结的现象，从源头防治拖欠工程款、农民工工资以及对民营企业和中小企业的欠款；及时出台了受新冠肺炎疫情防控影响工程计价调整和建筑材料价格风险管控的指导意见，有效化解了因新冠肺炎疫情防控和建筑材料市场价格波动影响工程计价和结算过程的纠纷，维护发承包双方的合法权益。

三、工程造价行业监管能力不断提高

深入推进“放管服”改革，优化营商环境，进一步简政放权，提高工程造价咨询企业执业质量和注册造价工程师执业水平，编制工程造价咨询企业资质行政许可事项清单，省外工程造价咨询企业入甘单项业务备案等事项全程网办、无纸化受理、跑动零次，申报资料实行告知承诺；落实“双随机一公开”制度，与省发展改革委联合抽取了 5% 的企业开展了“双随机一公开”检查，工程造价资质实行告知承诺制后，及时对各市、州造价管理机构人员开展业务培训，指导开展企业日常市场监管及“双随机一公开”检查。

四、行业自律管理不断强化

为贯彻落实国家和甘肃省“放管服”有关要求，提高建设工程造价成果文件的编制质量，规范工程造价咨询企业和从业人员的执业行为，编制完成了甘肃省地方标准《建设工程造价成果文件编制标准》DB62/T 3222–2022，将进一步规范建设工程造价成果文件的格式，有效提高建设工程造价成果文件的编制质量，强化工程造价行业自律管理，规范工程造价行业健康有序发展。

五、工程造价信息化服务体系逐步建立

积极使用国家建设工程造价数据监测平台采集发布工程造价项目成果信息，提炼建设工程指标指数，为企业投资和政府宏观决策提供造价信息；响应国家政务服务平台一体化要求，将所有的造价信息系统功能模块整合至甘肃省住房和城乡建设厅官网，及时有效地发布工程造价政策、文件和信息；统一在甘肃省住房和城乡建设厅官网发布由各市（州）建设工程主管部门调研、采集、上报的人工和材料指导价，共采集发布指导价约 240000 多条。

六、工程造价服务质量不断提高

甘肃省高度重视计价定额和有关政策性指导文件的宣贯落实工作，会同甘肃省建设工程造价管理总站及时举办宣贯会议，相继共举办宣贯培训 26 期，培训 11000 余人次；组织编写了二级造价工程师职业资格考试培训教材；举办甘肃省高等院校工程造价技能竞赛，开展校企对接、招聘等活动，为进一步提升服务市场能力提供助力；高质量完成《甘肃建设工程造价管理》期刊的编辑发行工作，该期刊多次被评为“全国工程造价管理类优秀期刊”；建立工程造价行业专家库，入库专家共 561 人。

第三节　主要问题及应对措施

一、存在的问题

一是全过程造价咨询推行力度不够。从工程造价咨询服务内容来看，甘肃省工程造价咨询行业服务偏重于项目后期，主要是为工程项目提供施工结算及审计

工作。虽然随着全过程造价咨询理念的不断推行，在工程建设过程中的阶段性工程造价业务逐步增加，业务范围也由建设项目的事后管理服务向事中管理发展，这些现象都说明了整体行业管理理念有了发展，市场愿意向咨询服务企业敞开事中管理的空间，利用咨询企业管理项目的进度、质量和造价。但总体上甘肃省工程造价咨询行业的业务还是有 60% 以上集中在项目招标投标阶段和事后审核环节，能够开展全过程咨询服务的业务较少，且集中在一些省内重大项目，整体行业服务增值领域较小。

二是诚信评价体系不健全。诚信是工程造价咨询行业参与市场经济活动的安身立命之本，是行业发展的生命之源。但随着造价咨询企业的不断增加，企业之间的竞争越来越激烈，从而滋生了一些不良现象，如通过恶意竞价、高额回扣、诋毁竞争对手等不正当手段达到招揽业务的目的，而忽视对工程造价咨询企业内执业人员的综合素质、业务水平等方面的提升。这引起了社会公众对工程造价咨询诚信问题的关注，也对造价工程师的社会作用提出了质疑。没有健全完善的法律法规来约束企业的行为，缺少强有力的监管体系对企业的失信行为进行处罚，存在不少亟待解决的问题。

三是多元化服务需求对咨询行业提出新的挑战。工程造价咨询已逐步从单纯的数量累加向多元化发展。有的项目可能更加注重最终造价，对进度要求并不严格，而有的项目则对功能实现更加注重；一些业主可能更需要全过程的一站式服务，从项目立项到项目完结的统筹化管理模式，另一些小建设方则仅仅对实施过程管理感兴趣。这些多元化的需求给工程造价咨询行业的服务带来了新的市场模式，建设项目的不同模式也给咨询服务带来了新的挑战。

二、应对措施

1. 进一步完善建设工程计价体系

（1）创新定额编制方式，加强计价依据动态管理

加快转变政府职能，优化概算定额、估算指标编制发布和动态管理，充分发挥企业、科研单位、社团组织、行业专家等社会力量在工程定额编制中的基础作用，以服务工程建设、城市改造更新为目标，完善计价依据的修订制度，加快推进共享计价依据的制定工作，适应新发展理念要求，及时反映市场价格变化等因

素对工程造价的影响。

（2）积极推行新型建筑工业化，完善相关计价依据

通过智能建造与新型建筑工业化协同发展，动态调整装配式计价依据，补充完善绿色建筑相应计价依据；积极推广“智慧工地”建设，制定“智慧工地”建设相应的计价依据；制定 BIM 技术服务计费参考依据，推进建筑信息模型（BIM）技术的应用；开展城市地下综合管廊工程维护消耗量定额和投资估算指标的编制工作。

2. 提升工程造价行业自律水平

（1）加快建立工程造价行业信用体系建设

不断完善信用评价体系和评价标准，对企业定期开展信用评价工作，并向社会公布信用评价结果，为工程造价行业健康发展提供保障。提倡行业自律和企业自律，积极发挥服务职能，引导企业规范经营，建立行业内部协调监督机制，健全行业自律体系，搭建以自律信息平台，加强动态监管，定期开展评优评先活动。

（2）建立工程造价纠纷调解机制

建立工程造价纠纷投诉调解机制和案件分析论证专家库，重点加强工程价款结算纠纷和合同纠纷的调解，利用行业协会、行业优秀专家在调解纠纷中的专业优势，完成甘肃省工程造价行业专家建设工作；搭建平台研究并制定建设工程造价纠纷调解规则，加强政策解释、行业协会调解、司法及仲裁之间的联动，充分运用市场定价机制，提高工程造价纠纷解决效率，维护建设市场稳定。

3. 保障工程造价咨询企业健康发展

（1）全面推行工程全过程咨询

推进工程造价咨询企业规模化、综合化经营，大力推进全过程工程造价咨询服务，鼓励造价咨询企业通过联合经营、并购重组等方式开展全过程工程咨询服务，推动大型造价咨询企业做大做强，引导中小企业做专做精，形成业务领域各有侧重、市场定位各有特色、业务竞争公平有序的合理布局。

（2）提升咨询企业多元化服务能力

鼓励工程造价咨询企业优化业务结构，在服务阶段、服务层次、服务领域等

进行全方位的业务拓展，开展以造价管理为核心的全面项目管理服务，为项目管理总承包模式的发展提供投融资管理、投资控制、设计优化等咨询服务；鼓励企业以信息技术创新推动转型升级，建立企业自有项目信息数据库，向工程咨询价值链高端延伸，运用BIM、大数据、云技术等信息化先进技术提升工程造价咨询服务价值。

（3）开展领军人才培养、组建专业事务所

开展领军人才培养的相关工作，带动行业人才能力素质的提升。根据企业承接业务的专业要求，鼓励企业组建不同专业造价事务所，充分发挥专家作用，进行强强联手。利用专家专业技能优势，做好造价专业人员教育培训和疑难问题解答。建立不同专业专家库，共享专业知识。

（4）促进校企合作，开展学徒制及订单培养

为企业与学院、企业与大学生搭建人才供需、就业共享等多种对接平台，引导高等院校根据市场需求为企业培养专业人才，为学校和学生及时了解行业发展方向和企业用人动向提供信息，积极探索开展现代学徒制及订单式人才培养。

（本章供稿：宁军、薛勇）

第二十七章

青海省工程造价咨询发展报告

2021年，是青海发展历史上具有里程碑意义的一年。“两会”期间，习近平总书记参加青海代表团审议，2021年6月在青海考察并发表重要讲话，为青海深入推进青藏高原生态保护和高质量发展指明了前进方向。全省住房和城乡建设行业牢记习近平总书记对青海工作的殷切嘱托，立足新发展阶段，贯彻新发展理念，住房和城乡建设高质量发展的基础稳步夯实；民生保障工程积极推进；城乡建设管理水平稳步提升，建筑业转型升级步伐加快；党的建设向纵深发展，实现了“十四五”良好开局。

第一节　发展现状

一、总体情况

2021年，青海省有93家造价咨询企业上报统计，比上年增加26家，增长38.81%。企业从业人员2088人，比上年增长50.11%，共有一级注册造价工程师437人，比上年增加15.61%，占全部造价咨询企业从业人员20.93%。企业营业收入额为5.24亿元，工程造价咨询业务收入2.09亿元。企业营业利润0.75亿元，所得税0.12亿元。

二、主要工作

以专业技术人员在岗培训为基础，线上线下培训和技能大赛相结合，开展了三场线上大型培训，参加企业 60 余家，720 人次接受培训；成功举办“青海省造价行业第二届端云数据技能大赛”，36 家企业、126 人通过线上技能培训提升，31 人参加线下实际操作考试；配合宣贯青海省住房和城乡建设厅颁布的新版定额及配套计算规则，向企业免费赠送纸质版定额；落实《青海省住房和城乡建设厅关于开展 2021 年度工程造价咨询成果文件质量“双随机”检查的通知》，配合对青海省 27 家工程造价咨询企业随机抽查；完成 10 家企业的信用评价工作，其中上报 4 家企业初审申请工作。

第二节　发展环境

一、政策环境

青海省住房和城乡建设厅科学依据城乡高质量发展的规律和需求，编制完成省级住房和城乡建设发展“十四五”规划和 9 个专项规划，确定了“十四五”时期 35 项主要发展指标和 44 项重大工程，颁布实施《青海省高原美丽城镇建设促进条例》《青海省建筑市场管理条例》，完成《西宁市美丽城市总体规划暨行动纲要》。加快推进“互联网 + 政务服务”，精简审批事项、优化审批流程、统一工程建设项目审批“总门户”，持续优化省外施工、监理、勘察、设计、造价咨询企业进青登记流程，为住房和城乡建设高质量稳步发展提供坚定保障。

二、经济环境

2021 年，全省地区生产总值增长 5.7%，居民人均可支配收入增长 7.8%，完成房地产开发投资 442.51 亿元，这一年产业“四地”建设扎实推进，城乡融合发展步伐加快，发展动力活力有效激发，住房和城乡建设高质量发展的基础稳步夯实，民生保障工程积极推进，建筑业转型升级步伐加快。精准落实宏观政策，强化经济调度服务，全年新增减税降费 40 亿元左右，“青信融”平台为中小微企业融资 34.5 亿元，放大助企纾困政策，提升财政支持能力保障，经济运行保持在合理区间，实现了“十四五”良好开局。

三、技术环境

2021年，青海省住房和城乡建设厅发布《青海省住房和城乡建设厅关于推进全过程工程咨询服务发展的通知》（青建工〔2021〕346号），积极推进全过程咨询服务发展，规范全过程咨询服务实施方式，建立全过程咨询服务支持体系，编制颁布《青海省高原美丽城镇建设标准》DB63/T 1903–2021等8项具有青海地方特色的技术管理和工作标准，完善定额动态管理体系，发布市政、通用安装、房屋建筑和园林绿化工程计价定额。大力推进装配式建筑发展，全省绿色建筑占新建建筑比重达60%，积极推动建筑业"十项新技术应用"，6个项目完成立项和验收，建筑科技创新取得积极进展。

（本章供稿：白显文、柳晶）

宁夏回族自治区工程造价咨询发展报告

第一节　发展现状

一、行业基本情况

宁夏回族自治区工程造价咨询企业 143 家，同比增长 53.76%。外省进宁企业有 289 家，从企业规模上看，对本地企业冲击还是有着很大影响。工程造价咨询业务收入 4.47 亿元，比上年收入 4.15 亿元增长 7.71%。工程咨询业务收入上千万元的共有 8 家企业，合计 1.62 亿元，占全区工程造价咨询营业收入总额比例 36.11%。在宁夏造价咨询企业注册的一级注册造价工程师 859 人，同比 2020 年的 686 人增长 25.22%。

二、重点项目

2021 年，宁夏回族自治区共安排重点建设项目 80 个，年度计划投资 514 亿元，截至 2021 年 12 月底，全部项目累计完成投资 537 亿元。围绕自治区确定的九大重点产业，制定实施方案，落实抓包机制，推动转型发展。加快工业结构、绿色、智能、技术四大改造，外送电量创历史新高。京藏高速改扩建、百川锂电材料、伊利乳业产业园等一批大项目落地建成投运，带动造价投资增长，扭转连续下滑的造价局面。特别令人振奋的是，全区人民翘首以盼的银西高铁建成通车，宁夏全面融入国家高铁网。

获批建设国家农业绿色发展先行区、中国（银川）跨境电子商务综合试验区、国家（中卫）新型互联网交换中心。深化“互联网＋教育”示范区建设，教育信息化水平居全国第7位。建设智慧水利，成功获批“互联网＋城乡供水”示范区。

三、工作情况

积极组织行业开展工程造价咨询企业信用评价工作，截至2021年，宁夏回族自治区目前共有40家造价咨询企业通过信用评价，其中AAA企业25家，AA企业10家，A企业5家。

继续协助宁夏回族自治区高级人民法院对外委托备选专业机构补充备案，根据《宁夏法院对外委托备选专业机构补充备案的公告》要求，组织会员单位申报。2021年对确定符合条件的22家造价咨询企业推荐上报，审核通过15家，总共有43家入选《宁夏法院对外委托备选专业机构名录》。

积极推进一级造价工程师继续教育工作，按照疫情防控的相关要求，实行一级造价工程师继续教育网上授课；2021年宁夏回族自治区首次举办二级造价师职业资格考试，组织编制了宁夏二级造价工程师土木建筑工程与安装工程专业科目考试培训教材及配套应试指南，并于2021年9月16日至19日开展了考前培训，但受疫情影响，2021年二级造价工程师职业资格考试未能开考。

第二节　发展环境

2021年是极不平凡的一年，在决战脱贫攻坚、决胜全面小康的关键时刻，习近平总书记再次视察宁夏，并为宁夏回族自治区发展把脉定向、擘画蓝图，明确继续建设经济繁荣民族团结环境优美人民富裕的美丽新宁夏奋斗目标，赋予努力建设黄河流域生态保护和高质量发展先行区的时代重任，全区上下倍受鼓舞、倍感振奋、倍增动力。面对新冠肺炎疫情的严重冲击，在以习近平同志为核心的党中央坚强领导下，全区上下全面落实习近平总书记视察宁夏重要讲话重要指示精神，按照自治区党委工作部署，坚持稳中求进工作总基调，坚持新发展理念，统筹推进疫情防控和经济社会发展，取得了不错的工作实效。

一、政策环境

为贯彻落实《国务院关于深化"证照分离"改革进一步激发市场主体发展活力的通知》(国发〔2021〕7号)，宁夏回族自治区建设工程造价管理站发布了《关于加强工程造价咨询企业管理有关工作的通知》(宁建价管〔2021〕4号)，要求企业规范行为，加强事中事后监管，推进行业诚信建设，进一步落实了"证照分离"改革任务，持续优化了工程造价咨询监管方式。

二、市场经济环境

全区上下坚持以习近平新时代中国特色社会主义思想为指导，全面贯彻党的十九大和十九届历次全会精神，深入落实习近平总书记视察宁夏重要讲话重要指示精神，坚决执行党中央、国务院决策部署，科学统筹常态化疫情防控和经济社会发展，扎实做好"六稳""六保"工作，交出了一份全面好于预期、超额完成任务的靓丽答卷，实现了"十四五"良好开局。2021年自治区重点项目投资中，年度计划投资532亿元。另外，全年地区生产总值突破4000亿元大关、达4522.3亿元，增长6.7%，两年平均增长5.3%，高于全国0.2个百分点；地方一般公共预算收入460亿元，增长9.7%，为近年最高增速；全体居民人均可支配收入27904元，增长8.4%，其中城镇居民人均可支配收入38291元、农村居民人均可支配收入15337元，分别增长7.2%和10.4%。

第三节　主要问题及对策

宁夏回族自治区在重大科技设施、水利工程、交通枢纽、信息基础设施、国家战略储备等方面取得了一些进步，但是经济持续向好的基础还不稳固，造价企业存在许多困难，一些领域风险隐患不容忽视，发展效益仍然不高，创新驱动能力不强，资源环境约束趋紧，经济转型和结构调整任重道远，营商环境有待进一步改善。

(1)由于疫情变化存在诸多不确定性，常态化防控任务依然艰巨，企业生存面临诸多困境。面临着较为复杂的工程因素、环境因素及政策因素，企业应找寻实力较强的业主单位建立长久合作，扎实推进稳扎稳打，提升自身的精细化服务能力；尤其受新冠疫情影响，在企业人工、材料、资金等资源严重短缺的情况下，如何保证项目质量和顺利履约显得格外重要。

（2）根据《国家发展改革委关于放开部分建设项目服务收费标准有关问题的通知》（发改价格〔2014〕1573 号），各地将陆续放开部分建设项目服务收费标准，收费标准市场化。近观宁夏地区造价行业，宁夏经济发展在西北地区较低，企业数量多，导致低价竞争频频出现。为履行促进工程造价咨询行业健康发展的义务和责任，将开展调研地区企业成本、征求意见建议，为企业提供多样化、深层次的行业收费信息服务。其次，由于工程造价咨询企业资质取消，强化了造价工程师执业资格制度，更应切实提高专业人员的综合素质和技术水平。同时，应加快推进工程造价咨询行业信用体系建设，引导鼓励造价咨询企业参与信用评价，提高企业信用综合能力，展现富有地区特色的造价咨询企业，提升宁夏地区造价行业服务水平。

（3）造价改革变革中，为“招监造一体化”的新工程咨询打开了闸门，为新型业主侧重项目管理企业发展提供了沃土，一二线城市的建设资金充裕，经济体量大，能支持业务收入超上亿的多个咨询机构；反之三四线城市的经济体量不足以支持大型工程咨询机构，宁夏处于西北欠发达地区，建设投资规模小，在这种特殊环境中，应进一步加强为会员精准服务的能力，培养扶持具有综合能力的工程造价咨询企业，做高端服务，树立企业品牌，鼓励企业“走出去”，展现标杆企业的实力和风采。其次，支持小微企业稳步做大做强，做精细化造价服务，积极培育造价“新动能”，全力服务宁夏地区经济社会发展，引领行业整体实力提升。

（本章供稿：贾宪宁、王涛）

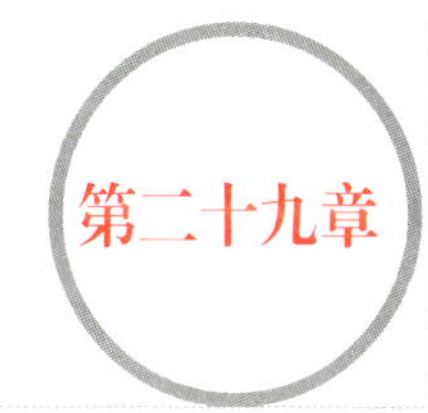

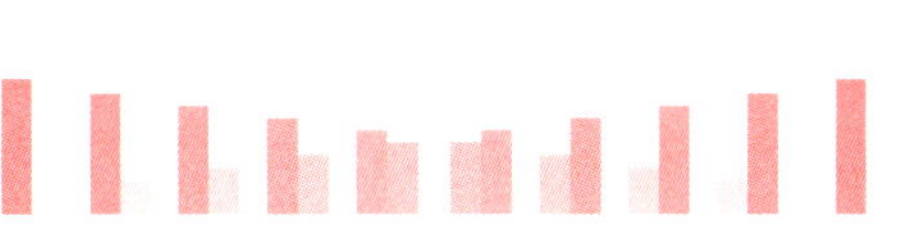

新疆维吾尔自治区工程造价咨询发展报告

第一节　发展现状

一、行业基本情况

2021年末，新疆维吾尔自治区共有283家工程造价咨询企业，主要分布在乌鲁木齐、阿克苏、喀什，分别为193家、18家、18家，占比68.20%、6.36%、6.36%。

工程造价咨询企业从业人员共6276人，较上年增长17.66%。拥有一级注册造价工程师职业资格的共1695人，较上年增长10.42%，占从业总人数27.01%。

工程造价咨询企业营业收入38.25亿元，其中，工程造价咨询收入14.2亿元，较上年增长28.27%。工程造价咨询行业营业利润为3.02亿元，较上年同增长31.30%。

二、工作开展情况

修订形成《新疆维吾尔自治区工程造价咨询行业自律公约》(2021版)，起草《新疆工程造价咨询行业从业人员职业操守倡议书》(征求意见稿)，健全完善行业自律机制；组织举办“改革聚力数聚未来”企业高层论坛分享会，在多个企业组织开展了企业管理软件分享会；探索开展服务于行业的新课题研究工作，开展有针对性的从业人员专业能力培养，积极推进新疆地区校企合作方式；开展《新疆工程造价咨询成果文件质量标准操作指南》编制工作。

第二节　发展环境

一、政策环境

1. 社会大局持续稳定

新疆社会稳定和长治久安，关系全国改革发展稳定大局，关系祖国民族团结、国家安全，关系中华民族伟大复兴。2021 年，新疆完整准确贯彻新时代党的治疆方略，坚持把社会稳定和长治久安作为总目标，坚定不移促进社会大局持续稳定、长期稳定，坚持依法治疆、团结稳疆、文化润疆、富民兴疆、长期建疆，新疆正一步一个脚印地把习近平总书记擘画的宏伟蓝图变成美好现实。

2. 绿色城镇建设迈上“新台阶”

全区实施一批城市生态修复和功能修补项目，一批“新城建”项目落地见效，划定历史文化街区 32 片，确定历史建筑 546 处，改扩建停车位 14.6 万个，乌鲁木齐市成功纳入国家全域推进海绵城市建设试点和北方地区清洁取暖示范城市。

健全城乡建设绿色低碳发展体系，自治区城镇建成区绿地率达 36.5%，人均公园绿地面积约 14.82 平方米，园林城市（县城）实现全覆盖。新建装配式建筑 627.44 万平方米，建设绿色农房 4800 余座，美丽宜居乡村建设深入推进，农村面貌焕然一新。

3. 坚持文化润疆，社会文化事业蓬勃发展

新疆开展“文化润疆·旅游兴疆”展演季系列活动，依托世界文化遗产、革命遗址、博物馆等，推出 52 个红色旅游精品景区（点），三条红色旅游精品线路入选全国“建党百年红色旅游百条精品线路”；加强非物质文化遗产保护，让非遗文化真正“活”起来；实施“万村千乡文化产品惠民行动”，极大丰富了各族群众精神文化生活。

二、经济环境

1. 建筑业稳步发展

新疆坚定不移贯彻新发展理念，着力推进高质量发展。2021 年，固定资产

投资增长速度 16.2%，其中房地产开发投资 1260.89 亿元，增长速度 17.4%，房屋施工面积 14268.40 万平方米，增长速度 10%，经济面对新冠肺炎疫情严重冲击表现出强大韧性和旺盛活力。行业发展对全区经济贡献进一步增强，全年行业投资同比增长 25.6%。

2. 积极扩大有效投资

新疆牢牢把握扩大内需战略基点，建立项目建设“十大机制”，推动固定资产投资持续增长。发行地方政府债券 1466.4 亿元，支持 2755 个项目建设。投资规模 500 万元以上的 3355 个新建项目全部开工建设，储备项目开工 2582 个、转化率达到 76%。开工建设库尔干水利枢纽等一批重点项目。不断优化投资结构，制造业投资增速达 36.9%，民间投资增速达 29.7%。

三、技术环境

1. 深化工程造价市场化改革

新疆建设行政主管部门不断持续深化“放管服”改革，严格落实工程造价资质审批告知承诺制。为规范市场行为，建立信用监管机制，大力开展造价咨询企业及从业人员信用评价工作。积极推动工程造价行业人才培养工作，做好自治区二级造价工程师职业资格考试考务工作，组织建立自治区二级造价工程师注册管理系统。2021 年，新疆地区报考二级造价工程师人数共 19192 人，成绩合格人数达到 5827 人，占报考人数的 30.36%。

2. 数字信息化助力行业人才的培养与发展

为推动新疆地区工程造价行业人才发展，举办“改革聚力数聚未来”线上论坛分享会，搭建了业内学习交流平台。及时发布举办工程造价骨干人才免费网络直播培训等培训活动的通知，提供了学习资讯与渠道。

四、监管环境

“证照分离”改革深入推进，新疆全面落实涉企经营许可事项全覆盖清单管理以及中小微企业简易注销制度，进一步提高市场主体办事的便利度和可预期性。工程建设项目平均审批用时由2020年的120个工作日压缩到85个工作日以内。按照国务院相关文件规定，2021年7月1日起停止受理工程造价咨询企业资质审批，不断健全审管衔接机制。为加强工程造价咨询企业及从业人员信用体系建设，构建以信用为基础的新型监管机制，持续深化“放管服”改革。

组织开展2021年信用评价工作，并首次开展信用评价动态核查，参评企业共44家，其中信用评价等级为AAA的企业有29家、AA的企业有10家、A的企业有5家。

第三节　主要问题及对策

一、主要问题

1.“证照分离”相关配套政策不到位，市场无序竞争加剧

2021年6月3日，国务院印发《国务院关于深化“证照分离”改革进一步激发市场主体发展活力的通知》（国发〔2021〕7号），取消了工程造价咨询企业资质。市场竞争加剧，在没有配套政策约束的情况下，对中小企业冲击很大，工程项目缺乏有效的专业技能人员指导现象会变得更加严重。“证照分离”改革对于企业而言，个人资质和能力将更受重视。同时，监管重点将从“管企业”向“管项目”转变。

2. 行业服务能力偏低，专业人才匮乏

当前，业内企业的服务质量仍然较低，在信息获取和分析上存在不足、建筑工程造价计算结果不够准确等问题，降低了客户的满意度。同时，专业人才匮乏也影响了服务质量提升。根据数据显示，新疆造价咨询行业从业人员规模增大，而注册造价工程师人数占总人数的比例却在2019年至2021年间呈现逐年下降的趋势。专业人员不足，注册造价工程师缺乏，将成为影响新疆未来造价咨询行业发展的重要因素。

3. 行业诚信体系建设仍需加强

行业内仍存在少部分造价咨询企业为了抢占市场的恶性竞争问题，尤其是自

取消工程造价咨询企业资质以来，此类现象更易滋生。这导致了具有较高水平的工程造价咨询企业得不到充足的业务，造成社会对工程造价咨询企业产生造价咨询业务技术含量不高、工程造价咨询企业水平较低的错误认知，有碍工程造价咨询行业健康有序发展。

二、应对措施

1. 加大监管力度，促进企业良性竞争

通过完善相关管理法规，加大行政管理部门的监管力度，形成政府、行业、社会多维度监督管理。在监管工作中，工程造价主管部门需进一步创新管理模式，综合运用数字化手段，以更好地适应造价管理市场化改革的需要。持续推进信用体系建设，构建协同监管新格局，促进企业良性竞争。

2. 提升企业自身能力，促进行业健康发展

工程造价咨询企业资质的全面取消，中小企业应做好积极应对，在自己的领域改变思路，适应激活市场，强强联合，做专做精。工程造价咨询企业要加强专业人才培养，着力培养专业精英和专业带头人，致力于向新工程咨询转型升级。进一步激发市场主体的发展活力，激发内在动力。新疆地区应重视工程造价专业人才学历、能力提升，指导高校工程造价专业学科建设，推进校企合作交流平台的搭建，引导企业在高校人才培养中发挥积极作用。

3. 建立诚信评估体系，规范行业诚信建设标准

建立完善的工程造价咨询行业诚信体系，一是制定完善的工程造价咨询行业执业规范，构建全社会统一的评价体系；二是对所有工程造价咨询企业定期开展针对工程造价咨询企业的诚信评级；三是建立工程造价咨询行业诚信档案，记录工程造价咨询企业的实际表现及所获奖励和处罚；四是完善相关管理法规，制定具有操作性的法律法规，使失信行为得到相应的处罚。

（本章供稿：赵强、吕疆红）

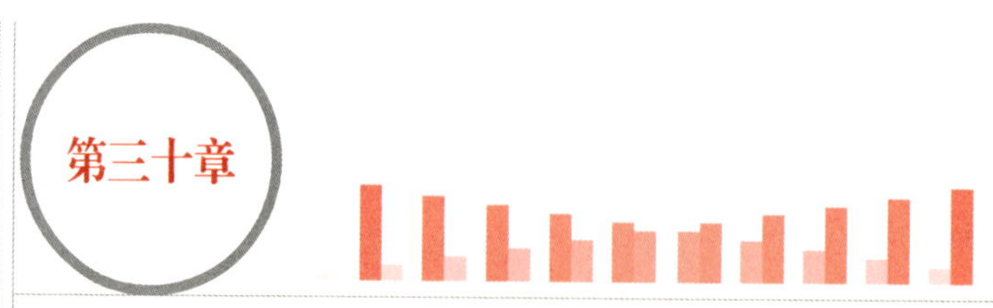

铁路工程造价咨询发展报告

第一节　发展现状

一、铁路建设工作

2021 年，完成铁路固定资产投资 7489 亿元；完成基本建设投资 4978 亿元，投产新线 4208 公里，其中高速铁路 2168 公里。截至 2021 年底，全国铁路营业里程突破 15 万公里，其中高速铁路超过 4 万公里，我国这张世界上最现代化的铁路网和最发达的高速铁路网又迈上新台阶。

川藏铁路全线开工，建设好实现第二个百年奋斗目标进程中的标志性工程迈出了坚实的第一步。

中老万昆铁路大通道开始运营，"一带一路"铁路基础设施联通取得重大成果。

连徐高铁、京沈客专、京哈高铁等一批助力区域发展项目建成投产，沪渝蓉高铁、包银铁路等"十四五"规划的重大项目开工建设。

二、行业发展情况

2021 年，铁路造价咨询企业 24 家，其中信用评价 19 家，全部获评 3A 级。企业营业总收入 1480.66 亿元，工程造价咨询业务收入合计 84673 余万元，比 2020 年 63627 万元增加 33.08%，造价咨询收入占营业总收入 0.57%；从业人员共计 20423 人，比 2020 年 20352 人增加 0.34%。

2021 年，铁路一级注册造价工程师整体规模达 2500 人，全年共计完成了 2250 余名造价工程师继续教育培训，其中线下培训 400 人次，线上培训 1800 余人次，学习内容主要为铁路各专业造价标准，同时录制了《铁路工程工程量清单规范》《铁路隧道 TBM 及超长工区施工等补充预算定额》两册造价标准宣贯网络继续教育视频，增加了学习内容。

第二节　发展环境

一、新时代铁路建设的历史使命

稳步实施服务国家战略项目。紧密对接区域重大战略、区域协调发展战略和“走出去”战略，着眼解决西部铁路“留白”太大问题，优化区域铁路规划布局，加大补短板力度，高质量推进川藏铁路、西部陆海新通道等重点项目实施，发挥铁路建设在拉动经济增长和促进区域协调发展中的基础性、关键性作用。

稳步实现年度铁路建设目标。按照“十四五”规划统筹做好铁路规划建设工作，全面完成国家铁路投资任务，2022 年要实现投产新线 3300 公里以上，为服务支撑“六稳”“六保”做出贡献。

稳步把控铁路建设安全形势。当前，西部铁路已成为铁路建设主战场，地质条件复杂，施工难度大，安全风险高；东部铁路营业线施工多、干扰大，容易引发安全事故。要统筹抓好规划设计、工程实施、竣工验收各阶段工作，有效防范化解工程建设风险，牢牢把住安全工作的主动权，为党的二十大召开营造安全稳定的环境。

二、新时代铁路建设的创新发展

推动建设系统改革实现新进展。当前，铁路建设投资主体多元化、管理模式多样化的趋势明显，地方主导的铁路项目逐年增加，在建非控股项目、地方项目达到 54.9%。如何坚守国家铁路的战略定位、适应分层分类建设需求、统筹抓好铁路建设管理，是必须解决的重大课题。

推动技术和管理创新取得新成效。目前，在建高速铁路里程约占在建项目总里程1.7万公里的80%，在建隧道里程5900公里，占在建项目总里程的三分之一。川藏、渝昆、西十、西成铁路等重大工程技术新、标准高、难度大，对高速铁路建造技术、生态环保等提出了更高更严的要求，必须推进关键技术创新，应用绿色低碳技术，实现工程建造技术的新突破。同时，在EPC工程总承包、单价承包、专业分包等方面，还有一些亟须加强和改进的地方，需要加大管理创新力度，研究规范管理的新举措，全面提升铁路建设管理水平。

推动人才队伍建设迈上新台阶。当前，建设单位人员年龄老化、梯次断档、数量不足的问题比较突出；参建单位部分关键岗位技术管理人员过度年轻化、现场作业人员老龄化、专业培训过于形式化的问题也很普遍，加强建设系统人才队伍建设迫在眉睫。必须按照新时代人才强国战略要求，通过政策引导、正向激励、专业培训、实践锻炼等方式，加快打造一支年轻化、知识化、专业化的人才队伍，为铁路建设事业发展提供人才保障。

第三节　主要问题及对策

一、在服务铁路建设高质量发展方面，积极开展相关研究工作

坚持贯彻落实国家重大战略部署，服务川藏铁路高质量建设需要。深入开展川藏铁路造价标准研究，提升服务保障能力。针对川藏铁路高原复杂艰险山区的施工环境特点，深入施工一线开展定额测定，完成高原施工降效费用研究及西南山区铁路高陡边坡防护施工技术经济研究等两项课题，为解决川藏铁路建设面临的困难打下坚实基础。积极承接川藏铁路国家重点专项科研项目和课题，紧密跟踪川藏铁路先期开工点的施工进展情况，开展桥梁变径钻孔桩、隧道锚等定额测定编制工作，推进隧道弃渣利用的研究工作，及时研究川藏铁路建设过程中存在的造价标准问题，为川藏铁路建设提供基础支撑。

贯彻落实国家战略部署，研究编制西南边远地区造价标准。针对西部铁路网建设的大发展，为科学合理确定铁路建设项目投资，抓住川藏铁路、西昆高铁等

重点工程建设契机，研究建立西南边远地区造价标准体系，编制相关定额及费用标准，为解决我国西部铁路网“留白”太多问题打好基础。

二、在服务铁路建设市场突出问题方面，提出铁路工程人工费单价动态调整机制的建立方案

针对人工费单价随市场价格变化的主动调整缺少机制问题，广泛调研其他地区与行业的人工费单价动态调整经验，从人工费单价内涵、影响因素、测算模型与方法、动态管理的运行机制等方面开展研究与测算，提出了铁路工程人工费单价动态调整机制的建立方案，为铁路建设市场的高质量可持续发展提供参考。

三、在完善行业定额体系方面，精心组织行业造价标准编制

以服务经济社会发展、完善行业定额体系为目标，在前期定额测定资料及课题研究成果的基础上，完成铁路工程设计概预算编制办法及费用定额，路基、桥涵、轨道、四电、站场等 8 个专业预算定额征求意见稿，以及基本定额、材料基期价格、施工机具台班费用定额的送审稿编制工作。并以常益长高速铁路等六个项目为样本开展了新老造价标准水平测算工作，对异常指标数据做了重点分析，确保高质量完成新一轮行业定额的修编工作。

四、在服务铁路建设实际问题方面，开展铁路建设急需的造价标准研究工作

针对铁路建设出现的轨道精调费用争议、临时工程建设标准不完善、隧道泄水洞无定额、铁路 BIM 设计及三维管理平台运维无费用标准等问题，组织专业人员深入设计施工一线开展调研分析，完成了铁路轨道精调费用标准、铁路隧道泄水洞定额、岩溶隧道施工定额、铁路工程建设信息化三维管理系统费用标准、铁路工程 BIM 设计费标准 5 个项目的测定与研究工作；目前正在开展铁路建设项目小临工程建设标准、铁路大型临时工程和过渡工程设计

及验收标准2个项目的研究与编制工作，为合理解决铁路建设遇到的一些实际问题提供参考。

五、在创新发展方面，加快铁路工程造价数据平台建设

以正在开展的基于造价指标指数的铁路设计概预算编制方法研究课题为支撑，加快构建铁路工程造价标准数字化平台，为全过程工程造价指标指数体系的构建提供支撑，推进铁路造价标准管理向标准化、信息化、市场化发展。

（本章供稿：何燕、金强、张静）

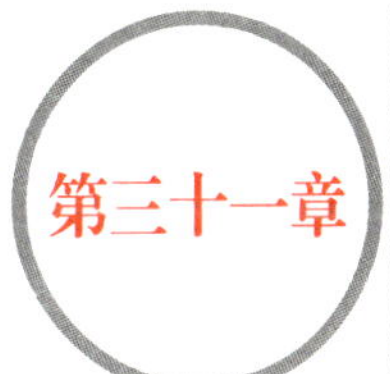

可再生能源工程造价咨询发展报告

第一节　发展现状

一、行业基本情况

2021 年，可再生能源工程造价咨询企业共有 16 家。其中，全国工程造价咨询企业信用评价 AAA 级企业共 9 家。

期末从业人员 1640 人，其中一级注册造价工程师 706 人，二级注册造价工程师 17 人，其他注册执业人员 229 人，占比分别为 43.05%、1.04%、13.96%。

工程造价咨询企业总营业收入约 8983799 万元。其中工程造价咨询业务收入 59859 万元，较 2020 年度增幅为 33.9%。

企业实现利润总额 400933 万元（含其他业务），上缴所得税合计 33313 万元。

二、行业标准管理

2021 年，可再生能源定额站主编《水电工程勘察设计费计算标准》NB/T 10968-2022、《水电工程设计概算编制规定》等定额标准共 21 项，其中水电标准 15 项、风电标准 2 项、光伏光热标准 4 项。相关成果在统一造价标准、规范各项工作、促进项目建设方面发挥了重要作用。

第二节 发展环境

一、政策环境

1. 水电类政策

2021年4月30日，国家发展改革委发布了《国家发展改革委关于进一步完善抽水蓄能价格形成机制的意见》（发改价格〔2021〕633号），要求促进抽水蓄能电站加快发展，构建以新能源为主体的新型电力系统。意见指出，现阶段，坚持以两部制电价政策为主体，进一步完善抽水蓄能价格形成机制，以竞争性方式形成电量电价，将容量电价纳入输配电价回收，强化与电力市场建设发展的衔接，逐步推动抽水蓄能电站进入市场。

为推进抽水蓄能快速发展，适应新型电力系统建设和大规模高比例新能源发展需要，助力实现碳达峰、碳中和目标，2021年8月，国家能源局正式发布《抽水蓄能中长期发展规划（2021–2035年）》，提出到2030年抽水蓄能投产总规模1.2亿千瓦左右；规划布局了340个不涉及生态保护红线的抽水蓄能优质项目，总装机容量约4.2亿千瓦；并储备了247个项目，总装机容量约3.1亿千瓦。

2. 新能源类政策

为加大金融支持力度，促进风电和光伏发电等行业健康有序发展，2021年2月24日，国家发展改革委、财政部、中国人民银行、银保监会、国家能源局联合发布《关于引导加大金融支持力度 促进风电和光伏发电等行业健康有序发展的通知》（发改运行〔2021〕266号），提出若干金融举措支持风电、光伏、生物质等可再生能源行业发展。

为深入贯彻《中华人民共和国可再生能源法》，全面落实“碳达峰、碳中和”战略目标和中央生态环境保护督察要求，促进清洁能源消纳，2021年3月17日，国家能源局印发《清洁能源消纳情况综合监管工作方案》，综合监管以促进清洁能源高效利用为目标，督促相关地区和企业严格落实国家清洁能源政策，优化清洁能源并网接入和调度运行，规范清洁能源参与市场化交易，及时发现清洁能源发展中存在的突出问题，确保清洁能源得到高效利用，进一步促进清洁能源行业高质量发展，助力实现“碳达峰、碳中和”。

为做好 2021 年度风电、光伏发电开发建设管理工作，持续推动风电、光伏发电高质量发展，2021 年 5 月 20 日，国家能源局发布了《国家能源局关于 2021 年风电、光伏发电开发建设有关事项的通知》(国能发新能〔2021〕25 号)，就做好 2021 年度风电、光伏发电项目建设工作提出了相关要求。

为贯彻落实党中央、国务院决策部署，充分发挥电价信号作用，合理引导投资、促进资源高效利用，推动光伏发电、风电等新能源产业高质量发展，2021 年 6 月 17 日，国家发展改革委印发了《国家发展改革委关于 2021 年新能源上网电价政策有关事项的通知》(发改价格〔2021〕833 号)，明确了对于 2021 新备案光伏项目，中央财政不再补贴，实行平价上网；新建项目上网电价，按当地燃煤发电基准价执行。

为推动新型储能快速发展，支撑以新能源为主体的新型电力系统构建，促进“碳达峰、碳中和”目标实现，2021 年 7 月 15 日，联合印发了《国家发展改革委国家能源局关于加快推动新型储能发展的指导意见》(发改能源规〔2021〕1051 号)，提出进一步加强顶层设计，完善宏观政策，创新市场机制，加强项目管理，大力推动新型储能高质量发展。

二、市场环境

2021 年，中国可再生能源持续快速发展。2021 年，我国新增可再生能源发电装机 1.34 亿千瓦，占全国新增发电装机的 76.1%，其中风电、光伏发电新增 1.02 亿千瓦；截至 2021 年底，可再生能源发电装机容量达到 10.63 亿千瓦，占我国总发电装机容量的 44.8%。发电量稳步增长，2021 年可再生能源发电量超过 2.48 万亿千瓦时，占全部发电量比重接近 29.8%，全年水电、风电、光伏发电利用率分别达到 98%、97% 和 98%；产业优势持续增强，水电产业优势明显，是世界水电建设的中坚力量，风电、光伏发电基本形成全球最具竞争力的产业体系和产品服务；减污降碳成效显著，2021 年我国可再生能源利用规模达到 7.5 亿吨标准煤，占一次能源消费总量的 14.2%，减少二氧化碳排放量达 19.5 亿吨，为生态文明建设夯实基础根基；惠民利民成果丰硕，作为“精准扶贫十大工程”之一的光伏扶贫成效显著，水电在促进地方经济发展、移民脱贫致富和改善地区基础设施方面持续贡献，可再生能源供暖助力北方地区清洁供暖落地实施。

2021年可再生能源生产和消费实现了快速增长，可再生能源装机和发电量稳步增长，有力推动清洁低碳高效能源体系的构建。2021年度，我国常规水电新增投产1800万千瓦，大型常规水电站在建装机容量3800万千瓦，其中新增核准规模360万千瓦；抽水蓄能新增投产490万千瓦，新增核准规模1370万千瓦，创历史新高；风电新增并网装机4757万千瓦，其中海上风电新增并网装机1690万千瓦；太阳能发电新增装机5488万千瓦，为历年以来年投产最多，其中，光伏电站2560万千瓦、分布式光伏2928万千瓦；生物质发电新增并网装机容量808万千瓦。截至2021年底，我国常规水电装机达到3.54亿千瓦，抽水蓄能装机3694万千瓦，水电年发电量1.35万亿千瓦时；风电累积装机3.28亿千瓦，年发电量6526亿千瓦时；太阳能发电装机3.06亿千瓦，年发电量3259亿千瓦时；生物质装机3798万千瓦，年发电量1637亿千瓦时。水电、风电、太阳能发电、生物质发电可再生能源装机容量稳居世界第一。

第三节　发展展望

一、进一步推进定额标准管理工作

（1）继续推进《水电建筑工程概算定额》《水电设备安装工程概算定额》《太阳能热发电工程概算定额》《水电工程执行概算编制导则》和《水电工程完工总结算报告编制导则》等已立项工程定额标准制（修）订工作，进一步完善定额标准体系。

（2）按照建立与市场相适应的工程定额标准管理制度要求，进一步组织开展定额标准动态调整管理与工作机制研究及相关管理办法修订工作。

二、进一步强化工程造价信息管理工作

（1）开展“‘十三五’期间投产电力项目造价统计分析报告”编写工作。

（2）按期完成2021年下半年和2022年上半年水电建筑工程和设备安装工程价格指数测算和发布工作。

（3）完成《可再生能源发电工程造价信息》2022年度发行工作。

（4）进一步做好“可再生能源发电工程造价信息网”“水电工程价格信息系统”和“工程项目造价基础数据平台”运行及维护管理工作等。

三、加强工程造价热点难点专题研究工作

（1）以当前在建水电及新能源项目为依托，继续组织开展主要建安工程项目施工工效测定及成本分析、相关费用标准等研究。

（2）继续开展可再生能源发电工程变更索赔处理有关计价方法及标准研究工作。

（3）为维护公平公正市场环境，进一步开展可再生能源发电工程建设市场制度建设及监管措施研究。

（本章供稿：周小溪、刘春高、刘春影）

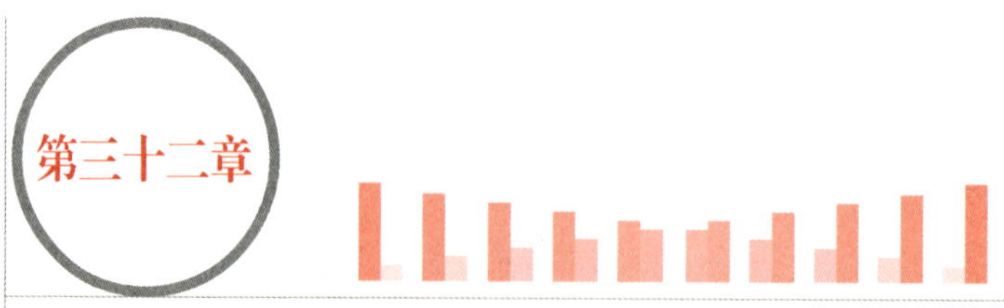

中石油工程造价咨询发展报告

第一节　发展现状

一、强化造价课题研究、取得丰硕成果

《新能源（光伏发电、风电、地热工程）投资参考指标研究与编制》《石油建设项目智能化和数字化建设费用标准研究》《建筑工程投资参考指标研究与编制》等创新性项目，紧扣中国石油发展主线和造价管理热点，及时满足能源升级、数字化转型和智能化发展的需要；《石油建设安装工程概算指标》《设计费用标准及设计优化策略研究》《LNG 接收站及储气库投资参考指标研究与编制》《总承包模式下工程投资控制相关问题研究》《投资控制指标动态管理研究》等计价依据基础研究项目，集中解决石油工程计价中深层和瓶颈问题，进一步促进计价依据体系更加科学、合理，提升造价管理精细化和动态化水平；《主要原材料价格趋势预测分析研究》《基础设备材料价格动态研究及综合控制价格制定》等价格信息研究项目，为建设项目前期决策和投资控制，以及设计单位估概算编制提供重要价格依据；《计价依据一体化体系及关联数据库研究》《典型工程概算投资数据库建设与对标研究》等信息化项目，进一步加深了工程造价数据结构化和标准化，为造价管理数字化、智能化奠定基础；研究制订《建设项目投资审查统一规定》及投资估算、概算专项审查项目，全年评审投资估算及专项费用近百项，审减投资上百亿元。

二、突出造价管理创新、转化创效显著

《基于国家“营改增”税制改革的石油建设工程投资管理创新》获得集团公司管理创新二等奖；《工程量清单计价信息化关键技术研究与应用》《清单计价模式在炼油化工项目中的深化应用研究》两项成果获规划总院科技进步二等奖；管理创新课题《基于预测与决策集成技术的石油建设项目快速估价模型研究》获得集团公司立项和经费支持，通过研究构建石油建设项目投资数据库，运用数理模型和智能学习技术，快速估算 LNG 接收站、储气库及新能源等项目投资；《炼油化工建设项目工程量清单计价系统 V2.0.0》获得国家版权局计算机软件著作权；《基于信息化手段的投资参考指标编制模式研究》《石油建设工程设备材料价格数据库与管理体系建立研究》获基础研究课题立项和费用，为科技成果登记和科技进步奖评选奠定了基础。

三、研判面临形势、谋划“十四五”发展

通过深入研判发展基础与形势、问题与挑战、发展环境等，研究制定了造价管理中心“十四五”总体发展目标：以工程量清单计价为基础，使体现市场化规则的计价依据体系更加完善；造价管理创新研究能力显著提高，完成一批对行业发展和集团公司决策有较大影响力的课题；专业技术支持取得更大成效，强化对总部机关和各专业公司投资管控和决策的支持力度，提升指导地区公司造价专业发展的能力；以造价管理平台为核心的造价智能化取得明显成效，设备材料价格研究水平得到较大提升；建立多层次培训和人才管理体系，做好造价咨询机构和专业人员管理工作，确保石油工程造价管理水平处于行业领先地位。

四、加强行业管理，提供全方位服务

对 13 家造价咨询企业开展资质管理和信用评价；为 871 名一级造价工程师和 7947 名二级造价工程师提供资格管理和继续教育培训服务；编辑、发行《石油工程造价管理》期刊 4 期，内容涵盖国家和行业信息发布、经验交流、理论研究、控制价格等；加强定额解释与计价依据动态管理，为 36 家单位解释概算指

标和预算定额41项，出具书面解释13项、口头解释28项；提供造价培训和技术支持服务，克服疫情不利影响，按计划组织完成安装和土建两期造价培训班，培训专业人员共计315名；为十多家单位提供工程量清单、总承包模式、工程结算等方面技术培训。

五、突出利用信息手段、推动造价行业发展

上线推出微信公众号，及时发布造价最新资讯及业务经验分享，提供计价依据、价格信息、投资指标、业务培训和造价期刊等专业信息服务；继续维护、运行“石油工程造价网”，严格把控内容质量和信息保密安全；研究成立了由各地区公司价格管理人员组成的设备材料价格工作小组，以促进设备材料价格信息管理水平的提升；组织开展工程造价信息化现场技术支持和推广应用工作，并对60多名人员进行平台和软件操作培训，加快推进了平台和软件的深化应用。

六、增强沟通交流、积极承担造价行业课题

主编完成全国统一安装工程预算定额第三册《静置设备与工艺金属结构制作安装工程》，通过专家审查并形成报批稿；主编住房和城乡建设部团体标准《建设项目设计概算编审规程》，完成启动会议和方案编制，正在进行方案修改、完善；参编团体标准《建设项目工程总承包计价规范》，完成方案编制。

第二节　发展环境及改革方向

当今世界正经历百年未有之大变局，油气行业发展面临的形势更趋复杂。尽管石油工程造价管理从计价依据、组织机构、专业人员等各方面建立了相对完整的体系，但仍存在内部各单位、各企业造价水平参差不齐，基础性超前性研究工作与投资管理现实需要矛盾突出，现行体制机制与建设高素质专业化造价人才队伍矛盾突出等问题。需要坚持系统思维、创新理念和目标导向、问题导向，持续推动石油工程造价管理高质量发展。

一、持续完善计价依据体系

落实《住房和城乡建设部办公厅关于印发工程造价改革工作方案的通知》（建办标〔2020〕38号）相关精神，研究确定石油行业计价依据改革路线。深入计价依据国际化对标研究，促进石油工程计价与市场和国际接轨。优化完善概算定额、估算指标，鼓励地区公司发布“企业定额”，完善全生命周期各阶段工程计价依据体系，为全生命周期造价管理奠定基础。围绕“新能源、新材料、新业态”和数字化转型，加快配套完善计价依据。加快构建统一结构标准、统一工程造价水平，涵盖国内全产业链及海外工程的投资参考指标体系，为科学合理控制工程建设项目投资提供基础。

二、持续加强全寿命周期造价管理

针对石油建设工程投资规模大、投资回收期长等特点，从全寿命周期角度统筹考虑优化方案，避免不科学决策和不合理设计。前移管理关口，加强估算概算投资审核控制，坚持适用原则推行限额设计，从源头上控制好工程投资。构建涵盖国内全产业链及海外工程，统一结构标准、统一设备材料价格、统一工程造价水平的投资参考指标体系，为投资控制提供保障。

三、持续推动市场化改革

全面推行工程量清单计价，通过完善石油建设项目工程量清单计价体系，研究优化从清单编制、招标投标、过程管理到工程结算的全过程清单计价方法，提供清单模板、合同条款、计价软件等技术支持，强化工程量清单计价推广应用力度，逐步提升石油建设项目工程量清单计价应用率，提高石油工程建设领域市场化程度。

四、持续推进造价与信息化深度融合

密切跟踪数字技术前沿，围绕“智慧造价”目标，按照近期“打基础”、中期“造环境”、远期“成系统”的思路，着力构建信息、主体、环境“三位一体”工程造价生态系统，促进行业内各种资源、要素的优化和重组，提升工程造价管理水平。遵循“统一体系、分级管理、信息共享”原则，持续推进价格信息研究和管理体系建设。

五、持续加强人才队伍建设

创新造价专业人才培养机制，积极拓展知识领域，专业化多层级多元化开展造价人员培训，加快探索行业领军人才和国际化人才培养模式，健全人才选拔、培养、使用、考核、淘汰机制，建立梯次化人才培养体系，加强职业道德和廉洁从业教育，打造高素质、复合型的造价专业人才队伍。

（本章供稿：肖倩、付小军、丁启钊）

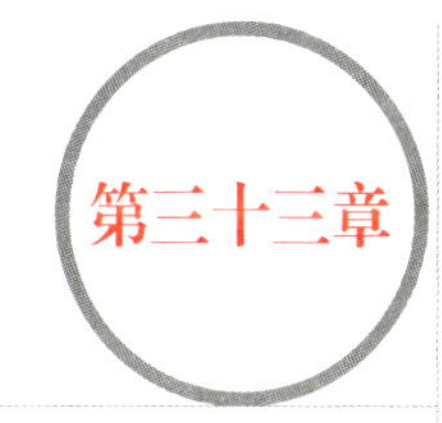

中石化工程造价咨询发展报告

第一节　发展现状

一、石油化工工程造价管理

为适应中国石化工程建设发展，满足工程造价计价依据改革工作需要，中国石化已对《石油化工安装工程概算指标》《石油化工工程建设费用定额》等7个计价文件进行修订。《石油化工建筑工程概算定额》《石油化工建筑工程综合定额》《石油化工建筑工程费用定额》的修订工作也正在稳步有序推进。

为积极响应住房和城乡建设部工程造价改革方案精神，推动石化行业工程造价市场化改革持续深化，鼓励先进、合理竞争，组织开展《石油化工建设工程工程量清单计价办法》修订，建立更加科学合理的计量和计价规则，促进石化行业工程建设形成良性市场竞争机制。

二、重点工程建设项目情况

石化行业具有产业链长、涉及面广、高危高风险、国有投资规模大、资金密集等特点，工程建设项目普遍规模大，生产装置种类多，设备、工艺复杂，建设周期长，新工艺、新技术、新设备、新材料发展和应用较快，建设标准高、质量标准高、HSSE风险高，对项目管理水平要求比较高，项目的投资控制难度也比较大。

中国石化在建重点项目主要包括中石化宁波镇海基地项目、镇海炼化扩建项目二期、海南乙烯项目、巴陵己内酰胺项目、新疆塔河乙烯项目、天津南港乙烯项目及下游高端新材料产业集群项目等。

三、工程造价信息化建设

通过加大基础科研投入，开展数据编码体系及数据集成关联研究，完善数据标准化配套制度体系建设，通过集团层面数据治理架构体系推动工程造价数字化应用，持续提升数据标准化水平。以“数据 + 平台 + 应用”模式，不断强化信息化应用平台建设，打造业务与数据共生的闭环体系，建设动态化工程造价数据库。目前，中国石化工程造价数据库建设工作处于案例开发工作阶段，持续深化开发工程造价数据采集和配套应用功能。下一阶段将完成工程造价数据云平台建设，在中国石化重点工程项目推广工程造价数据库建设，实现中国石化新建项目的全覆盖，达到支撑建设项目估算、概算、预算及全过程工程造价管理数据收集、管理、应用的目的。

四、人才队伍建设

目前，中国石化各企业开展工程造价业务主要是以企业人事改革前的专业人员为管理主体，具体业务开展主要是以社会上的工程造价咨询企业作为人力资源依托。新增工程造价人才资源主要来源于大学生招聘。为了加强后备人才培养，中国石化每年举办多期培训班，人才队伍建设的培训工作包括全行业和各企业两个层次。2021 年克服疫情影响，全行业组织的业务培训专业人员 790 名，炼油化工预算专业培训人员 455 名、概算专业培训人员 158 名。

第二节　发展环境

工程造价咨询行业的发展环境与各行业的投资环境密切相关，石油化工工程造价咨询行业的发展主要依赖于能源化工领域的投资环境，能源化工领域包括炼油、石油化工、煤化工、天然气化工等，投资来源包括国内、国外的中央、地方、民营、合资、独资等企业。这些企业在能源化工领域的投资战略、投资管理模式、工程项目各阶段费用控制方法等都决定着石油化工工程造价咨询行业的发展走向。

一、服务于中国石化重点工程建设投资控制的造价咨询

随着中国石化工程造价管理规定、建设项目实施投资控制管理规定等规章制度的发布施行，建设单位实施过程管控势必得到进一步强化。对于一直以来主要服务于项目实施过程环节和项目过程造价审计环节的石油化工工程造价咨询企业而言，既是机遇也是挑战。工程造价咨询市场竞争激烈，咨询费用持续走低的局面有望得到一定缓解。

目前，中国石化重点工程项目已基本不再采用低价中标的方式，但在能源化工领域工程造价咨询业务中，以低价中标的方式仍然大量存在，这种招标模式必然影响工程造价咨询企业的可持续健康发展。

二、服务于工程项目全生命周期修理费管理的造价咨询

做好石油化工企业修理费管理，是保障石化装置安全、稳定、长周期生产运行的重要基础。近些年，由于生产企业推行“定岗、定员、定编”的“三定”工作，工程造价专业人员普遍配备不足且主要精力投入造价管控之中，造价业务基本是以框架服务招标、项目服务招标的方式发包给能源化工领域的各工程造价咨询公司。虽然这些项目都偏小，但项目服务常年都存在，项目服务方式固定，因此该领域工程造价咨询服务的竞争同样激烈。

三、服务于工程结算和竣工决算的审计造价咨询

石油化工工程造价咨询行业在工程结算审计、竣工决算审计、项目在建跟踪审计等各项审计业务中，为建设单位规范投资行为，防范投资风险，保证建设资金合理、合法使用，提高投资效益发挥着重要的作用。

工程造价审计咨询服务是一项政策性强、业务水平高的工作。为了能在这一

领域开展业务，各工程造价咨询企业必须不断提高员工自身素质和业务能力水平。开展工作的业务人员要严格按照国家审计法规、审计工作规定、审计工作办法、审计业务规范等开展工作，为工程结算把好关。

四、服务于中国石化外部投资的造价咨询

中国石化外部投资环境主要包括央属国企、地方国企、外企、民企等，在这些投资领域里，工程造价咨询业务从可研投资估算到竣工决算乃至生产运行阶段的修理费管理，覆盖工程项目全生命周期。工程造价咨询服务基本全部通过招标投标方式发包，而且大部分是以低价中标，竞争非常激烈，能源化工领域的工程造价咨询服务市场已经是一个充分竞争的市场。

近几年，大量地方国有企业和民营企业的资金开始投入能源化工领域。虽然地方国有企业和民营企业的工程造价咨询服务费都偏低，但在能源化工领域的大量投资扩大了工程造价咨询服务市场，为能源化工领域工程造价咨询行业发展增加了新的驱动力。

国外大型能源化工公司在我国主要以合资或独资的方式进行投资，这些合资或独资项目投资大、技术先进，在开展工程造价咨询服务项目招标时，大部分以相对合理价中标的方式发包，工程造价咨询服务费比较适中，是能源化工领域工程造价咨询服务比较活跃和发展看好的市场。

第三节 主要问题及应对措施

一、石油化工工程造价面临的主要问题及应对措施

1. 石油化工工程造价面临的主要问题

（1）石油化工工程造价计价体系需要完善、提高、改革、创新。石油化工工程造价计价体系需要适应工程建设项目变化情况，进行修编、补充完善和动态调整。

（2）石油化工工程造价基础业务建设需要加强，造价信息化、智能化建设及

应用需要完善。

（3）石油化工工程造价计价系统（软件）需要完善，需要建立适应石油化工建设项目全过程造价管理的造价文件编制、审核、数据采集、分析、应用的工程造价数据管理系统。

（4）石油化工工程造价对造价从业人员的能力素质要求很高，不仅要掌握造价专业知识，还要掌握工艺流程、施工技术、管理要求等专业知识。造价人才队伍不稳定，专业水平参差不齐，与能源化工工程建设的发展和项目差异化需求不匹配。

2. 石油化工行业工程造价主要问题应对措施

（1）不断改革、创新工程造价计价体系

持续深化改革、创新，加强计价体系建设。按照“量真价实、贴近市场”的改革思路，建立计价基本要素与市场的联动机制，以新标准、新技术、新要求为依据，加强专题研究，提高计价依据的科学性和适用性，逐步与市场接轨、与国际接轨。

（2）工程造价基础业务建设

根据石油化工工程造价业务工作需要，中国石化工程造价管理机构要继续加强基础业务建设工作，全面收集、分析市场价格信息和项目实施价格信息，开展设备材料价格分析和预测研究，建立高效的市场价格联动机制，加强计价依据的动态跟踪和调整；为加强工程建设全过程投资控制夯实基础，根据中国石化统一安排，收集中国石化典型项目造价数据，通过分析整理，建立中国石化工程造价数据库；为提升工程造价基础业务建设，中国石化加强工程造价信息化建设，利用信息技术手段，提升工程造价数字化、信息化管理水平。

（3）加强工程造价计价依据的动态管理

根据工程造价计价依据编制和动态调整需要，中国石化将组织开发中国石化计价依据管理系统，用于石油化工概算指标、主材费、非标设备价格等计价依据的编制、合成、动态调整工作。

（4）工程造价从业人员管理

根据中国石化工程造价业务工作需要，结合工程造价从业人员实际情况，加强从业人员专业业务管理。加大各专业取证及继续教育培训力度、完善相关培训内容，努力提高造价从业人员履行岗位职责的能力及业务水平，保证专业人才队伍不间断补充新生力量，采用以老带新模式，尽快提升整体专业水平，促进专业人才梯队体系建设，在层次化、差异化、精准化培训方面下功夫，继续探索专业人才培养新途径。

二、工程造价咨询行业面临的主要问题及应对措施

1. 工程造价咨询企业自身可持续健康发展问题

这些年，石油化工工程造价咨询企业在各种外部和内部条件影响下，企业规模普遍偏小，服务方式差异性小，企业间的竞争势均力敌。作为重点服务于石油化工行业的工程造价咨询企业，必然受行业投资的影响。当国际、国内经济政策发生变化时，行业投资政策一定会调整，一旦行业投资减少，将对石油化工行业工程造价咨询带来巨大的冲击。

石油化工工程造价咨询企业要实现可持续健康发展，必然要打破行业壁垒，有方向性地调整造价咨询业务结构、人才结构、知识结构，努力实现跨行业发展，包括进入煤化工、天然气化工等国家新能源化工领域。在国家工程造价改革，加大“放管服”力度的大背景下，如何积累企业自身的数据财富，开展更高端的造价咨询，向工程项目全过程造价咨询业务拓展，为建设单位提供更优质的增值服务，是工程造价咨询企业必须面对的课题。

石油化工行业目前在国外的投资不断加大，正在按照国家“走出去”战略，开展“一带一路”沿线国家建设，跟随这些建设项目的步伐，工程造价咨询企业也已起步开展“一带一路”海外工程造价咨询服务，这是工程造价咨询企业实现可持续健康发展的重要努力方向。

2. 工程计价模式改革问题

（1）改革传统计价方法焕发出新的活力

工程造价管理机构要总结中国石化 30 多年计价体系管理经验，落实工程造价改革工作方案，统一工程量计算规范和清单计价规范，完善工程计价依据和价格信息发布机制，加强工程造价数据积累和分析应用，建立石化行业和企业工程造价数据库，发布造价指数和市场价格信息，使传统计价依据（标准）与时俱

进、不断焕发新的活力，更好地发挥“标杆、标尺”作用。

(2) 信息化建设将带来计价模式的改革

随着互联网、大数据、云平台、人工智能等新技术的应用，工程造价咨询行业的计价模式也在悄然发生着变化，信息化与造价日常工作正加速融合。工程造价咨询企业将向创新型、品牌化方向发展，信息化建设必将是其飞跃的助推器。

（本章供稿：常乐、潘昌栋、李燕辉）

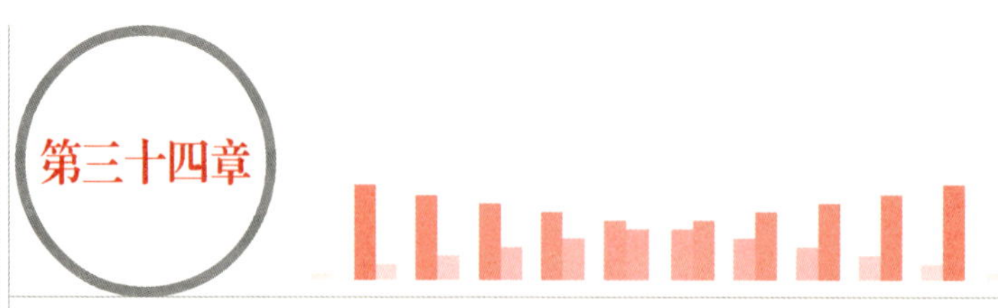

核工业工程造价咨询发展报告

第一节　发展现状

一、核行业发展现状

2021 年 9 月 22 日，《中共中央 国务院关于完整准确全面贯彻新发展理念做好碳达峰碳中和工作的意见》发布。实现碳达峰、碳中和，是以习近平同志为核心的党中央统筹国内国际两个大局作出的重大战略决策，是着力解决资源环境约束突出问题、实现中华民族永续发展的必然选择，是构建人类命运共同体的庄严承诺。

目前，我国的能源结构主要是以煤电、水电、风能、光能、核能等为一体的综合性能源结构，煤电受碳排放因素的影响，风电、光电等可再生清洁能源的间歇性、波动性特征，以及水电的季节性特性，使得可再生清洁能源的发电量占比远低于装机容量占比，同时也给大型电网稳定运行带来了许多不确定性。核电具有运行稳定、可靠、换料周期长等显著特征，非常适用于大型电网的基负荷以及必要的电网调峰。

核电是我国大型电网基负荷能源的重要选项，以低碳清洁能源为主的新能源体系建设过程中，核电的占比增加，将有利于我国电网的安全运行，因此，发展核电是推动中国能源结构低碳化转型的重要措施，是中国低碳清洁新能源体系建设的必然选择。

我国核电发展主要经历了起步发展、迅速发展、缓慢发展和逐渐复苏四个阶段，目前，核科技人员攻关克难，突破了一系列的“卡脖子”技术，技术合作与自主可控等得到了突飞的发展。在四代技术等领域逐渐达到国际领先水平，同时，核电在运、在建规模不断增长，截至 2021 年 12 月 31 日，我国运行核电机组共 52 台，同比增长 6.12%，在运核电机组装机规模约为 5326 万千瓦，同比增长 6.78%。

预计到 2025 年，我国在运核电装机容量达到 7000 万千瓦；到 2030 年，核电在运装机容量达到 1.2 亿千瓦，核电发电量约占全国发电量的 8%。预计我国自主三代核电会按照每年 6~8 台的核准节奏实现规模化批量化发展，按照每台核电机组 1000MW 装机容量计算，核电单位造价通常为 1.1 万 ~1.8 万元 / 千瓦，国内年均投资规模有望达到 660 亿 ~1440 亿元。

在核电发展的利好形势下，核能下游产业也将得到蓬勃发展，2018 年以来，全国政府性基金在乏燃料处理处置领域支出爆发式增长，2020 年全国政府性基金乏燃料处理处置支出为 10.39 亿元，较 2019 年增加 2.24 亿元，预计“十四五”期间此项支出仍会保持高位，推动中国乏燃料后处理产业建设。

从 1987 年大亚湾核电站建设开始，30 年磨一剑，如今中国已从核电的门外汉变成了核电技术、装备的输出国。以中国核工业集团有限公司、中国广核集团有限公司为代表的中国核电，正乘着国家“一带一路”倡议的东风，扬帆海外，走向世界。相关统计数据显示，“一带一路”沿线的国家和地区中，已有核电的国家和地区有 19 个，计划发展核电的国家和地区有 20 多个，预计 2030 年前规划建设核电机组约 240 台，总投资规模将超过万亿美元，开展互利合作的前景十分广阔，对核工业造价咨询企业将是一个极大的提升空间。

二、核工业造价咨询企业概况

1. 造价咨询企业

2021 年，核工业共有 5 家原甲级造价咨询企业，均持有原工程造价咨询甲级、工程咨询甲级资质，能够提供各类建设项目的工程造价咨询业务，包括项目的估算、概算、预算、招标工程量清单及控制价编审、结算审核、全过程或若干阶段过程造价控制及工程造价经济纠纷鉴定和仲裁咨询等服务。业务领域涉及核电、核军工、铀矿冶、后处理、核燃料、核设施退役及三废治理、医药化工、民用建筑及新能源等；同时核工业咨询公司也扩充资质评审认证程序，有4家甲级咨询企业取得ISO9001质量管理体系、ISO14001环境管理体系、《职业健康安全管理体系 要求及使用指南》GB/T 45001-2020职业健康安全管理体系认证。拥有众多项目的工程造价咨询数据，积累了丰富的经验和众多的项目业绩，可以满足委托人在工程建设项目不同阶段的造价咨询业务需求。

2. 造价咨询人员概况

核工业造价咨询企业所属专业技术人员2200余人，一级注册造价工程师为420人，占全体人数的19%，其他专业执业人员为360人，占16%，具有研究员级高级职称47人，高级职称614人，中级职称803人。硕士及以上学历345人，本科学历1652人。

据调查，2022年度核工业造价咨询单位均有扩大招收应届和往届大学生的招收份额，特别是针对核工业的特点，大力从社会中吸纳高端人员作为造价咨询单位的领军人才，成为核工业咨询单位发展的保障和优势。

3. 经营情况

核工程造价咨询业务主要集中于核工业市场领域，同时也积极开拓非设核项目。近年来随着核电工程建设项目的增多，工程造价咨询业务快速发展，2021年工程造价咨询营业收入25226.03万元，较2020年增加5857.03万元，同比增长22.9%。其中，核工业收入20325.03万元，占比81%。

三、建设与课题研究

1. 参与各类预算定额、概算定额、工程量清单的编制工作

2021年，为适应核电新堆型的建设工程的需求，开展了“华龙一号”核电预算定额、概算定额、工程量清单的制修订计划，目前预算定额的编制工作已经完成征求意见稿阶段，概算定额和工程量清单也已经按照编制工作计划，预计在2023年完成整个编制工作，届时将对“华龙一号”核电堆型建设项目提供一个完整参考的计价依据。核化工与后处理及军工行业相关计价标准体系已经成立相关的编制团队，完成立项工作，正处于资料收集与整理阶段。

2. 编制核电厂建设工程计价培训教材

核工程建设项目具有投资巨大、技术工艺复杂、施工周期长、安全防护系统严格等诸多特点，普通的工业与民用建筑远远无法与之相比。为切实把建设工程计价技术及时地传送给每个造价咨询人员，编制了《核电厂建设项目造价原理与编制方法》，目前已基本完成初稿，预计将在2023年出版发行。

3. 加强信息化建设，自主研发造价专业系统软件

搭建核电工程造价规范和信息发布平台，实时发布核电工程领域政策法规、价格信息等，提供定额标准和工程造价领域的信息交流。平台在核电工程造价基础数据标准的基础上，完成核电工程基础定额库编制功能，并提供工程造价管理的云服务，供各成员单位按照最新定额数据编制工程概预算，进行造价测算，从而为核电工程造价统一标准、统一规范、统一度量提供基础和依据。

四、参与重点项目建设

核行业咨询单位在核能源、核化工、核技术应用、新能源、医药化工行业、建筑工程等领域完成了大量的工程造价咨询服务工作，包括项目估算、概算、预算、清单及控制价、结算审核、全过程造价控制等。主要造价咨询业绩如下：

1. 国内涉核工程

核电工程：福建福清核电1号～6号机组建设项目的竣工结算第三方审核；江苏核电3号~6号机组建设项目的竣工结算第三方审核；海南核电1号、2号机组建设项目的竣工结算第三方审核；三门核电AP1000工程量清单编制；三门核电3号、4号机组常规岛建设项目过程造价控制；漳州1号、2号机组，海南3号、4号机组的建安施工过程造价咨询项目。

核工程：中国原子能科学研究院秦山项目过程造价控制、甘肃核技术产业园项目多个子项的建安施工过程造价控制；军工铀矿地质勘探设施“十三五”退役整治工程、中国原子能科学研究院核安保能力提升项目的造价咨询服务（预算、竣工结算等）工作；中国工程物理研究院材料研究所90××基地一期工程竣工

结算审核，中国工程物理研究院材料研究所2019年度自筹项目结算审核、研二项目部分子项过程造价咨询服务等。

核技术应用：四川中核高通药业有限公司放射性药物分装中心工程、汕头原子高科医药有限公司汕头同位素医药中心建设项目、长春原子高科医药有限公司长春同位素医药中心建设项目、中核滨海质子治疗示范工程等多个核技术应用项目的清单编制、结算审核造价咨询工作。

2. 国内非涉核项目

医药化工：山东瑞海药业有限公司建设医药生产基地项目、北矿亿博（沧州）科技有限责任公司功能化学品研发与生产基地项目、石家庄四药有限公司生物制药园项目、石药集团中诺药业（泰州）有限公司果维康片剂及健康产品系列产业化项目清单预算编制等造价咨询工作。

建筑工程：中核四川环保工程有限责任公司广元小区建设工程、中国核工业集团有限公司新建职工住宅工程造价咨询项目、河北恒坤实业集团有限公司康源综合楼、中国核动力研究设计院YFJD新基地建设项目、中核北京科技园建设项目、中核工程廊坊研发基地建设项目、中核工程东方一期与二期建设项目的结算审核、中核工程东方三期项目建安施工过程造价控制等造价咨询工作。

新能源：与中核汇能有限公司签订造价咨询年度框架协议，已完成临城晶澳光伏发电有限公司、哈密风电基地二期、中海油潍坊滨海风电场、中核迁西地面光伏电站、中核汇能宁夏同心100MWp光伏复合发电项目、中核汇能福建南安高嵛山造价咨询等多个新能源项目的过程控制造价咨询工作。

3. 国外涉核工程

核电工程：巴基斯坦卡拉奇核电厂2号、3号机组建设项目过程造价控制。

医药化工：白俄罗斯全循环玉米深加工－维生素、氨基酸、淀粉产品和葡萄糖生产项目投资估概算。

核聚变项目：委托受理中国核聚变执行中心ITER项目气体注入系统非标准设备成本费用编制与评审。

第二节　目前所存在的问题与发展展望

近年来，我国大力鼓励科技创新，新型核反应堆型不断涌现，奠定了我国由核大国走向核强国的必由之路。但从另外一方面来讲，由于核工程建设项目具有特殊性，属于高科技研发性实施项目，主体资本来源绝大多数为政府投资，无法采用现有的计价标准体系，基本上"一厂一价"，给建设项目的计价和成本控制带来了极大的困难。其次是核工业造价领域的高精尖人才缺失，尤其是严重缺乏国际法律和工程造价相融合的精英人才，阻碍中国核电"走出去"的战略需求。

针对核工业造价咨询企业目前状况，在近期和今后长期过程中，总结核工程建设项目特征，编纂出一套适应核工程计价控制的标准，搭建完善核工程计价体系框架，支撑核工程建设项目健康有序的发展。在高精尖人才建设方面，选派一部分业务技能熟练的人员参加相关国际法律培训，打造成为既懂法律知识又具备造价商务技能的综合性人才，同时还要从高校中积极吸纳相关专业人才扩充到核工程造价咨询企业，使核工程造价咨询企业形成合理的"金字塔"式的人才资源库。

（本章供稿：直鹏程、黄骏）

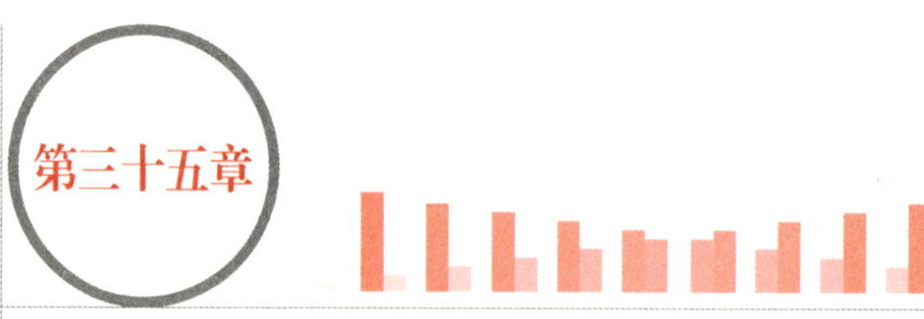

电力工程造价咨询发展报告

第一节 发展现状

一、企业基本情况

2021 年，电力工程造价咨询企业 29 家，主要分布在华北地区、华东地区、华南地区、华中地区、西北地区、西南地区和东北地区，数量占比分别为 6.9%、20.7%、13.8%、48.3%、3.4%、3.4% 和 3.4%。企业从业人员总数呈上涨趋势，增长了 31.31%，一级注册造价工程师数量由 488 人上升为 683 人。电力工程造价咨询企业累计营业收入 12.57 亿元，企业利润总额总计 27.03 亿元。

二、行业管理服务

1. 持续完善电力工程计价依据标准与规范

多项工程计价标准与规范获批并颁布发行。2021 年 1 月 7 日，《火力发电工程施工招标文件与合同编制导则》DL/T 5589–2021、《电网工程施工招标文件与合同编制导则》DL/T 5590–2021、《20kV 及以下配电网工程建设预算编制导则》DL/T 5591–2021 三项能源行业标准经国家能源局以国家能源局 2021 年第 1 号公告批准发布，并于 2021 年 1 月 1 日起正式实施。2021 年 4 月 1 日，《电网技术改造及检修工程定额和费用计算规定（2020 年版）》（共 24 册）经国家能源局以《国家能源局关于颁布〈电网技术改造及检修工程定额和费用计算规定（2020 年版）〉的通知》（国能发电力〔2021〕21 号）批准颁布，该套定额和费用计算规定于

2021 年 7 月 1 日起正式实施。2021 年 4 月 26 日，《电力建设工程工程量清单计价规范》DL/T 5745–2021、经国家能源局以国家能源局 2021 年第 3 号公告批准颁布，并于 2021 年 10 月 26 日起正式实施。

持续推进工程计价标准与规范修编完善。受住房和城乡建设部委托，完成《全国通用安装工程消耗量定额》的修编支撑工作。组织开展《20kV 及以下配电网工程定额与费用计算规定》修编工作，有序完成了编制启动、大纲编制和审查、专题研究和初稿编制等工作。组织开展《西藏地区电网工程定额与费用计算规定》修编工作，有序推进实地调研、专题研究、数据收集和修编工作。完成《电力建设工程工期定额》修订编制，增加了新能源工程类型，完善了火电、电网等工程项目类别，细化和增列主要单项工程、单位工程的工期指标。

2. 推进电力工程造价管理理论方法研究与应用

构建系统科学的电力工程造价理论和方法体系。通过推动产学研用一体化合作，将“全过程管理”“全面管理”“全生命周期管理”等理论和方法融会贯通。将多态数据接入、全域数据分析建模技术应用于工程计价依据编制中，有效解决了工程造价管理的准确评价与科学管理的问题，以及工程计量计价中缺乏理论与实际数据支撑、编制时间冗长等瓶颈问题。

积极探索应用型研究工作。一方面，认真贯彻落实“双碳”目标要求，基于储能技术发展现状和项目建设情况，围绕工程计价依据体系建设和工程造价管理开展《储能项目工程计价体系研究》。另一方面，为服务“一带一路”电力境外工程项目的投资管控和工程造价管理，深入调研分析境外电力工程项目费用构成及实际工程造价数据，基于国内成熟的工程计价原理和方法，开展境外电力工程计价方法与规则研究。

3. 推动工程造价管理的信息化发展与数字化应用

组织开展电力工程定额与造价管理大数据平台构建。目前，已完成大数据平台功能和原理设计、要素信息标准编码体系编制、底层数据库和基础软件开发等工作，主要功能将集工程计价依据辅助编制、材料设备价格信息查询与预测、工程造价指标与指数发布、BIM 模型自动算量与计价、答疑与纠纷鉴定、专业人员与咨询企业管理服务于一体。

形成多元化价格信息供给机制。组织编制 2021 年度《电力建设工程投资价格指数报告》；定期出版《电力工程主要设备材料价格信息》《20kV 及以下配网工程设备材料价格信息》；定期发布现行各套定额价格水平动态调整系数、电力建设工程装置性材料综合预算价格信息等。

4. 持续推进工程造价资信管理与人才培养

扎实推进工程造价专业管理服务。一方面，认真履行对行业内工程造价咨询企业的自律管理。另一方面，利用平台共建、资源共享的优势，采用宣贯、咨询、答疑等方式，为企业提供专业性、前瞻性的资信支撑服务，为企业合理确定投资和有效控制成本提供强有力的专业技术保障。

开展专业人才培养服务与支撑工作。创立以“一套标准”“一系列教材”和“两个办法”为核心的电力工程造价专业人才评价与培养体系。组织编写《电力造价从业人员职业能力培训教材》，涵盖火力发电工程和电网工程。

5. 积极开展交流合作致力协同发展

积极参与政府有关工程造价管理政策制定、咨询及标准编制工作。定期走访调研电力企业，充分了解各方实际需求和亟待解决的难点、痛点问题。密切跟踪出国团组动态、及时调整应对方案，积极组织有关企业参加 RICS 中国区年度评奖活动，参加 AACE 国际技术线上交流峰会。以“中国电力工程造价信息网”为载体面向社会提供专业的优质服务，持续打造以《中国电力企业管理》期刊中“工程管理”版块为核心的学术交流平台。

第二节　发展环境

一、电力规划与投资发展环境

2021 年，国家能源主管部门围绕新型电力系统建设、电力市场管理和电力投资运营监控出台了一系列电力规划投资管理相关政策，为电力工程建设科学投资与效率效益提升提出了发展新要求与新指引。面对电力改革新要求，电力工程建设投资监审监管要求逐步提升，加强资源优化配置与投资规模、投资时序、投资内外部协调发展方面受到高度重视。

“双碳”目标和加快构建以新能源为主体的新型电力系统的提出，成为电力工程建设投资发展的明确方向与重要任务。面对电力发展新指引，电力工程建设投资仍将保持一定稳步提升发展态势，但投资重点与投资结构将发生一定调整，支撑资源优化配置，助力电力精准投资发展下，电力工程造价管理工作也将随之产生新的发展诉求，对适应电力工程建设变革发展提出更高的发展要求。

电力行业改革深化推动电力工程建设投资监管与质效着力提升。2021 年 6 月 24 日，国家发展改革委、国家能源局联合印发《关于开展分布式发电市场化交易试点的通知》，要求加快推进屋顶分布式光伏发展。2021 年 7 月 29 日，印发《国家发展改革委关于进一步完善分时电价机制的通知》(发改价格〔2021〕1093 号)，提出明确深化电价改革、完善电价形成机制的决策部署。2021 年 8 月 10 日，发布《国家能源局印发〈关于加强电力中长期交易监管的意见〉的通知》，提出要加强电力中长期交易市场秩序专项监管，规范电力中长期交易行为。结合建立全国统一大市场发展指引，着力构建主体多元、竞争有序的电力交易格局，形成适应市场要求的电价机制，激发企业内在活力，使市场在资源配置中起决定性作用，是我国电力市场化发展与建设投资质效提升的重要任务。

二、工程建设与技术创新环境

2021 年，国家继续出台相关政策支持工程建设体系健康有序发展，推动工程建设体制机制与配套体系不断完善：一方面深化“放管服”改革，积极推进“证照分离”改革措施落地，优化再造审批流程，进一步激发建设市场主体活力推进；另一方面持续改善投资营商环境，完善工程建设监管机制。同时，持续推动建设项目数字化转型，提出具体指导意见及典型技术场景，推动建设管理智能化升级。相关政策出台对工程造价管理深化改革及完善市场化机制提供了新的发展方向，对持续改善工程造价服务市场营商环境、提升工程造价管理服务质效提出了新的发展要求，为进一步优化工程造价管理数字化转型与智能化升级提供新方向与新指导。

我国电力工程装备技术持续创新发展，驱动电力投资呈现多元化发展与电力工程计价体系完善。面对数字化与智能化创新推广，驱动电力工程建设需要高质量智慧管理升级。近年来，电力行业聚焦能源清洁化、电气化、智能化、集成化等能源转型重要领域，加快推广应用一批先进适用技术，试验示范一批重大关键技术。重点推动大容量、高效率、低成本清洁能源开发，推动超大容量、超远距离特高压技术，特高压柔性直流技术，多节点多回路交直流混联大电网技术，先进储能技术等研发和应用，推动先进储能技术快速创新发展与应用，推动电动汽车、物联网等能源服务技术进一步研发和应用。面向装备技术创新迭代发展新形势，顺应绿色低碳发展需要，逐步健全和完善储能、综合能源计价定额和标准，补充电网节能改造、火电灵活性改造等版块的计价定额和标准，提出满足个性化场景要求、差异化发展需求与定制化服务诉求的工程计价顺畅高效的运行体系，有效支撑特殊地区、特殊工程建设精准计价的新需求。

工程建设“创一流”与高质量发展是新时期面向社会经济服务保障的新要求，传统工程建设理念与管理模式在数字化与智能化创新驱动下发生了根本的改变。建设“数字中国”对电力行业及电力工程建设指明了新的提升方向，在电力生产、输送、交易、消费及监管各环节及能源企业数字化转型中的全方位“嵌入”，引领能源技术及产业变革，实现创新驱动发展。围绕强化数字转型、智能升级、融合创新支撑，布局建设信息基础设施、融合基础设施、创新基础设施等新型基础设施，建设高速泛在、天地一体、集成互联、安全高效的信息基础设施，增强数据感知、传输、存储和运算能力，加快基础设施数字化改造，加强泛在感知、终端联网、智能调度体系建设，迎来新的发展机遇。面向数智化创新渗透驱动新局面，电力工程建设高质量发展与智慧管理带来变革发展驱动的同时，也将继续加强数字化装备、技术创新与投入，配套科学计价体系与造价管理机制亟须及时建立完善。同时，也将对如何提升电力工程造价管理数智化发展与优化升级带来重要冲击，深刻反思电力工程造价管理理念与机制、技术与方法创新意义重大。

三、工程造价改革与发展环境

为进一步深化工程造价管理改革，充分发挥市场在资源配置中的决定性作用，2021 年，国家及地方工程造价管理部门相继出台了一系列政策及指导意见。2021年6月28日，发布《住房和城乡建设部办公厅关于取消工程造价咨询企业资质审批加强事中事后监管的通知》(建办标〔2021〕26号)，提出取消工程造价咨询企业资质审批，健全企业信息管理制度、推进信用体系建设，构建协同监管新格局，提升工程造价咨询服务能力，加强事中事后监管。2021年7月3日，中价协发布《中国建设工程造价管理协会关于适应新形势变革 推动工程造价咨询行业高质量发展的意见》(中价协〔2021〕35号)，从激发协会内生动力、提高行业自律水平、完善信用评价体系、推广企业职业责任保险、推介优秀咨询企业、强化个人职业能力等方面提出意见，推动工程造价咨询行业持续健康发展。相关政策的出台不仅推动了工程造价管理市场化推进与提升，工程计价规则完善与理念机制不断创新发展，也为工程造价行业健康可持续发展、提高工程造价行业市场活力、促进形成良好的市场环境带来一定的动力。

深化市场化改革，推动资源优化配置是国家宏观调控与指导行业发展的重要举措，取得了显著的成效。工程造价管理领域也在不断探索如何通过更加灵活、高效的市场机制，推动工程建设价格机制创新与升级，接轨国际发展，推动资源优化配置，提升工程造价管理效率。2021年6月12日，国家发展改革委制定发布了《重要商品和服务价格指数行为管理办法(试行)》，提出遵循规范行为、优化服务的原则，围绕价格指数编制、发布和信息披露、运行维护、评估、转让和终止等各种行为，提出了系统规范要求。“云、大、物、移、智”等先进数字技术、智能技术的发展创新，将为电力工程造价管理数字集成与智能升级带来新的发展机遇。面向数据集成的市场化发展新方向，电力工程造价数字化管理贯通全业务链、生态圈，从工程造价智能计价到工程造价智能评审，构建基于大数据的指数指标、基于市场数据的价格信息，进行造价智能分析与控制、造价精准优化、在线结算及转固。通过建立完善估算、概算、预算与财务会计科目的费用管控标准与交付成果规则，构建公司输变电工程造价数据库，进一步搭建“五算”大数据分析模型、进行造价数据应用和挖掘，形成多阶段数据信息集成和辅助决策。同时，建立造价大数据统计、分析和报警机制，动态发布基于市场数据的工程价格、成本、人工材料设备价格等指标指数信息，形成具有电力特色的工程造价数字化管理的生态链仍然需要探索与创新。

第三节　主要问题及对策

一、存在问题

面对新时代社会经济发展和能源电力转型升级要求，以及企业创新发展和工程投资精益管理的需求，电力工程造价管理在监督机制构建、标准体系完善与人才交流培养等方面的矛盾逐步凸显，存在与新时代、新形势的不适应和不匹配之处，给电力工程造价管理工作带来新形势与新挑战。具体来看，主要存在三方面问题：一是电力工程造价监督管理的手段和渠道需进一步强化，以此来解决行业内不断反馈的工程造价管理相关规定落实不到位、执行出偏差等问题；二是电力工程计价定额和标准体系的适用性不足，不能完全满足新技术和新工艺的快速发展；三是亟须加强交流沟通和专业人才培养，以适应电力工程造价管理发展需求。

二、应对策略

1. 制定系统科学的电力工程造价监督机制

电力工程造价管理支撑电力投资科学确定与合理控制，体制机制不断成熟完善情况下，建立工程造价监督机制意义重大。一是明确电力投资高质量发展要求下工程造价监督机制的功能定位与主旨目标，指引电力工程造价管理工作科学发展规划；二是系统提出电力工程造价监督要点，基于问题导向，构建系统完善的监督要点细则；三是完善电力工程造价监督实施机制，明确各方责任与实施路径。

2. 推动电力工程计价依据体系形成动态完善

梳理现行工程计价依据，通过应用 AI、大数据及结构化、标准化分析技术，实现消耗量数据来源贴近现场实际更翔实，编制方法智能融合更创新，配价参考灵活多元更适用，支撑服务面向需求更高效。顺应工程建设需要，借鉴先进做法，全面统一清单项目划分、特征描述、计量规则和计算口径。提出满足个性化场景要求、差异化发展需求与定制化服务诉求的工程计价顺畅高效的运行体系，及时开展新技术、新业态的工程计价依据补充完善工作。

3. 加强电力工程造价专业人才培养体系建设

按照国家深化人才发展机制体制改革的要求，以适应电力工程造价管理发展需求为导向，逐步健全完善造价管理人才培养新机制。强化工程造价人才培养战略体系建设，制定电力工程造价管理专业人才培养与发展战略规划，进一步完善工程造价专业人员职业资格制度，形成专业人才培养的常态化，并构建起知识结构立体、专业复合交叉、创新综合发展的造价人才培养体系。

（本章供稿：董士波、周慧、刘金朋）

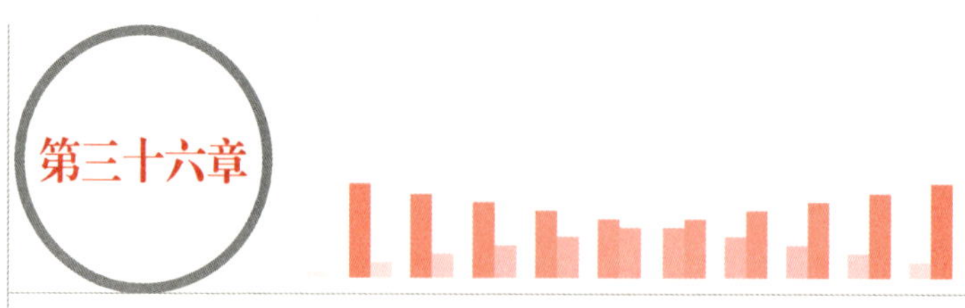

林业和草原工程造价咨询发展报告

第一节　发展现状

随着国家对生态文明建设的重视和对林草行业资金投入的加大，林业和草原中央预算内投资项目由原来单一的基本建设项目（主要是建筑工程类别）发展到现在涵盖森林和草原防火、自然保护区建设、林业科技、湿地、林木种苗、林（草）业有害生物防控、重点国有林区公益性基础设施建设、国家公园等多个领域。

2021 年，造价站主要完成了国家林业和草原局直属单位项目可行性研究和初步设计审核 122 个；竣工验收材料审核 8 个；完成《中央财政林业补贴资金管理办法》《直接为林业生产经营服务的工程设施占地标准》《林木种苗工程施工及验收规范》等规范标准的征求意见工作；完成中央财政林业和草原转移支付项目储备库入库审查工作、林业和草原中央预算内投资建设项目动态监管工作。

组织开展了“十三五”期间直属单位基建项目督查工作，共安排 5 个工作组 15 人，分别赴 16 个单位对 44 个项目完成现场督查并撰写了督查报告；完成全国生态保护恢复资金和林业改革发展资金自评报告的资料收集、整理、总结等工作，整理分析了近年来相关省份存在的问题并提出了修改意见；完成中央财政林业和草原转移支付资金绩效评价工作，组织 12 个组 50 多人分赴全国 34 个省级单位、68 个县级单位开展林改资金现场绩效评价工作，撰写分省报告和全国总报告。最终形成的绩效评价成果为上级林草行业主管部门提供了政策依据和技术支持。

第二节 发展环境

一、政策环境

党的十八大，把生态文明建设纳入中国特色社会主义事业“五位一体”总体布局，明确提出建设美丽中国，实现中华民族永续发展，体现出对我国发展新要求和人民新期待的全面把握，是对人民福祉、民族未来的长远谋划。以习近平同志为核心的党中央站在中华民族永续发展的战略高度，作出一系列加强生态文明建设的重大决策部署。2021 年相继出台了《中华人民共和国草原法》《中华人民共和国湿地保护法》《中华人民共和国种子法》等法律条文，发布了《全国重要生态系统保护和修复重大工程总体规划（2021—2035 年）》《“十四五”林业草原保护发展规划纲要》《关于建立以国家公园为主体的自然保护地体系的指导意见》等相关指导性文件。

“十四五”时期，我国生态文明建设进入了以降碳为重点战略方向、推动减污降碳协同增效、促进经济社会发展全面绿色转型、实现生态环境质量改善由量变到质变的关键时期。实现碳达峰、碳中和，是我国着力解决资源环境约束突出问题、实现中华民族永续发展的必然选择，也是构建人类命运共同体的庄严承诺。

我国“十四五”规划和《中华人民共和国国民经济和社会发展第十四个五年规划和 2035 年远景目标纲要》中提出，“十四五”时期森林覆盖率要提高到 24.1%。2020 年，中央经济工作会议将开展大规模国土绿化行动、提升生态系统碳汇能力作为“碳达峰、碳中和”的内容纳入了“十四五”开局之年我国经济工作重点任务。2021 年 9 月，中共中央办公厅、国务院办公厅印发了《关于深化生态保护补偿制度改革的意见》，提出健全以国家温室气体自愿减排交易机制为基础的碳排放权抵消机制，将具有生态、社会等多种效益的林业、可再生能源、甲烷利用等领域温室气体自愿减排项目纳入全国碳排放权交易市场。国家林业和草原局提出林草部门将参与全国碳排放权交易，鼓励充分利用林草碳汇实施碳排放权抵消机制，将探索建立林草碳汇减排交易平台，鼓励各类社会资本参与林草碳汇减排行动，助力重点区域、大型活动组织者、自愿减排企业、社会公众等利用林草碳汇实现碳中和，逐步完善林草碳汇多元化、市场化价值实现机制。

各项法律、规划等纲领性文件的出台，以及碳达峰、碳中和目标的确立成为林草行业发展的重要机遇，这些外部的政策环境，将对林业和草原工程造价咨询行业的发展起到重要的指引和促进作用。

二、技术环境

林业和草原工程造价行业特点是项目建设内容涉及面广、技术水平要求较高，从业人员涵盖了林业、草业、生态、经济、地理、水文、气象、航空、通信、网络安全、卫星遥感、建筑类、管理类等近 60 个专业。专家队伍建设采取行业内与行业外相结合的运行模式，广泛吸收、补充不同行业的相关专业专家参与到林业和草原行业工程建设当中，为行业工程建设顺利开展提供了技术支撑和保障。

在建立完善专家库基础上，对专家库入库人员采取动态管理模式。对超龄、转行或因个人其他原因而不再符合入库专家基本条件的人员，及时予以调整出库。对相关专业或行业中有较深造诣和较高声誉，熟悉其专业或行业国内外情况和动态的专家予以补充入库。一般情况下，只有入库的专家方有资格参与项目评审工作。在项目评审过程中，须严格执行回避制度，当出现在库专家参与被评审项目、与项目建设单位存在利害关系及其他可能妨碍评审公正性情形时，须回避项目评审。同时，根据林草行业领域工程建设项目特点和咨询项目类型，合理确定专家选取条件和专家组成原则，使专家优势得到充分发挥。专家评审工作完成后，组织相关人员对专家参与评审活动情况进行评估，评估结论将作为以后专家选取和使用的重要参考依据。为打造良好的技术环境，评审工作结束后，将专家评审意见汇总整理成册，作为造价站内部交流、研讨的学习材料。

第三节　主要问题及对策

一、存在问题

1. 全过程造价监管体系不完善

由于我国疆域辽阔、地理及气候复杂，各工程项目建设地点分散，而林业和草原工程造价咨询又涉及诸多部门，因此，造成国家投资主体对项目信息掌握及控制能力不高，仅通过有限的报表进行了解，难以对项目进行动态跟进和监管，容易导致项目资金浪费、管理粗放等问题。近年来，随着中央财政林业和草原转移支付资金绩效评价工作的开展和项目督查工作的落实，项目的实施进度、实施效果有了明显的改善，但在时效性上仍需加强。

2. 咨询成果质量不高

工程咨询是一项智力服务性工作，咨询成果是预测性的，要经受得住历史的考验。目前，在林业和草原工程咨询成果中，存在着各组成部分之间缺乏逻辑关系分析，往往是建设单位提供的大量且烦琐的资料堆砌，各部分之间缺乏内在联系，深度不符合咨询成果要求。在任务完成过程中，出于成本等因素考虑，工作人员未能详细地做好前期调研和资料收集工作，造成完成的成果难以因地制宜地体现建设单位的真实需求。在方案设计中，普遍缺乏方案比选、专家评审等环节；不重视风险分析，风险分析、社会评价分析过于简单；个别项目存在项目申报文件没有按照林业建设项目可行性研究报告或初步设计编制规定的要求进行编制；申报请示文件或项目必备组成要素不完整、文本编制不规范、申报内容不符合林业固定资产投资建设项目管理办法等问题。这些长期存在的现象，暴露出相关从业人员对林业和草原工程建设项目不熟悉，对相关政策把握不准确的问题。

3. 信息化水平偏低

林业和草原工程造价管理手段的优劣，会直接影响管理质量的效果。良好的手段，往往能够提升管理的有效性，从而促进管理效果的提升。在互联网高速发展的当下，很多咨询单位在开展林业工程造价管理时并没有充分利用互联网的优势，依然采用传统的方式对信息进行搜集和计量，这种方式不仅缺乏信息的时效性和准确性，还会影响工作质量和效率。现有的造价信息网站有待进一步完善，目前，仍存在造价信息不全面，不能准确反映当地人工、材料的市场价格，也没有针对具体项目建设地点构建合理的价格信息模式等问题。受这些因素影响，相同项目的取费标准存在较大差异，目前还没有完整的信息系统能够准确快捷地反映项目建设取费标准，制约了林业和草原工程造价管理工作的有序发展。

二、应对措施

1. 完善行业法律规范

加强顶层设计，仔细分析当前林业和草原工程造价咨询行业发展的大形势。通过法律规范对每一个环节进行详细规定，使从业人员能够依据准确的标准开展造价咨询工作。另外，要建立项目动态监管和台账制度，完善项目全过程监控的各项规章制度，提升体系的科学性和有效性，为项目投资主体的监管和决策提供有力的保障和参考。

2. 提高从业者综合能力

建立常态化学习交流平台，学习林草行业相关法律法规、投资管理办法、标准规范等。掌握行业的最新动态消息，针对不同类型项目建立项目资料库，及时整理、归纳、更新林业和草原工程造价信息。在每个项目实施过程中做到充分地前期调研和沟通，提高自己的职业责任感、社会责任感和法律意识，不断提高咨询服务质量。

3. 加强信息化平台建设

在林业和草原工程建设造价中引入信息化技术，能够提高造价咨询工作效率，增强管理水平。有关主管部门可以结合林业和草原工程建设项目的大致情况建设有关网站，汇总林业和草原工程建设造价有关的各项资料，做好相关标准设定，通过大数据分析系统对信息进行分类、汇总、筛选、储存等，全面提升林草行业项目前期造价咨询的服务质量和管理水平。

（本章供稿：杨晓春、刘吉雨、杨冬雪、高钊、李荣汉、徐宏伟）

附录

2021年度行业大事记

2月25日，国家发展改革委发布《关于建立健全招标投标领域优化营商环境长效机制的通知》（发改法规〔2021〕240号），指出要在全国开展工程项目招标投标领域营商环境专项整治；规范地方招标投标制度规则制定活动；加大地方招标投标制定规则清理整合力度；全面推行“双随机一公开”监管模式；畅通招标投标异议、投诉渠道。

3月19日，发布《国务院关于落实〈政府工作报告〉重点工作分工的意见》（国发〔2021〕6号），指出扩大有效投资，继续支持促进区域协调发展的重大工程，推进“两新一重”建设，实施一批交通、能源、水利等重大工程项目，建设信息网络等新型基础设施。

4月7日，国务院发布《国务院办公厅关于服务“六稳”“六保”进一步做好“放管服”改革有关工作的意见》（国办发〔2021〕10号），指出要扩大有效投资优化工程建设项目审批，持续优化和深化工程建设项目审批制度改革，完善全国统一的工程建设项目审批和管理体系，进一步精简整合工程建设项目全流程涉及的行政许可、技术审查、中介服务、市政公用服务等事项。支持各地区结合实际提高工程建设项目建筑工程施工许可证办理限额，对简易低风险工程建设项目实行“清单制＋告知承诺制”审批。

6月3日，国务院发布《国务院关于深化“证照分离”改革进一步激发市场主体发展活力的通知》（国发〔2021〕7号），文件明确自2021年7月1日起，直接取消审批“工程造价咨询企业资质”。该举措强调降低行业准入门槛、加强市场竞争和优胜劣汰、推进简政放权、加强事中事后监管，是落实党的十九大精神，贯彻国家“放管服”改革的具体措施。

6月28日，住房和城乡建设部印发《住房和城乡建设部办公厅关于取消工程造价咨询企业资质审批加强事中事后监管的通知》(建办标〔2021〕26号)，通知指出要健全政府主导、企业自治、行业自律、社会监督的协同监管格局。探索建立企业信用与执业人员信用挂钩机制，强化个人执业资格管理，落实工程造价咨询成果质量终身责任制，推广职业保险制度。

8月4日，住房和城乡建设部办公厅发布《住房和城乡建设部办公厅关于参与2021年中国国际服务贸易交易会工程咨询与建筑服务专题活动的通知》(建办外函〔2021〕319号)，活动主题为“智慧建造、绿色发展”，主要展示建筑行业智能建造、智慧工地、智慧监管、数字家庭、绿色宜居等代表性技术和产品，向世界展示先进的建造技术、智能装备和高性能绿色建材，推动建筑业在构建新发展格局中发挥重要作用。

9月8日，住房和城乡建设部办公厅发布《住房和城乡建设部办公厅关于开展工程建设领域整治工作的通知》(建办市〔2021〕38号)，旨在加强房屋建筑和市政基础设施工程招标投标活动监管，治理恶意竞标、强揽工程等突出问题，严格依法查处违法违规行为，及时发现和堵塞监管漏洞，健全源头治理的防范整治长效机制，规范建筑市场秩序。

10月29日，住房和城乡建设部标准定额司发布《住房和城乡建设部标准定额司关于征求〈工程造价咨询业管理办法〉(征求意见稿)意见的函》(建司局函标〔2021〕137号)，根据深入推进“放管服”改革精神和国家深化“证照分离”改革要求，对《工程造价咨询企业管理办法》和《注册造价工程师管理办法》进行合并修订，面向大众征求意见。

11月8日，水利部印发《注册造价工程师(水利工程)管理办法》，进一步加强水利工程造价管理，规范造价执业行为，保证工程质量、安全、进度和投资效益，维护公共利益和水利建设市场秩序。此办法的印发意味着时隔多年，恢复水利造价工程师注册。

12月2日，住房和城乡建设部标准定额司发布《住房和城乡建设部标准定额司关于征求〈建筑工程施工发包与承包计价管理办法〉(修订征求意见稿)意见的函》(建司局函标〔2021〕153号)，该管理办法旨在推动工程造价改革工作，落实国务院“放管服”决策部署，推行建筑工程施工过程结算，加快推动转型升级，促进建筑业高质量发展。

12 月 14 日，发布《住房和城乡建设部办公厅　国家发展改革委办公厅　财政部办公厅关于进一步明确城镇老旧小区改造工作要求的通知》（建办城〔2021〕50 号），指出要把牢底线要求，坚决把民生工程做成群众满意工程；聚焦难题攻坚，发挥城镇老旧小区改造发展工程作用；完善督促指导工作机制。

12 月 15 日，发布《国家发展改革委关于进一步推进投资项目审批制度改革的若干意见》（发改投资〔2021〕1813 号），指出要加快健全投资管理制度体系，不断提升投资决策科学化、制度化、规范化水平；严格投资审批事项管理；简化特定政府投资项目审批管理。

12 月 16 日，财政部组织修订了《政府和社会资本合作（PPP）综合信息平台信息公开管理办法》，对促进 PPP 项目各方诚实守信、严格履约，保障公众知情权和监督权，推动 PPP 市场公平竞争和规范发展发挥了积极作用。